普通高等学校"十四五"规划电子信息类系列精品教材

电工电子技术

◎ 王 欣 祝梦琪 余 琴 编著

华中科技大学出版社
http://press.hust.edu.cn
中国·武汉

内 容 简 介

本书按照教育部高等院校"电工学"课程指导组拟定的电工、电子技术系列课程教学基本要求,系统地介绍了电工与电子技术的基本概念和基本分析与应用方法。

全书共分为 14 章,内容包括:电路的基本概念与基本定律、电阻电路的等效变换、电阻电路的分析方法、电路暂态分析、正弦交流电路、三相电路、半导体器件、基本放大电路、集成运算放大器、直流稳压电源、逻辑门电路、组合逻辑电路、触发器和时序逻辑电路、数/模和模/数转换等。本书内容充实,通俗易懂,层次分明,条理清晰,结构合理,重点突出,概念阐述清楚、准确,例题丰富、讲解详细。

本书适合作为高等院校工科专业的教材,也可供从事相关专业的工程技术人员参考。

图书在版编目(CIP)数据

电工电子技术/王欣,祝梦琪,余琴编著. —武汉:华中科技大学出版社,2024.1
ISBN 978-7-5680-9643-0

Ⅰ.①电… Ⅱ.①王… ②祝… ③余… Ⅲ.①电工技术-高等学校-教材 ②电子技术-高等学校-教材 Ⅳ.①TM ②TN

中国国家版本馆 CIP 数据核字(2023)第 162373 号

电工电子技术
Diangong Dianzi Jishu

王 欣 祝梦琪 余 琴 编著

策划编辑:汪 粲
责任编辑:余 涛
封面设计:刘 卉
责任监印:周治超
出版发行:华中科技大学出版社(中国·武汉)　　电话:(027)81321913
　　　　　武汉市东湖新技术开发区华工科技园　　邮编:430223
录　排:武汉市洪山区佳年华文印部
印　刷:武汉科源印刷设计有限公司
开　本:787mm×1092mm　1/16
印　张:19.25
字　数:453 千字
版　次:2024 年 1 月第 1 版第 1 次印刷
定　价:49.80 元

前言

电工电子技术是工程类、计算机类、电子类专业的重要专业基础课,担负着使学生获得电路、电子技术等领域必要的基本理论、基本知识和基本技能的任务。为了更好地适应学生的学习,本书设定的目标是通过教学,培养学生具有清晰、准确、系统的理论知识,并具有较强的电工电子技术实际应用能力。本书内容体系完整,较全面地讲述了电工电子技术知识,以基本概念和基本应用为主,着重于电路功能的描述、分析和典型应用,强调电路特性和电路的应用,淡化电路的内部结构,将写作的重点从纯粹理论分析转向面对应用的功能分析。

全书内容分为三大模块:第一个模块为电路分析基础;第二个模块为模拟电子技术基础;第三个模块为数字电子技术基础。各模块间既相互独立又相互联系,内容环环相扣,层层深入,教师可以根据专业层次和课程学时的不同而选择不同的模块,也可重组模块。

本次编写以最新的"电工学课程教学基本要求"为依据,力求文字简明、概念清晰、条理清楚、讲解到位、插图规范,使之易教易学。本书有以下几个特点:

1. 突出基础性。突出基本概念、基本理论、基本原理和基本分析方法,尽量减少过于复杂的分析与计算,着重于定性分析。

2. 加强实践性。注意各部分知识的综合,加强系统的概念,每一部分都有由易到难、由简单到复杂的应用实例作为例题、思考题、习题及扩充内容。

3. 突出易用性。每章开头有内容提要,便于明确学习内容;每章结尾都有本章知识的小结,以加强学生对每章知识的整体理解,进而加深对所学习理论知识的理解;每章配备了较典型的例题,便于学生理论联系实际,在应用中深入理解与掌握理论知识;每章均配有适量的思考题与习题,供学生课后复习巩固。

本书由武汉工程大学邮电与信息工程学院的王欣老师、祝梦琪老师、余琴老师担任编著。全书共分 14 章,第 1~5 章、第 11.1 节、第 11.2 节和第 12 章由王欣编写,第 7~10 章由祝梦琪编写,第 9.6 节、第 11.3 节、第 11.4 节、第 6 章、第 13 章、第 14 章、附录由余琴编写,周莹、段敏、赵凌、周凤香参与了部分内容编写。全书由王欣统稿。本书在编写的过程中得到了武汉工程大学邮电与信息工程学院的大力支持。在编写过程中,作者们学习和借鉴了大量有关的参考资料,吸取了国内外同类教材和有关文献的精华,在此向所有作者们表示深深的感谢。

由于作者水平所限,错误和不当之处在所难免,恳请各位读者批评指正,以帮助本书改进和完善。

编　者

2023 年 8 月于武汉

目 录

1

电路的基本概念与基本定律

本章介绍电路的基本概念与基本定律,包括电路模型、电压和电流的参考方向;基尔霍夫定律及电路中电位的概念及计算等,这些内容都是分析与计算电路的基础。

1.1 电路及电路模型

1.1.1 电路功能与组成部分

电路是电流的通路,是为了某种需要由某电工设备和电路器件相互连接而成的。

电路的结构形式和所能完成的任务是多种多样的,实际电路都是由一些按需要起不同作用的实际电路元器件组成的,如电动机、变压器、电池以及各种电阻器等,它们的电磁性质较为复杂。例如,一个最简单的白炽灯,它除具有消耗电能的性质(电阻性)外,当通有电流时还会产生磁场,就是它还具有电感性。但其电感微小,可忽略不计,于是可认为白炽灯是一电阻元件。

图 1-1 所示的是一个由电池和小灯泡用两根连接导线组成的照明电路。

电路的基本组成主要包括电源、负载和中间环节三个部分。

电源:是供应电能的设备,它能将热能、水能、核能、机械能转换为电能。

负载:是取用电能的设备(如电灯、电动机、电炉等),它能把电能转换为光能、机械能、热能等人们需要的能量形式。

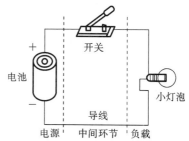

图 1-1 照明电路实际电路

中间环节:是连接电源和负载的部分,它起传输和分配电能的作用。

其中电源的电压或电流称为激励,它推动电路工作;由激励在电路各部分产生的电压和电流称为响应。所谓电路分析,就是在已知电路的结构和元器件参数的条件下,讨论电路的激励与响应之间的关系。

1.1.2 电路模型

为了便于对实际电路进行分析和用数学描述,本书将以电路模型的方式进行讨论,即在一定条件下突出其主要的电磁性质,忽略其次要因素。理想电路元器件主要包括电阻元件、电感元件、电容元件和电源器件等。这些元器件分别由相应的参数来表征。

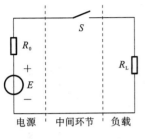

图 1-2 照明电路模型

图 1-2 所示的为图 1-1 所示的照明电路所对应的模型。

干电池——以电压源 E 和电阻元件 R_0 的串联组合作为模型,分别反映了电池内储化学能转换为电能以及电池本身耗能的物理过程。

小灯泡——以电阻元件 R_L 作为模型,反映了将电能转换为热能和光能这一物理现象。

连接导线——用理想导线(其电阻设为零)即线段表示。

本书后面都是对电路模型进行分析,在后续内容中电路模型简称电路。在电路图中,各种电路元器件用规定的图形符号表示,简称电路元件。

1.2 电压和电流的参考方向

电路理论中涉及的物理量主要有电流、电压、电荷和磁通,通常用 I、U、Q 和 Φ 分别表示。另外,电功率和电能也是重要的物理量,它们的符号分别为 P 和 W。

在电路分析中,当涉及某个元件或部分电路的电流或电压时,有必要指定电流或电压的参考方向。这是因为电流或电压的实际方向可能是未知的,也可能是随时间变化的。

电流的方向是客观存在的,但在分析较为复杂的直流电路时,往往难于事先判断某支路中电流的实际方向;分析交流电路时,电流的方向是随时间变化的,分析之前也无法确定实际方向。为此,在分析与计算电路时,可任选定某一方向作为电流的参考方向(或称为正方向)。当电流的实际方向与其参考方向一致时,则电流为正值,如图 1-3 (a)所示;当电流的实际方向与其参考方向相反时,则电流为负值,如图 1-3(b)所示。因此,在参考方向选定之后,电流值才有正、负之分。

图 1-3 电流的参考方向

电压和电动势都是标量,但在分析电路时,也同样具有方向。

电压的方向规定为电位降低的方向,即由高电位("＋"极性)端指向低电位("－"极性)端。

电源电动势的方向规定为电位升高的方向,即在电源内部由低电位("一"极性)端指向高电位("十"极性)端。

图 1-4 中,电压 U 的参考方向与实际方向一致,故为正值;而 U' 的参考方向与实际方向相反,故为负值。两者可写为 $U=-U'$;电流亦然,$I=-I'$。

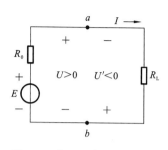

图 1-4　电压和电流参考方向

电压的参考方向除用极性"十""一"表示外,也可用双下标表示。例如,a、b 两点间的电压 U_{ab},它的参考方向是由 a 指向 b。如果参考方向选为由 b 指向 a,则为 U_{ba},$U_{ab}=-U_{ba}$。同样电流的参考方向也可用双下标表示。

在国际单位制中,电流的单位是安[培](A)。当 1 s(秒)内通过导体横截面的电荷[量]为 1 C(库[仑])时,电流为 1 A。计量微小的电流时,以毫安(mA)或微安(μA)为单位。1 mA$=10^3$ A,1 μA$=10^{-6}$ A。

在国际单位制中,电压的单位是伏[特](V)。当电场力把 1 C 的电荷[量]从一点移到另一点所做的功为 1 J(焦[耳])时,则该两点间的电压为 1 V。计量微小的电压时,则以毫伏(mV)或微伏(μV)为单位;计量高电压时,则以千伏(kV)为单位。电动势的单位与电压相同,也是伏[特]。

1.3　基尔霍夫定律

基尔霍夫定律包括电流定律和电压定律。

为了说明基尔霍夫定律,先介绍支路、节点和回路的概念。

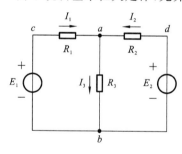

图 1-5　电路举例

支路:电路中流过同一电流的几个元件互相串联起来的分支。图 1-5 所示的电路中共有三条分支,分别是 acb、ab、adb。

节点:电路中三条或三条以上的支路相连接的点。图 1-5 所示的电路中共有两个节点,即 a 和 b。

回路:是由一条或多条支路所组成的闭合电路。图 1-5 所示的电路中共有三个回路,分别是 $abda$、$abca$ 和 $adbca$。

1.3.1　基尔霍夫电流定律(KCL)

基尔霍夫电流定律应用于节点,是用来确定连接在同一节点上的各支路电流间关系的。

KCL 定律:电路中任一个节点上,在任一时刻,流入节点的电流之和等于流出节点的电流之和,即 $\sum I = 0$。

在图 1-5 所示电路中,对节点 a 可以得出
$$I_1 + I_2 = I_3$$

$$(1\text{-}1)$$

或将上式改写成

$$I_1 + I_2 - I_3 = 0$$

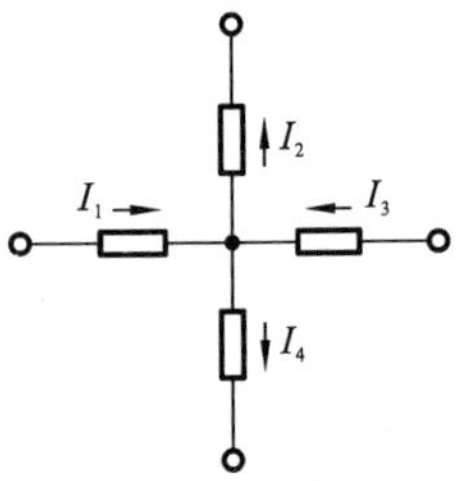

即

$$\sum I = 0 \qquad (1\text{-}2)$$

图 1-6 例 1-1 电路

【例 1-1】 在图 1-6 中,$I_1 = 4$ A,$I_3 = -4$ A,$I_4 = 6$ A,试求 I_2。

解 由基尔霍夫电流定律可列出

$$I_1 - I_2 + I_3 - I_4 = 0$$

$$4 - I_2 + (-4) - 6 = 0$$

$$I_2 = -6 \text{ A}$$

1.3.2 基尔霍夫电压定律(KVL)

电压定律应用于回路,是用来确定回路中各段电压间关系的。

KVL 定律:在任何一个闭合回路中,各元件上的电压降的代数和等于电动势的代数和,即从一点出发绕回路一周(顺时针方向或逆时针方向)回到该点时,各段电压的代数和恒等于零,即 $\sum U = 0$。

从图 1-7 所示的回路(即为图 1-5 所示电路的一个回路)为例,图中电源电动势、电流和各段电压的参考方向均已标出。按照虚线所示方向循行一周,根据电压的参考方向可列出

图 1-7 回路

$$u_1 + u_4 = u_2 + u_3$$

或将上式改写为

$$U_1 - U_2 - U_3 + U_4 = 0$$

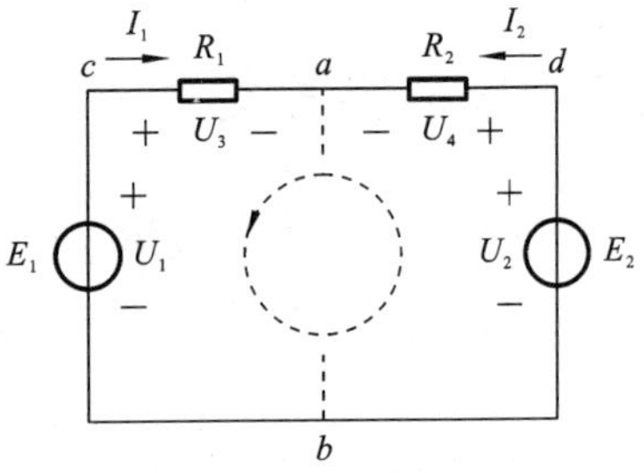

即

$$\sum U = 0 \qquad (1\text{-}3)$$

注:如果规定电位降取正号,则电位升就取负号。

图 1-7 所示回路是由电源电动势和电阻构成的,上式可改写为

$$E_1 - E_2 - R_1 I_1 + R_2 I_2 = 0$$

或

$$E_1 - E_2 = R_1 I_1 - R_2 I_2$$

即

$$\sum E = \sum (RI) \qquad (1\text{-}4)$$

此为基尔霍夫电压定律在电阻电路中的另一种表达式,就是在任一回路循行方向上,回路中电动势的代数和等于电阻上电压降的代数和。

基尔霍夫电压定律不仅应用于闭合回路,也可以把它推广应用于回路的部分电路或开口电路。

注:应用基尔霍夫定律列方程之前,都要在电路图上标出电流、电压或电动势的参考方向。

【**例 1-2**】　在图 1-7 中，$E_1 = 8$ V，$E_2 = 2$ V，$R_1 = 4$ Ω，$R_2 = 2$ A，试求 I_1、I_2 和 U_4。

解　由基尔霍夫电压定律可列出

$$E_1 - E_2 = R_1 I_1 - R_2 I_2$$

又因为 $I_1 = I_2$，则有

$$8 - 2 = (4 - 2) I_1$$
$$I_1 = I_2 = 3 \text{ A}$$
$$U_4 = R_2 I_2 = 6 \text{ V}$$

1.4　电路中的电位

在分析电子电路时，通常要应用电位的概念。两点间的电压就是两点的电位差。但它只能说明一点的电位高，另一点的电位低，以及两点的电位相差多少的问题。至于电路中某一点的电位究竟是多少伏〔特〕，将在本节中讨论。

以图 1-8 所示电路为例，来讨论该电路中各点的电位。根据图 1-8 可得出

$$U_{ab} = V_a - V_b = 6 \times 10 \text{ V} = 60 \text{ V}$$

上式是 a、b 两点间的电压值或两点的电位差，即 a 点电位 V_a 比 b 点电位 V_b 高 60 V，但不能算出 V_a 和 V_b 各为多少伏〔特〕。

电路电位计算方法：

（1）任选电路中某一点作为参考点，参考点在电路图中标上"接地"符号。参考点所对应的电位称为参考电位，并将参考电位归为零。

（2）标出各电流参考方向。

（3）计算出电路中任意一点与参考点之间的电压即为该点的电位。

注：比参考电位高的为正，比参考电位低的为负。正数值越大则电位越高，负数值越大则电位越低。

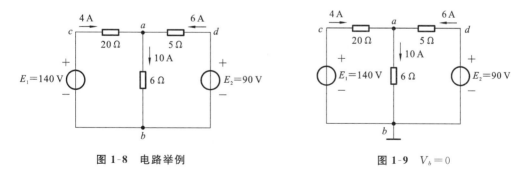

图 1-8　电路举例　　　　　　　　　图 1-9　$V_b = 0$

如将图 1-8 所示电路中的 b 点"接地"，作为参考点（见图 1-9），则

$$V_b = 0, \quad V_a = 60 \text{ V}$$

反之，如将 a 点作为参考点，则

$$V_a = 0, \quad V_b = -60 \text{ V}$$

可见，某电路中任意两点间的电压值是一定的，是绝对的；而各点的电位值因所设参考点的不同而异，是相对的。

图 1-9 也可简化为图 1-10(a)或图 1-10(b)所示电路,不画电源,各端标以电位值。

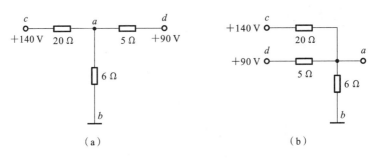

（a）　　　　　　　　　　（b）

图 1-10 图 1-9 的简化电路

【**例 1-3**】 计算图 1-11 所示电路各点电位 V_a、V_b、V_c、V_d。

解 设 b 为参考点(见图 1-12),即 $V_b=0$。

$$V_a=U_{ab}=10\times6 \text{ V}=60 \text{ V}$$
$$V_c=U_{db}=E_1=140 \text{ V}$$
$$V_d=U_{db}=E_2=90 \text{ V}$$

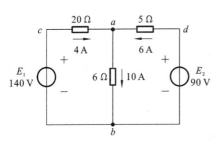

图 1-11 例 1-3 图

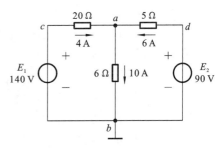

图 1-12 $V_b=0$

【**例 1-4**】 如图 1-13 所示,计算开关 S 断开和闭合时 A 点的电位 V_A。

解 (1)当开关 S 断开时,

电流:　　　　　　　　　　$I_1=I_2=0$

电位:　　　　　　　　　　$V_A=6 \text{ V}$

(2)当开关 S 闭合时,如图 1-14 所示,

电流:　　　　　　　　　　$I_2=0$

电位:　　　　　　　　　　$V_A=0 \text{ V}$

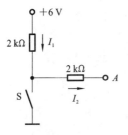

图 1-13 例 1-4 图

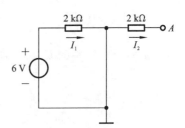

图 1-14 开关 S 闭合

【**例 1-5**】 如图 1-15 所示电路,(1)零电位参考点在哪里?画电路图表示出来。
(2)当电位器 R_P 的滑动触点向下滑动时,A、B 两点的电位增高了还是降低了?

解 (1)零电位参考点为 $+12$ V 电源的"$-$"端与 -12 V 电源的"$+$"端的连接处,如图 1-16 所示。

(2)
$$V_A = -IR_1 + 12$$
$$V_B = IR_2 - 12$$

当电位器 R_P 的滑动触点向下滑动时,回路中的电流 I 减小,所以 A 点电位增高、B 点电位降低。

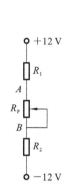

图 1-15 例 1-5 图

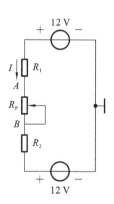

图 1-16 设置零电位参考点图

<h2 style="text-align:center">习 题 1</h2>

1-1 在图 1-17 中,$U_1 = -8$ V,$U_2 = 6$ V,试问 U_{ab} 等于多少伏?

习题 1 答案

1-2 图 1-18 中各元件的电流 I 均为 2 A,求各图中支路电压。

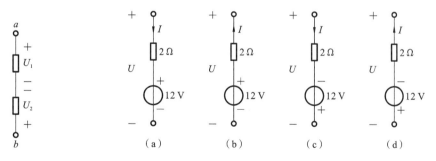

图 1-17 题 1-1 图   图 1-18 题 1-2 图

1-3 在图 1-19 中,列出了多少个支路、节点、回路、网孔,分别是什么?

1-4 已知 $I_1 = 8$ A,$I_2 = -6$ A,$I_3 = 2$ A,$I_4 = -5$ A,求图 1-20 所示电路中电流 I_5 的数值。

1-5 已知 $I_a = 1$ A,$I_b = 6$ A,$I_c = 2$ A,求图 1-21 所示电路中电流 I_d 的数值。

1-6 在图 1-22 所示电路中,已知:$I_1 = 2$ A,$I_3 = -4$ A。求:I_4、I_2。

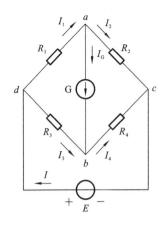

图 1-19 题 1-3 图

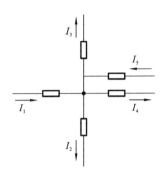

图 1-20 题 1-4 图

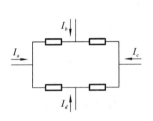

图 1-21 题 1-5 图

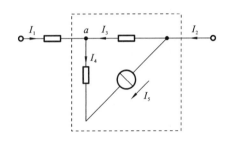

图 1-22 题 1-6 图

1-7 图 1-23 中,若 $U_1 = -2$ V, $U_2 = 8$ V, $U_3 = 5$ V, $U_5 = -3$ V, $R_4 = 2$ Ω,求电阻 R_4 两端的电压及流过它的电流。

1-8 求图 1-24 所示电路中电压 U_{ab}。

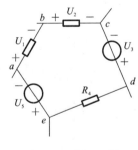

图 1-23 题 1-7 图

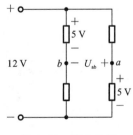

图 1-24 题 1-8 图

1-9 如图 1-25 所示电路,已知: $E_1 = 10$ V , $E_2 = 2$ V, $E_3 = 1$ V, $R_1 = R_2 = 1$ Ω。求 U。

1-10 在图 1-26 所示电路中,已知 $R_1 = 10$ kΩ, $R_2 = 20$ kΩ, $U_{S2} = 10$ V, $U_{S1} = 6$ V, $U_{AB} = -2$ V,试求电流 I、I_1 和 I_2。

1-11 在图 1-27 所示电路中,已知 $U_{S1} = 30$ V, $U_{S2} = 18$ V, $R_1 = 10$ Ω, $R_2 = 5$ Ω, $R_3 = 10$ Ω, $R_4 = 12$ Ω, $R_5 = 8$ Ω, $R_6 = 6$ Ω, $R_7 = 4$ Ω,试求电压 U_{AB}。

1-12 求图 1-28 中的 U_1 和 U_2。已知 $U_3 = +20$ V, $U_4 = -5$ V, $U_5 = +5$ V, $U_6 = +10$ V。

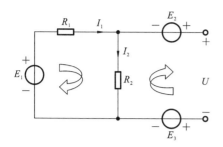

图 **1-25** 题 1-9 图

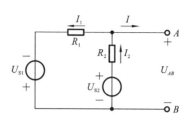

图 **1-26** 题 1-10 图

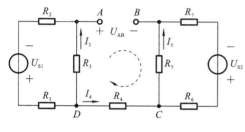

图 **1-27** 题 1-11 图

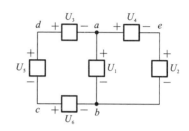

图 **1-28** 题 1-12 图

1-13 试计算图 1-29 所示电路中 B 点的电位。

1-14 求图 1-30 所示电路中 B 点电位 V_B。

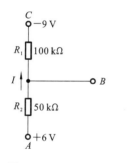

图 **1-29** 题 1-13 图

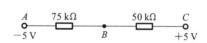

图 **1-30** 题 1-14 图

1-15 在图 1-31 所示电路中，$U_a=10$ V，$U_b=5$ V，$U_c=-5$ V，以 O 点为参考点，试求 U_{ab}、U_{bc}、U_{ac}、U_{ca}。

1-16 求图 1-32 所示电路中 A 点电位 V_A。

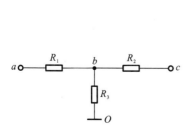

图 **1-31** 题 1-15 图

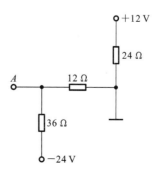

图 **1-32** 题 1-16 图

1-17 计算图 1-33(a)、(b)所示电路中 A、B、C 各点的电位。

1-18 计算图 1-34 所示电路在开关 S 断开和闭合时 A 点的电位 V_A。

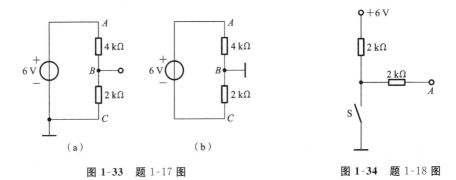

图 1-33 题 1-17 图   图 1-34 题 1-18 图

1-19 在图 1-35 所示电路中,在开关 S 断开和闭合的两种情况下试求 A 点的电位。

1-20 在图 1-36 所示电路中,求 A 点电位 V_A。

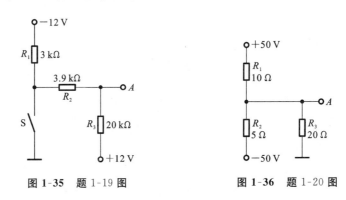

图 1-35 题 1-19 图   图 1-36 题 1-20 图

1-21 计算图 1-37 所示电路中开关 S 合上和断开时 b 点的电位。

1-22 在图 1-38 所示电路中,试求:

(1) 开关 S 断开时 a 点的电位;

(2) 开关 S 闭合后 a 点的电位。

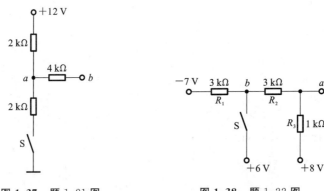

图 1-37 题 1-21 图   图 1-38 题 1-22 图

2

电阻电路的等效变换

　　根据实际需要,电路的结构形式是很多的。最简单的电路只有一个回路,即所谓单回路电路。有的电路虽然有好多个回路,但是能够不太复杂地用串并联的方法化简为单回路电路。本章以电阻电路为例来讨论电路等效变换的分析方法。

2.1　电阻的串联和并联

2.1.1　电阻的串联

　　如果电路中有两个或更多个电阻一个接一个地顺序相连,则这样的连接法就称为电阻的串联。电阻串联时,通过每个电阻的电流为同一电流。图 2-1(a)所示的是两个电阻串联的电路。

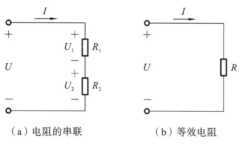

　　（a）电阻的串联　　　　（b）等效电阻

图 2-1　串联电路

　　两个串联电阻可用一个等效电阻 R 来代替(见图 2-1(b)),等效的条件是在同一电压的作用下电流 I 保持不变。等效电阻等于各个串联电阻之和,即

$$R = R_1 + R_2 \tag{2-1}$$

两个串联电阻上的电压分别为

$$\begin{cases} U_1 = R_1 I = \dfrac{R_1}{R_1 + R_2} U \\ U_2 = R_2 I = \dfrac{R_2}{R_1 + R_2} U \end{cases} \tag{2-2}$$

　　可见,串联的每个电阻,其电压与电阻值成正比。或者说,总电压是根据各个串联电阻的值分配的。式(2-2)称为分压公式。

2.1.2 电阻的并联

如果电路中有两个或更多个电阻连接在两个公共的节点之间,则这样的连接就称为电阻的并联。电阻并联时,各电阻电压为同一电压。图 2-2(a)所示的是两个电阻的并联组合。

两个并联电阻也可用一个等效电阻 R 来代替,如图 2-2(b)所示。

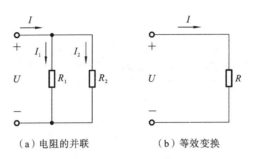

（a）电阻的并联   （b）等效变换

图 2-2   并联电路

由于电压相等,总电流 I 可根据 KCL 得出

$$I=I_1+I_2=\frac{U}{R_1}+\frac{U}{R_2}=\left(\frac{1}{R_1}+\frac{1}{R_2}\right)U$$

则

$$\frac{1}{R}=\frac{1}{R_1}+\frac{1}{R_2} \qquad (2\text{-}3)$$

由此可以看出,等效电阻的倒数等于各并联电阻倒数之和。

式(2-3)也可写成

$$G=G_1+G_2 \qquad (2\text{-}4)$$

式中:G 称为电导,是电阻的倒数。在国际单位制中,电导的单位是西[门子](S)。

两个并联电阻上的电流分别为

$$\begin{cases} I_1=\dfrac{U}{R_1}=\dfrac{RI}{R_1}=\dfrac{R_2}{R_1+R_2}I \\[2mm] I_2=\dfrac{U}{R_2}=\dfrac{RI}{R_2}=\dfrac{R_1}{R_1+R_2}I \end{cases} \qquad (2\text{-}5)$$

可见,并联电阻上电流的分配与电导成正比,与电阻成反比。式(2-5)称为分流公式。

一般负载都是并联应用的。负载并联应用时,它们处于同一电压之下,任何一个负载的工作情况基本上不受其他负载的影响。

并联的负载电阻越多,则总电阻越小,电路中的总电流和总功率也就越大。但是每个负载的电流和功率却没有变动。

【例 2-1】   在图 2-3 所示电路中,计算电流 I。

解   等效电阻为 R,即

$$R=10\text{ k}\Omega+\frac{1}{\dfrac{1}{10\text{ }\Omega}+\dfrac{1}{5\text{ k}\Omega}}\approx10\text{ k}\Omega$$

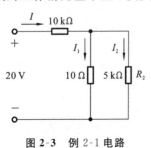

图 2-3   例 2-1 电路

$$I \approx \frac{U}{R} = \frac{20 \text{ V}}{10 \text{ k}\Omega} = 2 \text{ mA}$$

2.1.3　电阻的混联

如果电路的连接中既有串联又有并联,则这样的连接就称为电阻的串、并联,或称为电阻的混联。

图 2-4 所示电路为混联电路。R_3 与 R_4 串联后与 R_2 并联,再与 R_1 串联,故有

$$R = R_1 + \frac{R_2(R_3 + R_4)}{R_2 + R_3 + R_4}$$

【例 2-2】　计算图 2-5 所示电路中 a、b 间的等效电阻 R_{ab}。

解　两个 8 Ω 电阻并联,6 Ω 和 3 Ω 并联,并联后的电阻串联,则

$$R_{ab} = (8 \text{ }\Omega /\!/ 8 \text{ }\Omega) + (6 \text{ }\Omega /\!/ 3 \text{ }\Omega) = 6 \text{ }\Omega$$

【例 2-3】　计算图 2-6 所示电路中 a、b 间的等效电阻 R_{ab}。

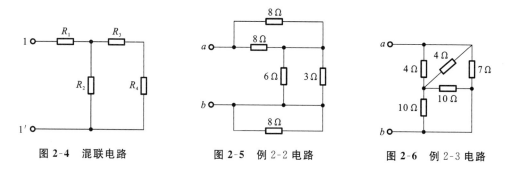

图 2-4　混联电路　　　图 2-5　例 2-2 电路　　　图 2-6　例 2-3 电路

解　两个 4 Ω 电阻并联,两个 10 Ω 电阻并联,并联后的电阻串联,再并联 7 Ω 电阻,则

$$R_{ab} = [(4 \text{ }\Omega /\!/ 4 \text{ }\Omega) + (10 \text{ }\Omega /\!/ 10 \text{ }\Omega)] /\!/ 7 \text{ }\Omega = 3.5 \text{ }\Omega$$

2.2　电阻星型连接与三角形连接的等效变换

星型连接和三角形连接都是 3 个端子与外部相连。在图 2-7(a)所示电路中,R_a、R_b、R_c 构成星型(Y 形)连接;如图 2-7(b)所示,R_{ab}、R_{bc}、R_{ca} 构成三角形(△形)连接。

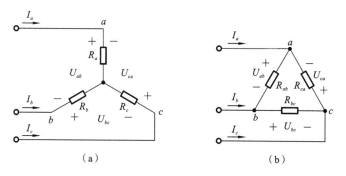

(a)　　　　　　　　(b)

图 2-7　Y-△等效变换

图 2-7(a)、(b)分别表示接于端子 a、b、c 的 Y 形连接的电阻与△形连接的电阻,两种接法等效变换需满足的条件是:

(1) 对应端(如 a、b、c)流入或流出的电流(如 I_a、I_b、I_c)一一相等;

(2) 对应端间的电压(如 U_{ab}、U_{bc}、U_{ca})也一一相等(见图 2-7)。

也就是经这样变换后,不影响电路其他部分的电压和电流。

当满足上述等效条件后,在 Y 形和△形两种接法中,对应的任意两端间的等效电阻也必然相等。

设某一对应端(如 c 端)开路时,其他两端(a 和 b)间的等效电阻为

$$R_a + R_b = \frac{R_{ab}(R_{bc} + R_{ca})}{R_{ab} + R_{bc} + R_{ca}} \tag{2-6}$$

同理

$$R_b + R_c = \frac{R_{bc}(R_{ca} + R_{ab})}{R_{ab} + R_{bc} + R_{ca}} \tag{2-7}$$

$$R_c + R_a = \frac{R_{ca}(R_{ab} + R_{bc})}{R_{ab} + R_{bc} + R_{ca}} \tag{2-8}$$

当 Y 形连接或△形连接的三个电阻相等时,即

$$R_a = R_b = R_c = R_Y, \quad R_{ab} = R_{bc} = R_{ca} = R_\triangle$$

则可得出

$$R_Y = \frac{1}{3}R_\triangle \quad \text{或} \quad R_\triangle = 3R_Y \tag{2-9}$$

当三个电阻不相等时,则解式(2-6)、式(2-7)、式(2-8),可得出将 Y 形连接等效变换为△形连接时的三个电阻,即

$$\begin{cases} R_{ab} = \dfrac{R_aR_b + R_bR_c + R_cR_a}{R_c} \\[2mm] R_{bc} = \dfrac{R_aR_b + R_bR_c + R_cR_a}{R_a} \\[2mm] R_{ca} = \dfrac{R_aR_b + R_bR_c + R_cR_a}{R_b} \end{cases} \tag{2-10}$$

将△形连接等效变换为 Y 形连接时,可得

$$\begin{cases} R_a = \dfrac{R_{ab}R_{ca}}{R_{ab} + R_{bc} + R_{ca}} \\[2mm] R_b = \dfrac{R_{bc}R_{ab}}{R_{ab} + R_{bc} + R_{ca}} \\[2mm] R_c = \dfrac{R_{bc}R_{ca}}{R_{ab} + R_{bc} + R_{ca}} \end{cases} \tag{2-11}$$

【例 2-4】 计算图 2-8 所示电路中的电流 I_1。

解 将△形连接的电阻变换为 Y 形连接的等效电阻,其电路如图 2-9 所示。由式(2-11)得出

$$R_a = \frac{R_{ab}R_{ca}}{R_{ab} + R_{bc} + R_{ca}} = \frac{4 \times 8}{4 + 4 + 8}\ \Omega = 2\ \Omega$$

$$R_b = \frac{R_{bc}R_{ab}}{R_{ab} + R_{bc} + R_{ca}} = \frac{4 \times 4}{4 + 4 + 8}\ \Omega = 1\ \Omega$$

$$R_c = \frac{R_{ca}R_{bc}}{R_{ab}+R_{bc}+R_{ca}} = \frac{8\times4}{4+4+8}\ \Omega = 2\ \Omega$$

$$R = \frac{(4+2)\times(5+1)}{(4+2)+(5+1)}\ \Omega + 2\ \Omega = 5\ \Omega$$

$$I_1 = \frac{5+1}{4+2+5+1}\times\frac{12}{5}\ A = 1.2\ A$$

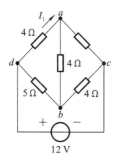 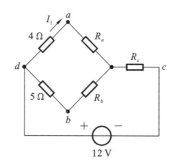

图 2-8 例 2-4 图   图 2-9 Y 形连接的等效电阻

2.3 电源的两种模型及其等效变换

一个电源可以用两种不同的电路模型来表示:电源的电压源模型和电源的电流源模型。

2.3.1 电压源模型

电源的电压源模型:用理想电压源与电阻串联的电路模型。如图 2-10 所示,由电动势 E 和内阻 R_0 组成,简称电压源。

图 2-10 中 U 是电源端电压,R_L 是负载电阻,I 是负载电流,则可得出

$$U = E - R_0 I \tag{2-12}$$

根据式(2-12),有

(1) 当电源开路时,$I=0$,则 $U=U_0=E$;

(2) 当电源短路时,$U=0$,则 $I=I_S=E/R_0$。

由此可作出外特性曲线,如图 2-11 所示。

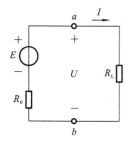 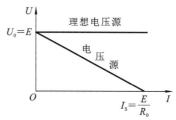 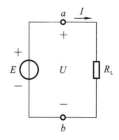

图 2-10 电压源电路   图 2-11 电压源和理想电压源的外特性曲线   图 2-12 理想电压源电路

当 $R_0=0$ 时,如图 2-12 所示,电压 U 恒等于电动势 E,是一定值。电流 I 则是由负载电阻 R_L 及电压 U 所确定的任意值。这样的电源称为理想电压源或恒压源。

2.3.2 电流源模型

电源的电流源模型:用理想电流源与电阻并联的电路模型。电源除用电动势 E 和内阻的电路模型来表示外,还可以用另一种电路模型来表示。

将式(2-12)两端同时除以 R_0,则

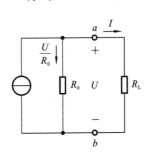

$$\frac{U}{R_0}=\frac{E}{R_0}-I=I_S-I$$

即

$$I_S=\frac{U}{R_0}+I \tag{2-13}$$

式中:I_S 为电源的短路电流;I 为负载电流;$\frac{U}{R_0}$ 是引出的另一个电流。

图 2-13 电流源电路

电流源模型如图 2-13 所示,它是用电流来表示电源电路的模型,简称电流源。

根据式(2-13),有

(1) 当电源开路时,$I=0$,则 $U=U_0=I_S R_0$;

(2) 当电源短路时,$U=0$,则 $I=I_S$。

由此可作出外特性曲线,如图 2-14 所示,内阻 R_0 越大,直线越陡。

当 $R_0=\infty$(相当于并联支路 R_0 断开)时,如图 2-15 所示,电压 I 恒等于电动势 I_S,是一定值。电压 U 则是由负载电阻 R_L 及电流 I_S 所确定的任意值。这样的电源称为理想电流源或恒流源。

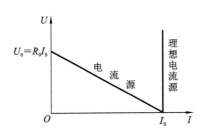

图 2-14 电流源和理想电流源的外特性曲线

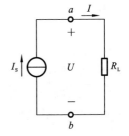

图 2-15 理想电流源电路

2.3.3 电源两种模型之间的等效变换

电压源模型的外特性(见图 2-11)和电流源模型的外特性(见图 2-14)是一样的。因此,电源的两种电路模型(见图 2-10 和图 2-13)可以等效变换。

(1) 电压源模型和电流源模型只是对外电路等效,电源内部不等效。

(2) 等效变换时,两电源的参考方向要一一对应。

(3) 理想电压源与理想电流源之间无等效关系。

（4）任何一个电动势 E 和某个电阻 R 串联的电路，都可化为一个电流源 I_S 和这个电阻并联的电路。

【例 2-5】　试用电压源与电流源等效变换的方法计算图 2-16(a)所示电路中 1 Ω 电阻中的电流 I。

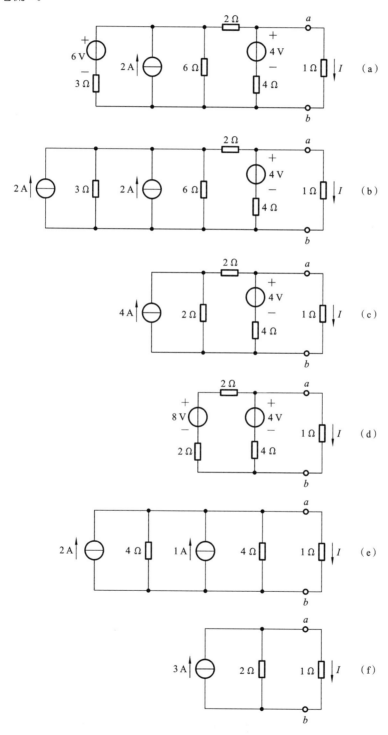

图 2-16　例 2-5 的电路

解 由图 2-16(a)变换所得图 2-16(b)～(e)所示的电路。最后化简为图 2-16(f)所示的电路。

$$I = \frac{2}{2+1} \times 3 \text{ A} = 2 \text{ A}$$

【例 2-6】 电路如图 2-17(a)所示，$U_1 = 10$ V，$I_s = 2$ A，$R_1 = 1$ Ω，$R_2 = 2$ Ω，$R_3 = 5$ Ω，$R = 1$ Ω。(1) 求电阻 R 中的电流 I；(2) 计算理想电压源 U_1 中的电流 I_{U_1} 和理想电流源 I_s 两端的电压 U_{I_s}；(3) 分析功率平衡。

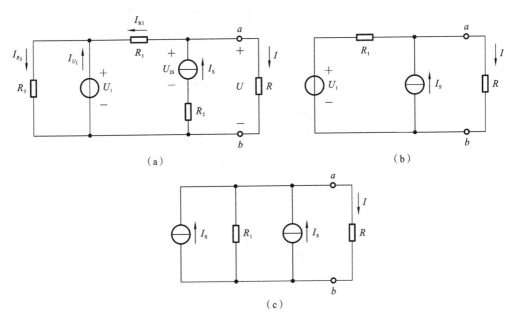

(a)   (b)

(c)

图 2-17 例 2-6 电路

解 (1) 根据恒压源和恒流源特性，将图 2-17(a)所示电路简化，得图 2-17(b)所示电路。

将电压源转换为电流源，得图 2-17(c)所示电路，由此可得

$$I_1 = \frac{U_1}{R_1} = \frac{10}{1} \text{ A} = 10 \text{ A}$$

$$I = \frac{I_1 + I_s}{2} = \frac{10 + 2}{2} \text{ A} = 6 \text{ A}$$

(2) 由图 2-17(a)可得

$$I_{R_1} = I_s - I = (2 - 6) \text{ A} = -4 \text{ A}$$

$$I_{R_3} = \frac{U_1}{R_3} = \frac{10}{5} \text{ A} = 2 \text{ A}$$

理想电压源中的电流

$$I_{U_1} = I_{R_3} - I_{R_1} = [2 - (-4)] \text{ A} = 6 \text{ A}$$

理想电流源两端的电压

$$U_{I_s} = U + R_2 I_s = RI + R_2 I_s = (1 \times 6 + 2 \times 2) \text{ V} = 10 \text{ V}$$

(3) 计算可知，理想电压源与理想电流源都是电源发出的功率，分别是

$$P_{U_1} = U_1 I_{U_1} = 10 \times 6 \text{ W} = 60 \text{ W}$$

$$P_{I_S} = U_{I_S} I_S = 10 \times 2 \text{ W} = 20 \text{ W}$$

各个电阻所消耗的功率分别是

$$P_R = RI^2 = 1 \times 6^2 \text{ W} = 36 \text{ W}$$

$$P_{R_1} = R_1 I_{R_1}^2 = 1 \times (-4)^2 \text{ W} = 16 \text{ W}$$

$$P_{R_2} = R_2 I_S^2 = 2 \times 2^2 \text{ W} = 8 \text{ W}$$

$$P_{R_3} = R_3 I_{R_3}^2 = 5 \times 2^2 \text{ W} = 20 \text{ W}$$

两者平衡

$$(60+20) \text{ W} = (36+16+8+20) \text{ W}$$

$$80 \text{ W} = 80 \text{ W}$$

习 题 2

习题 2 答案

2-1 计算图 2-18 所示电阻并联电路的等效电阻。

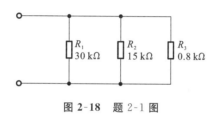

图 2-18 题 2-1 图

2-2 图 2-19 所示的是用变阻器调节负载电阻 R_L 两端电压的分压电路。$R_L =$ 50 Ω,电源电压 $U = 220$ V,中间环节是变阻器。变阻器的规格是 100 Ω/3 A。现把它等分为四段,在图上用 a、b、c、d、e 标出。试求滑动触点分别在 a、c、d、e 四点时,负载和变阻器各段所通过的电流及负载电压,并就流过变阻器的电流与其额定电流比较来说明使用时的安全问题。

2-3 在图 2-20 所示电路中,试求等效电阻 R_{ab} 和电流 I。已知 $U_{ab} = 16$ V。

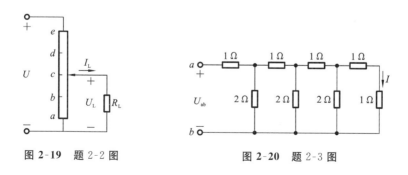

图 2-19 题 2-2 图　　　　　　**图 2-20 题 2-3 图**

2-4 电路如图 2-21 所示,求等效电阻 R_{ab}。

2-5 在图 2-22 所示电路中,$R_1 = R_2 = R_3 = R_4 = 300$ Ω,$R_5 = 600$ Ω,试求开关 S 断开和闭合时 a 和 b 之间的等效电阻。

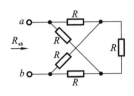

图 2-21 题 2-4 图

2-6 图 2-23 所示的是一调节电位器电阻 R_p 的分压电路，$R_p = 1\ \text{k}\Omega$。在开关 S 断开和闭合两种情况时，试分别求电位器的滑动触点在 a、b 和中点 c 三个位置时的输出电压 U_o。

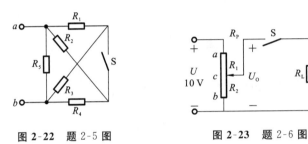

图 2-22 题 2-5 图   图 2-23 题 2-6 图

2-7 电路如图 2-24 所示，求电流 I。

2-8 试用电压源和电流源等效变换的方法计算图 2-25 中的电流 I。

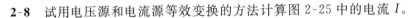
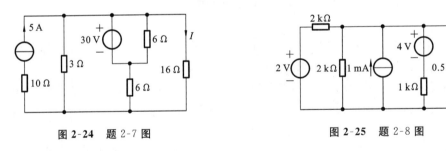

图 2-24 题 2-7 图   图 2-25 题 2-8 图

2-9 电路如图 2-26 所示。(1) 求电流 I_1、I_2 和 I_3；(2) 求各个独立电源所发出的功率；(3) 说明电路是否满足功率平衡。

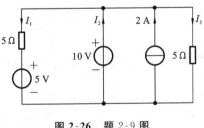

图 2-26 题 2-9 图

2-10 计算图 2-27 所示电路中的电流 I_3。

2-11 试用电压源与电流源等效变换的方法计算图 2-28 中 2 Ω 电阻的电流 I。

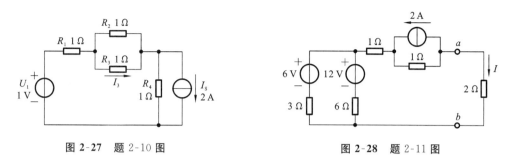

图 2-27 题 2-10 图   图 2-28 题 2-11 图

2-12 图 2-29 所示的是直流发电机的电压源电路和电流源电路,$E = 230$ V,$R_0 = 1$ Ω,当负载电阻 $R_L = 22$ Ω 时,用电源两种电路模型分别求电压 U 和电流 I,并计算电源内部的损耗功率和内阻压降,看是否也相等。

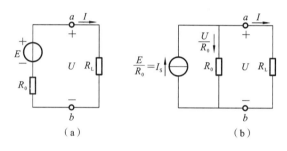

图 2-29 题 2-12 图

3

电阻电路的分析方法

本章以电阻电路为例,简单扼要地讨论几种常用的电路分析与计算方法,其中如支路电流法、叠加定理、戴维宁定理、节点电压法及非线性电阻电路的图解法等,都是分析电路的基本原理和方法。

3.1 支路电流法

支路电流法:是应用基尔霍夫电流定律和电压定律分别对节点和回路列出所需要的方程组,而后解出各未知支路电流的方法。

注:列方程时,必须先在电路图上选定好未知支路电流以及电压或电动势的参考方向。

支路电流法的解题步骤如下:

(1) 在图中标出各支路电流的参考方向,对选定的回路标出回路循行方向。

(2) 应用 KCL 对节点列出 $n-1$ 个独立的节点电流方程。

(3) 应用 KVL 对回路列出 $b-(n-1)$ 个独立的回路电压方程(通常可取网孔列出)。

(4) 联立求解 b 个方程,求出各支路电流。

【例 3-1】 列出图 3-1 所示电路的节点电流方程和回路电压方程。

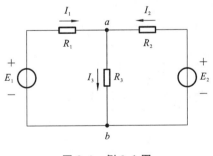

图 3-1 例 3-1 图

解 在图 3-1 所示电路中,支路数 $b=3$,节点数 $n=2$。

由基尔霍夫电流定律对节点 a 列出方程:

$$I_1 + I_2 - I_3 = 0 \tag{3-1}$$

由基尔霍夫电压定律对左面单孔回路可列出方程：

$$E_1 = R_1 I_1 + R_3 I_3 \tag{3-2}$$

对右面的单孔回路可列出方程：

$$E_2 = R_2 I_2 + R_3 I_3 \tag{3-3}$$

【例 3-2】　在图 3-1 所示电路中，设 $E_1 = 90$ V，$E_2 = 100$ V，$R_1 = 15$ Ω，$R_2 = 5$ Ω，$R_3 = 6$ Ω，试求各支路电流。

解　应用基尔霍夫电流定律和电压定律列出式(3-1)、式(3-2)及式(3-3)，并将已知数值代入，即得

$$I_1 + I_2 - I_3 = 0$$
$$90 = 15I_1 + 6I_3$$
$$100 = 5I_2 + 6I_3$$

解得

$$I_1 = 2 \text{ A}$$
$$I_2 = 8 \text{ A}$$
$$I_3 = 10 \text{ A}$$

结果是否正确可用下列两种方法验算：

(1) 选用求解时未用过的回路，应用基尔霍夫电压定律对外围回路进行验算：

$$E_1 - E_2 = R_1 I_1 - R_2 I_2$$

代入已知数值，得

$$(90 - 100) \text{ V} = (15 \times 2 - 5 \times 8) \text{ V}$$
$$10 \text{ V} = 10 \text{ V}$$

(2) 用电路中功率平衡关系进行验算

$$E_1 I_1 + E_2 I_2 = R_1 I_1^2 + R_2 I_2^2 + R_3 I_3^2$$
$$90 \times 2 + 100 \times 8 = 15 \times 2^2 + 5 \times 8^2 + 6 \times 10^2$$
$$980 \text{ W} = 980 \text{ W}$$

即两个电源产生的功率等于各个电阻上损耗的功率。

【例 3-3】　在图 3-2 所示的桥式电路中，试求检流计中的电流 I_G。

解　电路的支路数 $b = 6$，节点数 $n = 4$。

对节点 a：　　$I_1 - I_2 - I_G = 0$

对节点 b：　　$I_3 + I_G - I_4 = 0$

对节点 c：　　$I_2 + I_4 - I = 0$

对回路 $abda$：　$R_1 I_1 + R_G I_G - R_3 I_3 = 0$

对回路 $acba$：　$R_2 I_2 - R_4 I_4 - R_G I_G = 0$

对回路 $dbcd$：　$R_3 I_3 + R_4 I_4 = E$

解得

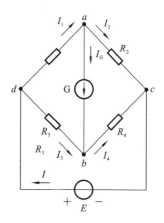

图 3-2　例 3-3 图

$$I_G = \frac{E(R_2 R_3 - R_1 R_4)}{R_G(R_1 + R_2)(R_3 + R_4) + R_1 R_2(R_3 + R_4) + R_3 R(R_1 + R_2)}$$

3.2 节点电压法

节点电压法:在电路中任意选择某一节点为参考点,其他节点为独立节点,计算这些节点与此参考节点之间的电压。

注:节点电压的极性以参考节点为负,其余独立节点为正,即从节点指向参考节点。

节点电压法的解题步骤如下:

(1) 以节点电压为未知量,列方程求解。

(2) 在求出节点电压后,可应用基尔霍夫定律或欧姆定律求出各支路的电流或电压。

注:节点电压法适用于支路数较多、节点数较少的电路。

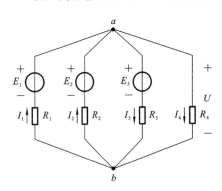

图 3-3 具有两个节点的复杂电路

图 3-3 所示电路由 KCL 可得

$$I_1 + I_2 - I_3 - I_4 = 0$$

由 KVL 或欧姆定律得

$$\begin{cases} U = E_1 - I_1 R_1, \quad I_1 = \dfrac{E_1 - U}{R_1} \\ U = E_2 - I_2 R_2, \quad I_2 = \dfrac{E_2 - U}{R_2} \\ U = E_3 + I_3 R_3, \quad I_3 = \dfrac{-E_3 + U}{R_3} \\ U = I_4 R_4, \quad I_4 = \dfrac{U}{R_4} \end{cases} \quad (3\text{-}4)$$

将各电流代入 KCL 方程,则有

$$\frac{E_1 - U}{R_1} + \frac{E_2 - U}{R_2} - \frac{-E_3 + U}{R_3} - \frac{U}{R_4} = 0$$

整理得节点电压公式为

$$U = \frac{\dfrac{E_1}{R_1} + \dfrac{E_2}{R_2} + \dfrac{E_3}{R_3}}{\dfrac{1}{R_1} + \dfrac{1}{R_2} + \dfrac{1}{R_3} + \dfrac{1}{R_4}} = \frac{\sum \dfrac{E}{R}}{\sum \dfrac{1}{R}} \quad (3\text{-}5)$$

注:(1) 上式仅适用于两个节点的电路。

(2) 分母是各支路电导之和,恒为正值;分子中各项可以为正,也可以为负。

(3) 当电动势 E 与节点电压的参考方向相反时取正号,相同时则取负号,而与各支路电流的参考方向无关。

【例 3-4】 试求图 3-4 中各支路电流。

解 (1) 求节点电压 U_{ab}。

电路中有一条支路是理想电流源,故节点电压的公式改为

$$U_{ab} = \frac{\dfrac{E}{R_1} + I_s}{\dfrac{1}{R_1} + \dfrac{1}{R_2} + \dfrac{1}{R_3}}$$

则

$$U_{ab} = \cfrac{\dfrac{42}{12}+7}{\dfrac{1}{12}+\dfrac{1}{6}+\dfrac{1}{3}} \text{ V} = 18 \text{ V}$$

（2）应用欧姆定律求各电流：

$$I_1 = \frac{42-U_{ab}}{12} = \frac{42-18}{12} \text{ A} = 2 \text{ A}$$

$$I_2 = -\frac{U_{ab}}{6} = -\frac{18}{6} \text{ A} = -3 \text{ A}$$

$$I_3 = \frac{U_{ab}}{3} = \frac{18}{3} \text{ A} = 6 \text{ A}$$

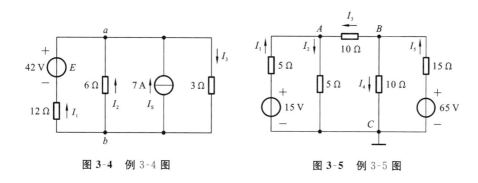

图 3-4　例 3-4 图　　　　　图 3-5　例 3-5 图

【**例 3-5**】　在图 3-5 中，以 C 点为参考点，计算电路 A、B 两点的电位。

解　（1）应用 KCL 对节点 A 和 B 列方程：

$$I_1 - I_2 + I_3 = 0$$

$$I_5 - I_3 - I_4 = 0$$

（2）应用欧姆定律求各电流：

$$I_1 = \frac{15-V_A}{5}$$

$$I_2 = \frac{V_A}{5}$$

$$I_3 = \frac{V_B-V_A}{10}$$

$$I_4 = \frac{V_B}{10}$$

$$I_5 = \frac{65-V_B}{15}$$

（3）将各电流代入 KCL 方程，整理后得

$$5V_A - V_B = 30$$

$$-3V_A + 8V_B = 130$$

解得

$$V_A = 10 \text{ V}$$

$$V_B = 20 \text{ V}$$

3.3　叠加定理

叠加定理:对于线性电路,任何一条支路的电流,都可以看成是由电路中各个电源(电压源或电流源)分别作用时,在此支路中所产生的电流的代数和。

图 3-6(a)所示电路中有两个电源,为电路中的激励,现要求解电路中的电流 I_1、I_2、I_3。

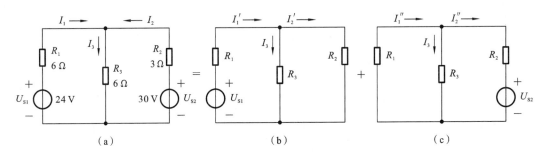

图 3-6　叠加定理

由 KCL 和 KVL 可列出

$$
\begin{aligned}
I_1 + I_2 - I_3 &= 0 \\
I_1 R_1 + I_3 R_3 &= U_{S1} \\
I_2 R_2 + I_3 R_3 &= U_{S2}
\end{aligned}
\tag{3-6}
$$

解得

$$
I_1 = \left(\frac{R_2 + R_3}{R_1 R_2 + R_2 R_3 + R_3 R_1}\right) U_{S1} - \left(\frac{R_3}{R_1 R_2 + R_2 R_3 + R_3 R_1}\right) U_{S2}
\tag{3-7}
$$

如图 3-6(b)所示,I_1' 是当电路中只有 U_{S1} 单独作用时,在第一条支路中产生的电流。

$$
I_1' = \frac{R_2 + R_3}{R_1 R_2 + R_2 R_3 + R_3 R_1} U_{S1}
\tag{3-8}
$$

如图 3-6(c)所示,I_1'' 是当电路中只有 U_{S2} 单独作用时,在第二条支路中产生的电流。

$$
I_1'' = \frac{R_3}{R_1 R_2 + R_2 R_3 + R_3 R_1} U_{S2}
\tag{3-9}
$$

由式(3-7)、式(3-8)和式(3-9)可得出

$$
I_1 = I_1' - I_1''
\tag{3-10}
$$

同理

$$
I_2 = I_2' - I_2''
\tag{3-11}
$$

$$
I_3 = I_3' - I_3''
\tag{3-12}
$$

注:(1)叠加定理只适用于线性电路。

(2)线性电路的电流或电压均可用叠加定理计算,但功率 P 不能用叠加定理计算。

(3)不作为电源的处理:$E = 0$,即将 E 短路;$I_S = 0$,即将 I_S 开路。

(4)解题时要标明各支路电流、电压的参考方向。若分电流、分电压与原电路中电

流、电压的参考方向相反时,叠加时相应项前要带负号。

（5）应用叠加定理时可把电源分组求解,即每个分电路中的电源个数可以多于一个。

用叠加定理计算复杂电路,就是把一个多电源的复杂电路化为几个单电源电路来进行计算。

【例 3-6】　如图 3-7 所示,已知 $E=10$ V,$I_S=1$ A,$R_1=10$ Ω,$R_2=R_3=5$ Ω,试用叠加定理求流过 R_2 的电流 I_2 和理想电流源 I_S 两端的电压 U_S。

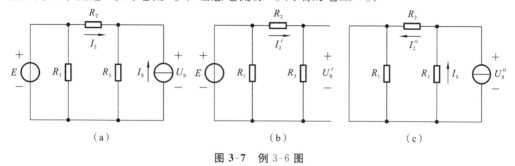

图 3-7　例 3-6 图

解　由图 3-7(b)可得

$$I'_2=\frac{E}{R_2+R_3}=\frac{10}{5+5} \text{ A}=1 \text{ A}$$

$$U'_S=I'_2R_3=1\times5 \text{ V}=5 \text{ V}$$

由图 3-7(c)可得

$$I''_2=\frac{R_3}{R_2+R_3}I_S=\frac{5}{5+5}\times1 \text{ A}=0.5 \text{ A}$$

$$U''_S=I''_2R_2=0.5\times5 \text{ V}=2.5 \text{ V}$$

则

$$I_2=I'_2-I''_2=(1-0.5) \text{ A}=0.5 \text{ A}$$

$$U_S=U'_S+U''_S=(5+2.5) \text{ V}=7.5 \text{ V}$$

3.4　等效电源定理

3.4.1　二端网络的概念

所谓二端网络,就是具有两个出线端的部分电路。二端网络分为无源二端网络和有源二端网络。

如图 3-8(a)所示,无源二端网络就是两端口网络中没有电源。如图 3-8(b)所示,有源二端网络就是二端网络中含有电源。

在进行电路分析时,可以把无源二端网络化简为一个电阻,如图 3-9 所示;有源二端网络化简为一个电源,如图 3-10 所示。

在电路的分析计算中,有时只需要计算一个复杂电路中某一支路的电流,为了使计算简便,常常应用等效电源的方法。

等效电源法:将待求支路从电路中划出,而把其余部分看作一个有源二端网络,这样就可以把复杂电路化为简单电路。

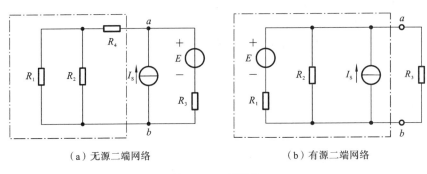

（a）无源二端网络　　　　　　（b）有源二端网络

图 3-8　二端网络

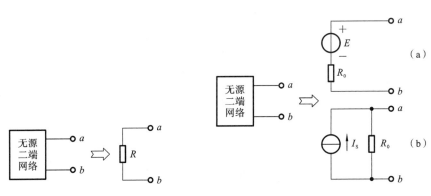

图 3-9　无源二端网络等效电阻　　　图 3-10　有源二端网络等效电源

等效电源有等效电压源和等效电流源两种。用电压源来等效代替有源二端网络的分析方法称为戴维宁定理,用电流源来等效代替有源二端网络的分析方法称为诺顿定理,如图 3-10 所示。

3.4.2　戴维宁定理

戴维宁定理:任何一个有源二端线性网络都可以用一个电动势为 E 的理想电压源和内阻 R_0 串联的电源来等效代替,如图 3-10(a)所示。其中,等效电源电动势 E 为有源二端网络的开路电压 U_0,R_0 为该有源二端网络中所有独立电源不作用时所得到的无源网络 a、b 两端的等效电阻。

采用戴维宁定理的求解步骤如下:

(1) 将待求支路从电路中取出,得到有源二端网络。

(2) 根据有源二端网络的具体结构,计算有源二端网络的开路电压 U_0。

(3) 将有源二端网络中所有独立电源除去(将各理想电压源短路,即其电动势为零;将各理想电流源开路,即其电流为零),计算无源二端网络电阻 R_0。

(4) 画出等效电路,计算出待求支路电流 I。

【例 3-7】　电路如图 3-11 所示,已知 $E_1=40$ V, $E_2=20$ V, $R_1=R_2=4$ Ω, $R_3=13$ Ω,试用戴维宁定理求电流 I_3。

解　(1) 如图 3-12 所示,断开待求支路求等效电源的电动势 E。

$$I=\frac{E_1-E_2}{R_1+R_2}=\frac{40-20}{4+4} \text{ A}=2.5 \text{ A}$$

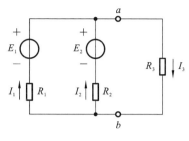

图 3-11　例 3-7 图

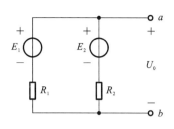

图 3-12　开路电压

$$E = U_0 = E_2 + IR_2 = (20 + 2.5 \times 4) \text{ V} = 30 \text{ V}$$

（2）求等效电源的内阻 R_0 除去所有电源（理想电压源短路，理想电流源开路），从 a、b 两端看进去，R_1 和 R_2 并联，如图 3-13 所示。

$$R_0 = \frac{R_1 \times R_2}{R_1 + R_2} = 2 \text{ }\Omega$$

（3）将图 3-11 等效为图 3-14，求电流 I_3。

$$I_3 = \frac{E}{R_0 + R_3} = \frac{30}{2 + 13} \text{ A} = 2 \text{ A}$$

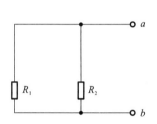

图 3-13　等效电源的内阻 R_0

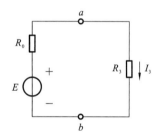

图 3-14　图 3-11 等效电路

【例 3-8】　电路如图 3-15 所示，已知 $R_1 = R_3 = 2$ Ω，$R_2 = 5$ Ω，$R_4 = 8$ Ω，$R_5 = 14$ Ω，$E_1 = 8$ V，$E_2 = 5$ V，$I_S = 3$ A。试用戴维宁定理求电流 I_3。

解　（1）如图 3-16 所示，断开待求支路求等效电源的电动势 E。

$$I_3 = \frac{E_1}{R_1 + R_3} = 2 \text{ A}$$

$$U_{OC} = I_3 R_3 - E_2 + I_S R_2 = 14 \text{ V}$$

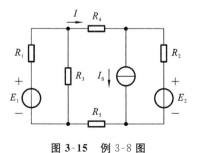

图 3-15　例 3-8 图

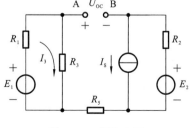

图 3-16　开路电压

（2）求等效电源的内阻 R_0 除去所有电源（理想电压源短路，理想电流源开路），从

a、b 两端看进去，R_1 和 R_2 并联，如图 3-17 所示。

$$R_0 = R_1 /\!/ R_3 + R_5 + R_2 = 20 \ \Omega$$

（3）将图 3-15 等效为图 3-18，求电流 I_3。

$$I_3 = \frac{E}{R_0 + R_4} = 0.5 \ \mathrm{A}$$

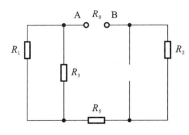 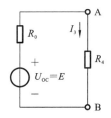

图 3-17　等效电源的内阻 R_0　　　　图 3-18　图 3-15 等效电路

3.4.3　诺顿定理

诺顿定理：任何一个有源二端线性网络都可以用一个电流为 I_S 的理想电流源和内阻 R_0 并联的电源来等效代替，如图 3-19(a)所示。其中，等效电源电流 I_S 为有源二端网络的短路电流，R_0 为该有源二端网络中所有独立电源不作用时所得到的无源网络 a、b 两端的等效电阻。

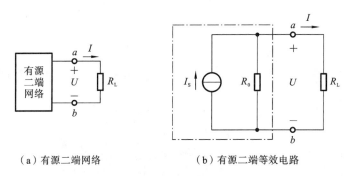

（a）有源二端网络　　　　　（b）有源二端等效电路

图 3-19　有源二端网络及其等效电路

采用诺顿定理的求解步骤如下：

（1）将待求支路从电路中取出，得到有源二端网络。

（2）根据有源二端网络的具体结构，计算有源二端网络的短路电流 I_S。

（3）将有源二端网络中所有独立电源除去（将各理想电压源短路，即其电动势为零；将各理想电流源开路，即其电流为零），计算无源二端网络电阻 R_0。

（4）画出等效电路，计算出待求支路电流 I。

$$I = \frac{R_0}{R_0 + R_L} I_S \tag{3-13}$$

【例 3-9】　如图 3-1 所示电路，已知 $E_1 = 140 \ \mathrm{V}$，$E_2 = 90 \ \mathrm{V}$，$R_1 = 20 \ \Omega$，$R_2 = 5 \ \Omega$，$R_3 = 6 \ \Omega$，用诺顿定理计算图中支路电流 I_3。

解 图 3-1 对应的等效电路如图 3-20 所示。等效电源的电流 I_S 可由图 3-21 求得,即

$$I_S = \frac{E_1}{R_1} + \frac{E_2}{R_2} = 25 \text{ A}$$

等效电阻 R_0 为 R_1 并上 R_2,即

$$R_0 = R_1 // R_2 = 4 \text{ } \Omega$$

则

$$I_3 = \frac{R_0}{R_0 + R_3} I_S = 10 \text{ A}$$

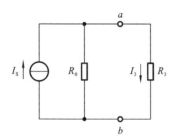

图 3-20 图 3-1 等效电路

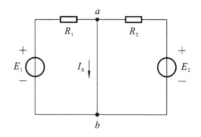

图 3-21 短路电流 I_S

习 题 3

习题 3 答案

3-1 在图 3-22 所示电路中,已知 $U_{S1} = 30$ V , $U_{S2} = 50$ V, $R_1 = 28$ Ω, $R_2 = R_3 = 5$ Ω, $R_4 = R_5 = 10$ Ω。试求:各支路电流。

3-2 电路如图 3-23 所示,用支路电流法计算各支路电流。

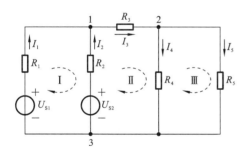

图 3-22 两台发电机并联电路

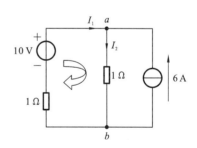

图 3-23 题 3-2 电路

3-3 如图 3-24 所示电路,设节点 b 为参考节点,列写出节点电压的方程。

3-4 试列出图 3-25 所示电路节点电压 U_{ab} 的方程式。

3-5 如图 3-26 所示电路,试求节点电压 U_{A0} 和电流 I_1 与 I_2。

3-6 各元件参数如图 3-27 所示,试用节点电压法求各支路电流。

3-7 如图 3-28 所示电路,已知 $U_{S1} = 15$ V, $U_{S2} = 65$ V, $R_1 = R_3 = 5$ Ω, $R_2 = R_4 = 10$ Ω, $R_5 = 15$ Ω。试用节点电压法求通过电阻 R_2 的电流。

3-8 试用支路电流法或节点电压法求图 3-29 所示电路中的各支路电流,并求三个电源的输出功率和负载电阻 R_L 取用的功率。0.8 Ω 和 0.4 Ω 分别为两个电压源的内阻。

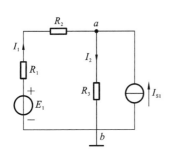

图 3-24 题 3-3 电路

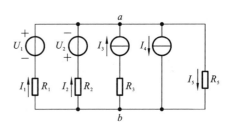

图 3-25 题 3-4 图

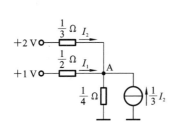

图 3-26 题 3-5 图

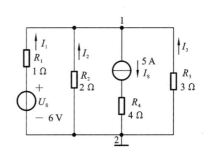

图 3-27 题 3-6 电路

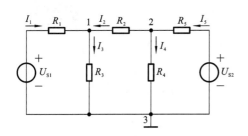

图 3-28 题 3-7 电路

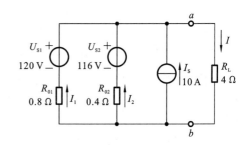

图 3-29 题 3-8 图

3-9 用叠加原理计算图 3-30 中的电压 U。设 $I_S = 10\ \text{A}$，$E = 12\ \text{V}$，$R_1 = R_2 = R_3 = R_4 = 1\ \Omega$。

3-10 试用叠加原理计算图 3-31 所示电路中各支路电流。

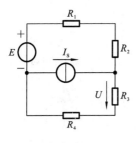

图 3-30 题 3-9 电路

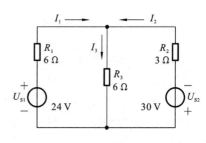

图 3-31 题 3-10 图

3-11 用节点电压法计算图 3-32 所示电路中 A 点的电位。

3-12 如图 3-33 所示电路，求有源二端网络的戴维宁等效电路。

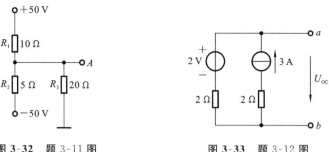

图 3-32 题 3-11 图　　　　图 3-33 题 3-12 图

3-13 用戴维宁定理计算图 3-34 中的电流 I。

3-14 分别应用戴维宁定理和诺顿定理将图 3-35 所示电路化为等效电压源和等效电流源。

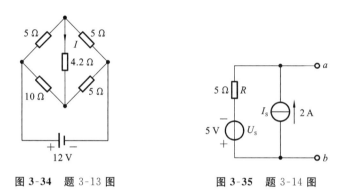

图 3-34 题 3-13 图　　　　图 3-35 题 3-14 图

3-15 分别应用戴维宁定理和诺顿定理将图 3-36 所示电路化为等效电压源和等效电流源。

3-16 分别应用戴维宁定理和诺顿定理将图 3-37 所示电路化为等效电压源和等效电流源。

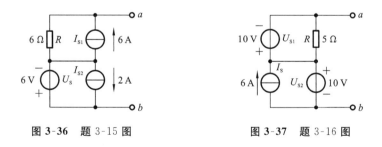

图 3-36 题 3-15 图　　　　图 3-37 题 3-16 图

3-17 分别应用戴维宁定理和诺顿定理将图 3-38 所示电路化为等效电压源和等效电流源。

3-18 试用戴维宁定理求图 3-39 所示电路中的支路电流 I_2。

3-19 图 3-40 所示桥式电路中,已知 $U_S=6$ V,$R_1=4$ Ω,$R_2=6$ Ω,$R_3=12$ Ω,$R_4=8$ Ω,$R_G=16.8$ Ω。试用戴维宁定理求检流计电流 I_G。

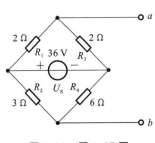

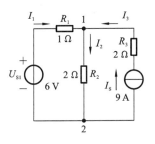

图 3-38 题 3-17 图   图 3-39 题 3-18 图

3-20 分别应用戴维宁定理和诺顿定理计算图 3-41 所示电路中流过 8 kΩ 电阻的电流。

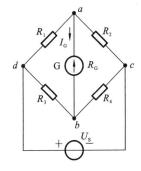

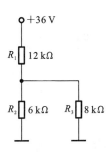

图 3-40 题 3-19 图   图 3-41 题 3-20 图

4

电路暂态分析

电阻元件电路,一旦接通或断开电源时,电路立即处于稳定状态(简称稳态)。但当电路中含有电感元件或电容元件时,则不然。例如,当 RC 串联电路与直流电源接通后,电容元件被充电,其电压是逐渐增长到稳定值(电源电压)的;电路中有充电电流,它是逐渐衰减到零的。可见,这种电路中电压或电流的增长或衰减有一个暂态过程。

研究暂态过程的目的是:认识和掌握这种客观存在的物理现象的规律,既要充分利用暂态过程的特性,同时也必须预防它所产生的危害。例如,在电子技术中常利用电路中的暂态过程来改善波形和产生特定波形;但某些电路在与电源接通或断开的暂态过程中,会产生过电压或过电流,从而使电气设备或器件遭受损坏。

本章首先讨论电阻元件、电感元件、电容元件的特征和引起暂态过程的原因,而后讨论暂态过程中电压与电流随时间变化而变化的规律和影响暂态过程快慢的电路时间常数。

4.1 储能元件

4.1.1 电容元件

图 4-1 所示的是电容元件,其参数特性是电路物理量电荷 q 与电压 u 的代数关系,即

$$C = \frac{q}{u} \qquad (4-1)$$

式中:C 是电容元件参数,称为电容,单位是法[拉](F)。工程上多采用微法(μF)或皮法(pF)。1 μF $= 10^{-6}$ F,1 pF $= 10^{-12}$ F。

在电压 u 和电流 i 的参考方向相同的情况下,当电容元件上电荷[量]q 或电压 u 发生变化时,在电路中引起电流与电压关系为

$$i = \frac{\mathrm{d}q}{\mathrm{d}t} = C \frac{\mathrm{d}u}{\mathrm{d}t} \qquad (4-2)$$

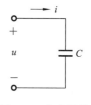

图 4-1 电容元件

式(4-2)表明,电流和电压变化率成正比。当电容两端电压很大(发生剧变)时,电流很大;当电容元件两端加恒定电压时,其中电流 i 为零,故电容元件可视为开路,或者说电容有隔断直流的作用。

将式（4-2）两边乘以 u，并积分之，得

$$\int_0^t ui\,dt = \int_0^u Cu\,du = \frac{1}{2}Cu^2 \tag{4-3}$$

式（4-3）表明：

（1）当电容元件上的电压增高时，在此时间内电容元件吸收能量，电场能量 W 增大，此过程中电容元件充电。

（2）当电容元件上的电压降低时，在此时间内电容元件释放能量，电场能量 W 减小，此过程中电容元件放电。所以电容元件是储能元件。同时，电容元件也不会释放出多余存储的能量，所以又是一种无源元件。

4.1.2　电感元件

图 4-2 所示的是一电感元件（线圈），其上电压为 u。当通过电流 i 时，将产生磁通 Φ。设磁通通过每匝线圈，如果线圈有 N 匝，则电感元件的参数

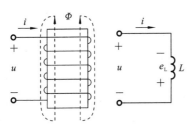

图 4-2　电感元件

$$L = \frac{N\Phi}{i} \tag{4-4}$$

称为电感或自感。线圈的匝数 N 越多，其电感越大；线圈中单位电流产生的磁通越大，电感也越大。

磁通的单位是韦［伯］（Wb）。电感的单位是亨［利］（H）。

当电感元件中磁通 Φ 或电流 i 发生变化时，在电感元件中产生的感应电动势为

$$e_L = -N\frac{d\Phi}{dt} = -L\frac{di}{dt}$$

并根据基尔霍夫电压定律可写出

$$u + e_L = 0$$

或

$$u = -e_L = L\frac{dl}{dt} \tag{4-5}$$

当线圈中通过恒定电流时，其上电压 u 为零，故电感元件可视为短路。

将式（4-5）两边乘以 i，并积分之，则得

$$\int_0^t ui\,dt = \int_0^i Li\,di = \frac{1}{2}Li^2 \tag{4-6}$$

式（4-6）表明：

（1）当电感元件上的电流增高时，在此时间内电感元件吸收能量，磁场能量 W 增大，此过程中电感元件从电源取用能量。

（2）当电感元件上的电压降低时，在此时间内电感元件释放能量，磁场能量 W 减小，此过程中电感元件向电源释放能量。所以电感元件是储能元件。同时，电感元件也不会释放出多余存储的能量，所以又是一种无源元件。

本节所讲的都是线性元件。L 和 C 都是常数，即相应的 Φ 和 i 及 q 和 u 之间都是线性关系。

4.2　换路定则

换路:当电路中的信号(电源或无源元件)接通、断开、短路或电路中的参数突然改变时,可能使电路改变原来的工作状态,转变到另一个工作状态,这种转变所引起的电路变化称为"换路"。

注:换路时,电感元件中储有的磁能 $\frac{1}{2}Li_L^2$ 不能跃变,这反映在电感元件中的电流 i_L 不能跃变;电容元件中储有的电能 $\frac{1}{2}Cu_C^2$ 不能跃变,这反映在电容元件上的电压 u_C 不能跃变。可见电路的暂态过程是由于储能元件的能量不能跃变而产生的。

设 $t=0$ 为换路瞬间, $t=0_-$ 表示换路前的最终时刻, $t=0_+$ 表示换路后的最初时刻。

换路定则:从 $t=0_-$ 到 $t=0_+$ 瞬间,电感元件中的电流和电容元件上的电压不能跃变。

如用公式表示,则为

$$i_L(0_-)=i_L(0_+)$$
$$u_C(0_-)=u_C(0_+) \tag{4-7}$$

换路定则仅适用于换路瞬间,可根据它来确定 $t=0_+$ 时电路中电压和电流之值,即暂态过程的初始值。

确定各个电压和电流的初始值步骤如下:

(1) 先由 $t=0_-$ 的电路求出 $u_C(0_-)$、$i_L(0_-)$;

(2) 根据换路定律求出 $u_C(0_+)$、$i_L(0_+)$;

(3) 再由 $t=0_+$ 的电路在已求得 $u_C(0_+)$ 或 $i_L(0_+)$ 的条件下求其他电压和电流的初始值;

(4) 在 $t=0_+$ 时的电压方程中 $u_C=u_C(0_+)$。

在 $t=0_+$ 时的电流方程中 $i_L=i_L(0_+)$。

【例 4-1】　确定图 4-3(a)所示电路中各电流和电压的初始值。设开关 S 闭合前电感元件和电容元件均未储能。

解　换路前电路处于稳态,电容元件短路,将电感元件开路,由 $t=0_-$ 的电路,即图 4-3(b)可得

$$i_L(0_-)=\frac{R_1}{R_1+R_3}\frac{U}{R+\frac{R_1R_3}{R_1+R_3}}=\frac{4}{4+4}\frac{8}{2+\frac{4\times4}{4+4}}\text{ A}=1\text{ A}$$

$$u_C(0_-)=R_3i_L(0_-)=4\times1\text{ V}=4\text{ V}$$

因此, $u_C(0_+)=4$ V, $i_L(0_+)=1$ A。

在 $t=0_+$ 的电路(见图 4-3(c))中可列出

$$U=Ri(0_+)+R_2i_C(0_+)+u_C(0_+)$$
$$i(0_+)=i_C(0_+)+i_L(0_+)$$

代入数据得

$$8=2i(0_+)+4i_C(0_+)+4$$

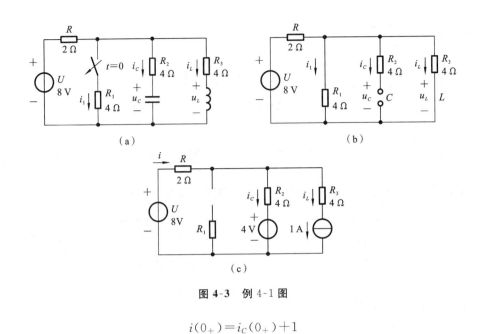

图 4-3 例 4-1 图

$$i(0_+)=i_C(0_+)+1$$

$$i_C(0_+)=\frac{1}{3}\ \text{A}$$

同理可得

$$u_L(0_+)=R_2 i_C(0_+)+u_C(0_+)-R_3 i_L(0_+)=\left(4\times\frac{1}{3}+4-4\times1\right)\text{V}=1\ \frac{1}{3}\ \text{V}$$

4.3　RC 电路的响应

4.3.1　RC 电路的零输入响应

RC 电路的零输入响应是指无外施激励电源,也就是输入信号为零,在此条件下,由电容元件的初始状态 $u_C(0_+)$ 所产生的电路的响应。

分析 RC 电路的零输入响应,实际上就是分析它的放电过程。

在图 4-4 中,当 $t=0_-$ 时,电路已处于稳态,此时 $u_C(0_-)=U$。当 $t=0$ 时,将开关 S 从位置 1 合到 2,使电路脱离电源,输入为零。此时,根据换路定则,电容元件上电压的初始值 $u_C(0_+)=U$。电容经电阻开始放电。

当 $t\geqslant0_+$ 时,由 KVL 可得

$$u_R-u_C=0$$

将 $u_R=Ri$,$i=-C\dfrac{\mathrm{d}u_C}{\mathrm{d}t}$ 代入上述方程,有

$$RC\frac{\mathrm{d}u_C}{\mathrm{d}t}+u_C=0 \qquad (4-8)$$

式(4-8)为一阶齐次方程,令此方程通解 $u_C=A\mathrm{e}^{\tau t}$,代入式(4-8),则

$$(RC\tau+1)A\mathrm{e}^{\tau t}=0$$

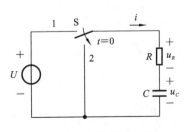

图 4-4　RC 电路零输入响应

$$RC\tau+1=0$$

特征根为

$$\tau=-\frac{1}{RC}$$

又因 $u_C(0_+)=u_C(0_-)=U$，代入 $u_C=Ae^{\pi}$，求得积分常数 $A=u_C(0_+)=U$，则微分方程的解为

$$u_C=u_C(0_+)e^{-\frac{1}{RC}t}=Ue^{-\frac{1}{RC}t} \tag{4-9}$$

电路中的电流为

$$i=\frac{U}{R}e^{-\frac{1}{RC}t}$$

电阻上的电压

$$u_R=u_C=Ue^{-\frac{1}{RC}t}$$

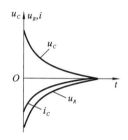

图 4-5 u_C、u_R 和 i 随时间变化曲线

其随时间的变化曲线如图 4-5 所示。

当 $t=-\frac{1}{RC}=\tau$ 时，

$$u_C=Ue^{-1}=0.368U=36.8\%U$$

由上式可以看出，t 从 0 开始经过一个 τ 的时间 u_C 衰减到初始值 U 的 36.8%。$t=2\tau,t=3\tau,t=4\tau,\cdots$ 时刻电容、电压值列于表 4-1 中。

表 4-1 $e^{-\frac{1}{\tau}t}$ 随时间而衰减

t	τ	2τ	3τ	4τ	5τ	6τ
$e^{-\frac{t}{\tau}}$	e^{-1}	e^{-2}	e^{-3}	e^{-4}	e^{-5}	e^{-6}
u_C	$0.368U$	$0.135U$	$0.050U$	$0.018U$	$0.007U$	$0.002U$

从表 4-1 可以看出，τ 越小，u_C 衰减越快，即电容元件放电越快。

【**例 4-2**】 某高压电路中有一组 $C=40~\mu F$ 的电容器，断开时电容器的电压为 5.77 kV，断开后电容器经它本身的漏电阻放电。如果电容器的漏电阻 $R=100~M\Omega$，试问断开后经多长时间，电容器的电压衰减为 1 kV？若电路需要检修，应采取什么安全措施？

解 因 RC 为零输入响应，可得

$$\tau=-\frac{1}{RC}=-\frac{1}{100\times10^6\times40\times10^{-6}}=-\frac{1}{4000}$$

则

$$u_C=Ue^{-\frac{1}{RC}t}=5.77e^{-\frac{t}{4000}}$$

将 $u_C=1$ kV 代入上式，$1=5.77e^{-\frac{t}{4000}}$，解得

$$t=7011~s$$

为安全起见，须待电容充分放电后才能进行线路检修，经过计算电容充分放电时间约为 2 h。为了缩短电容器放电时间，可以用一个阻值较小的电阻并联于电容器两端，来加速放电过程。

4.3.2 RC 电路的零状态响应

RC 电路的零状态响应是指换路前电容元件未储有能量 $u_C(0_-)=0$，在此条件下，

由外施激励所产生的电路的响应。

分析 RC 电路的零状态响应,实际上就是分析它的充电过程。

图 4-6 中,开关 S 闭合前,电路处于零初始状态,此时 $u_C(0_-)=0$,在 $t=0$ 时将开关 S 闭合,电路接入直流电源 U,对电容元件开始充电。

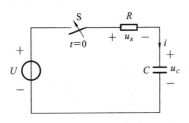

图 4-6 RC 电路零状态响应

由 KVL 可得

$$u_R + u_C = U$$

将 $u_R = Ri$,$i=C\dfrac{\mathrm{d}u_C}{\mathrm{d}t}$ 代入上述方程有

$$RC\frac{\mathrm{d}u_C}{\mathrm{d}t} + u_C = U \tag{4-10}$$

上式的通解有两个部分:一个是特解 u'_C;另一个是补函数 u''_C。

特解取电路的稳态值,或称稳态分量,即

$$u'_C = u_C(\infty) = U$$

补函数是齐次微分方程

$$RC\frac{\mathrm{d}u_C}{\mathrm{d}t} + u_C = 0$$

的通解,即为暂态分量,其式为

$$u''_C = A\mathrm{e}^{pt}$$

代入上式,得特征方程

$$RCP + 1 = 0$$

其根为

$$P = -\frac{1}{RC} = -\frac{1}{\tau}$$

式中:$\tau = RC$,具有时间的量纲,所以称为 RC 电路的时间常数。

因此,式(4-10)的通解为

$$u_C = u'_C + u''_C = U + A\mathrm{e}^{\frac{-t}{\tau}}$$

设换路前电容元件未储有能量,即初始值 $u_C(0_+)=0$,则 $A=-U$,经过求解可得

$$u_C = U - U\mathrm{e}^{-\frac{1}{\tau}t} = U(1-\mathrm{e}^{-\frac{1}{\tau}t}) \tag{4-11}$$

电路中的电流为

$$i = C\frac{\mathrm{d}u_C}{\mathrm{d}t} = \frac{U}{R}\mathrm{e}^{-\frac{t}{\tau}} \tag{4-12}$$

电阻上的电压

$$u_R = iR = U\mathrm{e}^{-\frac{1}{\tau}t} \tag{4-13}$$

其随时间的变化曲线如图 4-7 所示。

当 $t=\tau$ 时,

$$u_C = U(1-\mathrm{e}^{-1}) = U\left(1-\frac{1}{2.718}\right) = 63.2\%U$$

由上式可以看出,t 从 0 开始经过一个 τ 的时间 u_C 增长到稳态值 U 的 63.2%。

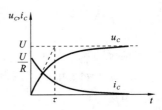

图 4-7 u_C 和 i_C 随时间变化曲线

$t=2\tau,t=3\tau,t=4\tau,\cdots$ 时刻电容、电压值列于表 4-2 中。

表 4-2 $e^{-\frac{1}{\tau}t}$ 随时间而衰减

τ	2τ	3τ	4τ	5τ	6τ
e^{-1}	e^{-2}	e^{-3}	e^{-4}	e^{-5}	e^{-6}
0.368	0.135	0.050	0.018	0.007	0.002

从表 4-2 可以看出,τ 越小,u_C 变化越快,即电容元件充电越快。当 $t=5\tau$ 时,暂态基本结束,u_C 达到稳态值。

综上所述,可将计算线性电路暂态过程的步骤归纳如下:

(1) 按换路后的电路列出微分方程式。

(2) 求微分方程式的特解,即稳态分量。

(3) 求微分方程式的补函数,即暂态分量。

(4) 按照换路定则确定暂态过程的初始值,从而定出积分常数。

【例 4-3】 在图 4-8 所示的电路中,已知 $U=100$ V,$R=500$ Ω,$C=10$ μF,在 $t=0$ 时刻闭合开关,求(1) u_C 和 i 随时间变化的规律;(2) 当充电时间为 8.05 ms 时,u_C 达到多少伏?

解 (1) 开关未闭合,电容未充电,由换路定则有

$$u_C(0_+)=u_C(0_-)=0$$

换路后,时间常数为

$$\tau=RC=500\times10\times10^{-6}\ s=5\times10^{-3}\ s$$

则

$$u_C=100(1-e^{-200t})\ V$$

$$i=C\frac{du_C}{dt}=0.2e^{-200t}\ A$$

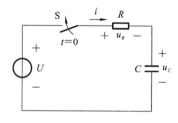

图 4-8 例 4-3 图

(2) 当充电时间为 8.05 ms 时,电容电压为

$$u_C=100\times(1-e^{-200\times8.05\times10^{-3}})=100\times(1-e^{-1.61})\ V=80\ V$$

4.3.3 RC 电路的全响应

RC 电路的全响应是指无外施激励电源,且电容元件的初始状态 $u_C(0_+)$ 不为零时电路的响应。

图 4-6 中,设电容电压 $u_C=U_0$,开关 S 闭合后,由 KVL 可得

$$RC\frac{du_C}{dt}+u_C=U$$

由初始条件

$$u_C(0_+)=u_C(0_-)=U_0$$

方程通解为

$$u_C=u'_C+u''_C=U+Ae^{-\frac{t}{RC}}$$

$$A=U_0-U_s$$

所以电容电压

$$u_C=U+(U_0-U)e^{-\frac{t}{RC}} \tag{4-14}$$

式(4-14)可改写为

$$u_C = U_0 e^{-\frac{t}{RC}} + U(1 - e^{-\frac{t}{RC}}) \qquad (4\text{-}15)$$

可以看出,式(4-15)右边第一项是零输入响应,右边第二项是零状态响应。

电路的全响应实际就是零输入响应与零状态响应两者的叠加,即

全响应＝零输入响应＋零状态响应

如果来看式(4-14),它的右边也有两项:U 为稳态分量;$(U_0 - U) e^{-\frac{t}{RC}}$ 为暂态分量。于是全响应也可表示为

全响应＝稳态分量＋暂态分量

求出 u_C 后,就可得出

$$i = C \frac{\mathrm{d}u_C}{\mathrm{d}t}, \quad u_R = iR$$

【**例 4-4**】 图 4-9(a)所示电路中,已知 $R_1 = 1 \text{ k}\Omega$, $R_2 = 2 \text{ k}\Omega$, $C = 0.5 \ \mu\text{F}$, $U_{S1} = 12 \text{ V}$, $U_{S2} = 6 \text{ V}$。开关 S 长期在 1 位置,若在 $t = 0$ 时刻将开关 S 换接至 2 位置。试求 $t \geq 0$ 时 i_C、u_C,并画出 u_C 的变化曲线。

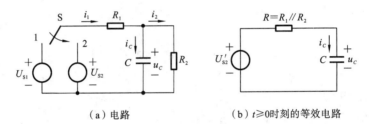

（a）电路　　　　　　　　　　（b）$t \geq 0$时刻的等效电路

图 4-9　例 4-4 图

解　当 $t = 0_+$ 时,有

$$u_C(0_+) = u_C(0_-) = \frac{R_2}{R_1 + R_2} U_{S1} = \frac{2}{1+2} \times 12 \text{ V} = 8 \text{ V}$$

时间常数为

$$\tau = (R_1 /\!/ R_2)C = \frac{2}{3} \times 10^3 \times 0.5 \times 10^{-6} \text{ s} = \frac{1000}{3} \ \mu\text{s}$$

当 $U_{S2} = 6 \text{ V}$ 时,开关 S 闭合到 2 位置,此时电容端电压 $u_C(\infty) = U'_{S2}$,即

$$u_C(\infty) = U'_{S2} = \frac{R_2}{R_1 + R_2} U_{S2} = \frac{2}{2+1} \times 6 \text{ V} = 4 \text{ V}$$

因此有

$$u_C = u_C(\infty) + [u_C(0_+) - u_C(\infty)] e^{-\frac{t}{\tau}}$$

$$= 4 + (8-4) e^{-3000t} = 4 + 4e^{-3000t} \text{ (V)}$$

$$i_C = C \frac{\mathrm{d}u_C}{\mathrm{d}t} = 0.5 \times 10^{-6} \times 4 \times (-3000) e^{-3000t} \text{ A}$$

$$= -6e^{-3000t} \text{ mA}$$

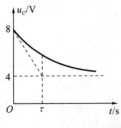

图 4-10　u_C 的变化曲线

电容电压 u_C 的变化曲线如图 4-10 所示。从图 4-10 可以看出,这是电容放电的一个过程,从 $u_C(0+) = 8 \text{ V}$ 放电至 $u_C(\infty) = 4 \text{ V}$。$i_C$ 表示式中的负号也说明 i_C 的实际方向与参考方向相反,电容处于放电状态。

4.4　一阶线性电路暂态分析的三要素法

4.4.1　一阶线性电路概念

一阶线性电路是指仅含有一个储能元件或可等效为一个储能元件的线性电路,它的微分方程都是一阶常系数线性微分方程,这种电路称为一阶线性电路。

4.4.2　三要素法

上述 RC 一阶线性电路,是由稳态分量和暂态分量两部分相加而得。其通用表达式为

$$f(t)=f'(t)+f''(t)=f(\infty)+A\mathrm{e}^{-\frac{t}{\tau}}$$

$$f(t)=f(\infty)+[f(0_+)-f(\infty)]\mathrm{e}^{-\frac{t}{\tau}} \tag{4-16}$$

式中:$f(t)$是电流或电压;$f(\infty)$是稳态值(即稳态分量);$f(0_+)$是初始值;τ是时间常数;$A\mathrm{e}^{-\frac{t}{\tau}}$是暂态分量。

由式(4-16)可知,只要确定了 $f(\infty)$、$f(0_+)$和 τ 三个"要素",就能求出一阶电路的响应,把这种通过求解三要素得到响应的方法称为三要素法。

三要素法求解步骤如下:

(1) 求解初始值 $f(0_+)$。

① 由 $t(0_-)$电路求 $u_C(0_-)$和 $i_L(0_-)$。

② 根据换路定则求 $u_C(0_+)$和 $i_L(0_+)$。

③ 由 $t(0_+)$电路求 $u(0_+)$和 $i(0_+)$。

(2) 求稳态值 $f(\infty)$。

由 $t(\infty)$时刻等效电路,求出 $u(0_+)$和 $i(0_+)$。

(3) 求时间常数 τ。

① 对于一阶 RC 电路,$\tau=R_0C$。

② 对于一阶 RL 电路,$\tau=\dfrac{L}{R_0}$。

【**例 4-5**】　如图 4-11 所示,开关 S 闭合前电路已处于稳态。当 $t=0$ 时 S 闭合,试应用三要素法求解,$t\geqslant0$ 时电容电压 u_C 和电流 i_C、i_1 和 i_2。

解　(1) 求解初始值 $u_C(0_+)$。

当 $t=0_-$ 时,电容视为开路,如图 4-12 所示。

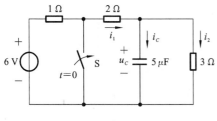

图 4-11　例 4-5 图

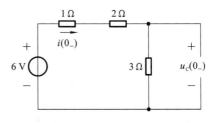

图 4-12　$t=0_-$ 时等效电路图

可求得

$$u_C(0_-)=\frac{3}{1+2+3}\times 6\text{ V}=3\text{ V}$$

$$u_C(0_+)=u_C(0_-)=3\text{ V}$$

（2）求稳态值 $u_C(\infty)$。

$$u_C(\infty)=0$$

（3）求时间常数 τ。

换路后的电路断开储能元件后，所得无源二端网络从端口看入的等效电阻如图 4-13 所示，由换路后的电路图可得

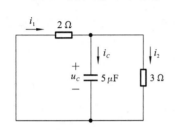

$$\tau=R_0C=\frac{2\times 3}{2+3}\times 5\times 10^{-6}\text{ s}=6\times 10^{-6}\text{ s}$$

所以

$$u_C(t)=u_C(\infty)+[u_C(0_+)-u_C(\infty)]Ue^{-\frac{t}{\tau}}$$
$$=3e^{-1.7\times 10^5 t}\text{ V}$$

$$i_C(t)=C\frac{\mathrm{d}u_C}{\mathrm{d}t}=-2.5e^{-1.7\times 10^5 t}\text{ A}$$

图 4-13 换路后的断开储能
元件后等效电路图

$$i_2(t)=\frac{u_C}{3}=e^{-1.7\times 10^5 t}\text{ A}$$

$$i_1(t)=i_2+i_C=(e^{-1.7\times 10^5 t}-2.5e^{-1.7\times 10^5 t})\text{ A}=-1.5e^{-1.7\times 10^5 t}\text{ A}$$

【例 4-6】 如图 4-14 所示，开关 S 闭合前电路已处于稳态。当 $t=0$ 时 S 闭合，试应用三要素法求解，$t\geqslant 0$ 时电容电压 u_C 和电流 i_C、i_2。

解 （1）求解初始值 $u_C(0_+)$。

当 $t=0_-$ 时，电容视为开路，如图 4-15 所示。

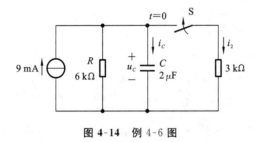

图 4-14 例 4-6 图 　　　　　　　**图 4-15** $t=0_-$ 时等效电路图

可求得

$$u_C(0_-)=9\times 10^{-3}\times 6\times 10^3\text{ V}=54\text{ V}$$

由换路定则有

$$u_C(0_+)=u_C(0_-)=54\text{ V}$$

（2）求稳态值 $u_C(\infty)$。

当 $t=\infty$ 时，电路如图 4-16 所示，有

$$u_C(\infty)=9\times 10^{-3}\times\frac{6\times 3}{6+3}\times 10^3\text{ V}=18\text{ V}$$

（3）求时间常数 τ。

换路后的电路断开储能元件后，所得无源二

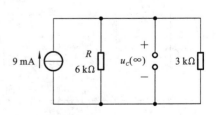

图 4-16 $t=\infty$ 时等效电路图

端网络从端口看入的等效电阻如图 4-17 所示,由
换路后的电路图可得

$$\tau = R_0 C = \frac{6 \times 3}{6+3} \times 10^3 \times 2 \times 10^{-6} \text{ s} = 4 \times 10^{-3} \text{ s}$$

所以

$$u_C = 18 + (54-18)\mathrm{e}^{-\frac{t}{4 \times 10^{-3}}} \text{ V} = 18 + 36\mathrm{e}^{-250t} \text{ V}$$

则

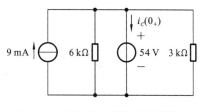

图 4-17　换路后的断开储能元件后
　　　　　等效电路图

$$i_C(0_+) = \frac{18-54}{2 \times 10^3} \text{ A} = -18 \text{ mA}$$

$$i_C(\infty) = 0$$

$$i_C = i_C(\infty) + \left[i_C(0_+) - i_C(\infty)\right]\mathrm{e}^{-\frac{t}{\tau}}$$

$$i_C(t) = -18\mathrm{e}^{-250t} \text{ mA}$$

$$i_2(t) = \frac{u_C(t)}{3 \times 10^3} = 6 + 12\ \mathrm{e}^{-250t} \text{ mA}$$

4.5　RC 电路的应用

在电子技术中,一阶暂态电路有着广泛应用,特别是通过改变时间常数获得不同波
形的变换电路,如微分电路、积分电路。本节将对这些电路作简单介绍。

4.5.1　微分电路

图 4-18 所示的是 RC 微分电路(设电路处于零状态)。图 4-19 所示的是微分电路
的输入电压和输出电压波形。

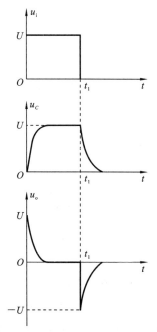

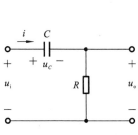

图 4-18　微分电路　　　　**图 4-19**　微分电路输入电压和输出电压波形

u_i 为输入的矩形脉冲电压，u_o 为在电阻 R 两端输出的电压，t_p 为脉冲持续时间（脉冲宽度）。

由图 4-18 和图 4-19 可看出：

当 $t=0$ 时，u_i 从零突然上升到 U（即 $u_i=U$），开始对电容元件充电。由于电容元件两端电压不能跃变，在这瞬间电容相当于短路（$u_C=0$），则 $u_o=u_i=U_o$。由于 $\tau \ll t_p$，充电很快，u_C 很快增长到 U 值；与此同时，u_o 很快衰减到零值。这样，在电阻两端就输出一个正尖脉冲。

当 $t=t_1$ 时，u_i 突然下降到零（相当于 u_i 短路），由于 u_C 不能跃变，则此瞬间，$u_o=-u_C=-U$，极性与前相反。而后电容元件经电阻很快放电，并很快衰减到零。这样，就输出一个负尖脉冲。

如果输入的是周期性矩形脉冲，则输出的是周期性正、负尖脉冲。这种输出尖脉冲反映了输入矩形脉冲的跃变部分，是对矩形脉冲微分的结果。因此，这种电路称为微分电路。

在脉冲电路中，常应用微分电路把矩形脉冲变换为尖脉冲，作为触发器的触发信号或用来触发晶闸管，用途非常广泛。

应明确的是，RC 微分电路具有两个条件：

(1) $\tau \ll t_p$（一般 $\tau \ll 0.2 t_p$）；

(2) 从电阻端输出。

4.5.2 积分电路

图 4-20(a)所示的是 RC 积分电路（设电路处于零状态）。图 4-20(b)所示的是积分电路的输入电压和输出电压波形。

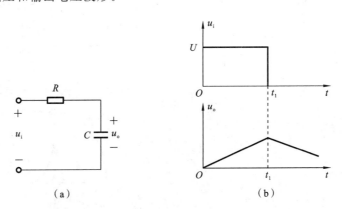

图 4-20 积分电路及输入电压和输出电压的波形

u_i 为输入的矩形脉冲电压，u_o 为在电容 C 两端输出的电压，t_p 为脉冲持续时间（脉冲宽度）。

由图 4-20 可以看出：

当 $t=0$ 时，u_i 从零突然上升到 U（即 $u_i=U$），开始对电容元件充电。由于电容元件两端电压不能跃变，在这瞬间电容相当于短路（即 $u_o=u_C=0$），则 $u_o=u_i=U_o$。由于 $t_p \ll \tau$，充电缓慢，其上电压在整个脉冲持续时间内缓慢增长，在还未增长到稳定值时，

$t=t_1$ 时刻脉冲已结束,以后电容器经电阻缓慢放电,电容器上电压也缓慢衰减。在输出端输出一个锯齿波电压。时间常数 τ 越大,充放电越缓慢,所得锯齿波电压的线性也就越好。

从图 4-20(b)所示的波形上看,u_2 对 u_1 积分的结果。因此,这种电路称为积分电路。在脉冲电路中,可应用积分电路把矩形脉冲变换为锯齿波电压,作扫描等用。

应明确的是,RC 积分电路具有两个条件:

(1) $t_p \ll \tau$;

(2) 从电容端输出。

4.6 RL 电路的响应

4.6.1 RL 电路的零输入响应

如果在图 4-21 中,电路接通电源后,当其中电流 i 达到 I_0 时,即将开关 S 从位置 2 合到 1,使电路脱离电源,则输入为零。电流初始值 $i(0_+)=I_0$。

当 $t \geqslant 0_+$ 时,由 KVL 可得

$$u_R + u_L = 0$$

将 $u_R = Ri$,$u_L = L \dfrac{\mathrm{d}i}{\mathrm{d}t}$ 代入上述方程,有

$$Ri + L \frac{\mathrm{d}i}{\mathrm{d}t} = 0 \qquad (4\text{-}17)$$

参照 4.3.1 节,可知方程的通解为

$$i = I_0 \mathrm{e}^{-\frac{R}{L}t} = I_0 \mathrm{e}^{-\frac{1}{\tau}t} \qquad (4\text{-}18)$$

图 4-21　RL 电路零输入

则电感元件上的电压为

$$u_L = L \frac{\mathrm{d}i}{\mathrm{d}t} = -RI_0 \mathrm{e}^{-\frac{t}{\tau}} \qquad (4\text{-}19)$$

电阻上的电压为

$$u_R = Ri = RI_0 \mathrm{e}^{-\frac{t}{\tau}} \qquad (4\text{-}20)$$

i、u_R、u_L 随时间的变化曲线如图 4-22 所示。

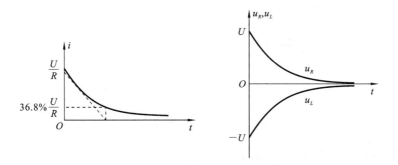

图 4-22　i、u_R、u_L 随时间变化的曲线

【例 4-7】　在图 4-23 中,RL 是一线圈,和它并联一个二极管 VD。设二极管的正

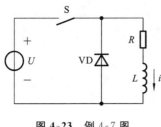

图 4-23 例 4-7 图

向电阻为零,反向电阻为无穷大。试问二极管在此起何作用?

解 在正常工作开关 S 闭合时,电流只通过线圈。当 S 断开时,由于线圈中产生自感电动势,它维持电流 i 经二极管 VD 在原方向流动而逐渐衰减为零。在此,二极管起续流作用。

如无二极管与线圈并联,当将 S 断开时,线圈中产生很高的自感电动势,它可能将开关两触点之间的空气击穿而造成电弧以延缓电流的中断,开关触点因而被烧坏。此外,很高的电动势对线圈的绝缘和人身安全也都是不利的。并联二极管后,线圈两端电压接近于零,起保护作用。

对此也要一分为二,有时也可以利用。例如,在汽车点火上,利用拉开开关时电感线圈产生的高电压击穿火花间隙,产生电火花而将汽缸点燃。

4.6.2 RL 电路的零状态响应

在图 4-21 中,当 $t=0$ 时将开关 S 合到位置 2,电路即与一恒定电压源 U 接通,其中电流为 i。在换路前电感元件未储有能量,$i(0_-)=i(0_+)=0$,即电路处于零状态。

当 $t \geqslant 0_+$ 时,由 KVL 可得

$$u_R + u_L = U$$

参照 4.3.2 节,可知方程的通解为

$$i = \frac{U}{R} - \frac{U}{R} e^{-\frac{R}{L}t} = \frac{U}{R}\left(1 - e^{-\frac{t}{\tau}}\right) \tag{4-21}$$

式中:$\tau = \dfrac{L}{R}$。

电感元件上的电压为

$$u_L = L\frac{\mathrm{d}i}{\mathrm{d}t} = U e^{-\frac{t}{\tau}} \tag{4-22}$$

电阻上的电压为

$$u_R = Ri = U\left(1 - e^{-\frac{t}{\tau}}\right) \tag{4-23}$$

i、u_R、u_L 随时间的变化曲线如图 4-24 所示。

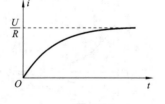
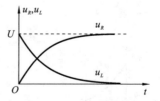

图 4-24 i、u_R、u_L 随时间的变化曲线

在稳态时,电感元件相当于短路,其上电压为零,所以电阻元件上的电压就等于电源电压。

【例 4-8】 在图 4-25 所示电路中,$U=15$ V,$R_1=R_2=R_3=30$ Ω,$L=2$ H。换路前电路已处于稳态,试求当将开关 S 从位置 1 合到位置 2 后 $(t \geqslant 0)$ 的电流 i_L,i_2,i_3。

解　由换路定则可知

$$i_L(0_+) = i_L(0_-) = \frac{U}{R_2} = \frac{15}{30} \text{ A} = 0.5 \text{ A}$$

又

$$i_L(\infty) = 0$$

$$\tau = \frac{L}{(R_1 + R_2) /\!/ R_3} = \frac{2}{\frac{(30 + 30) \times 30}{30 + 30 + 30}} = \frac{2}{20} \text{ s} = 0.1 \text{ s}$$

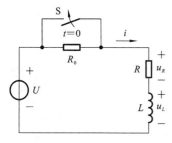

图 4-25　例 4-8 图

则当 $t \geqslant 0$ 时，

$$i_L(t) = i_L(\infty) + [i_L(0) - i_L(\infty)] \mathrm{e}^{-\frac{t}{\tau}} = 0.5 \mathrm{e}^{-10t} \text{ A}$$

$$u_L(t) = L \frac{\mathrm{d}i_L(t)}{\mathrm{d}t} = 2 \times 0.5 \times (-10) \times \mathrm{e}^{-10t} \text{ V} = -10 \mathrm{e}^{-10t} \text{ V}$$

$$i_3(t) = \frac{u_L(t)}{R_3} = \frac{-10\mathrm{e}^{-10t}}{30} \text{ A} = -\frac{1}{3}\mathrm{e}^{-10t} \text{ A} = -0.333\mathrm{e}^{-10t} \text{ A}$$

$$i_2(t) = -\frac{u_L(t)}{R_1 + R_2} = -\frac{-10\mathrm{e}^{-10t}}{30 + 30} \text{ A} = \frac{1}{6}\mathrm{e}^{-10t} \text{ A} = 0.167\mathrm{e}^{-10t} \text{ A}$$

4.6.3　RL 电路的全响应

如图 4-26 所示，电源电压为 U，$i(0_-) = I_0$。在 $t = 0$ 时将开关 S 闭合，电路即与图 4-21 所示的一样。

当 $t \geqslant 0_+$ 时，参照 4.3.1 节，可知方程的通解为

$$i = \frac{U}{R} + \left(I_0 - \frac{U}{R}\right)\mathrm{e}^{-\frac{R}{L}t} \qquad (4\text{-}24)$$

式中：右边第一项为稳态分量；第二项为暂态分量。两者相加即为全响应 i。

可见，式（4-24）的一般式就是式（4-16），则式（4-24）经三要素法可改写为

$$i = I_0 \mathrm{e}^{-\frac{t}{\tau}} + \frac{U}{R}(1 - \mathrm{e}^{-\frac{t}{\tau}}) \qquad (4\text{-}25)$$

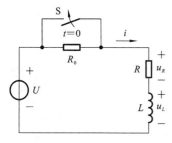

图 4-26　RL 全响应

式中：右边第一项即为零输入响应；第二项是零状态响应。两者叠加即为全响应 i。

【**例 4-9**】　如图 4-27 所示的电路，已知 S 在 $t = 0$ 时闭合，换路前电路处于稳态。求：电感电流 i_L 和电压 u_L。

解　用三要素法求解。

（1）求解初始值 $u_L(0_+)$、$i_L(0_+)$。

当 $t = 0_-$ 时，电感视为短路，如图 4-28 所示。

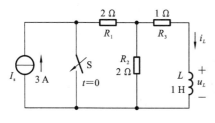

图 4-27　例 4-9 图

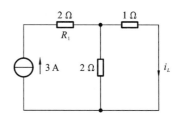

图 4-28　$t = 0_-$ 时等效电路

$$i_L(0_-)=\frac{2}{1+2}\times 3 \text{ A}=2 \text{ A}$$

$$i_L(0_+)=i_L(0_-)=2 \text{ A}$$

当 $t=0_+$ 时,等效电路如图 4-29 所示。

$$u_L(0_+)=-i_L(0_+)\times\left(\frac{2\times 2}{2+2}+1\right)=-4 \text{ V}$$

(2) 求稳态值 $u_L(\infty)$、$i_L(\infty)$。

当 $t=\infty$ 时,等效电路如图 4-30 所示。

$$u_L(\infty)=0,\quad i_L(\infty)=0$$

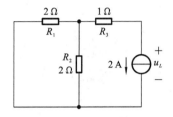
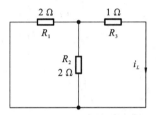

图 4-29　$t=0_+$ 时等效电路　　　　图 4-30　$t=\infty$ 时等效电路

(3) 时间常数 τ。

$$R_0=R_1 /\!/ R_2+R_3$$

$$\tau=\frac{L}{R_0}=\frac{1}{2} \text{ s}=0.5 \text{ s}$$

$$i_L=0+(2-0)\mathrm{e}^{-2t}=2\mathrm{e}^{-2t} \text{ A}$$

习　题　4

4-1　在图 4-31 所示电路中,设开关 S 闭合前电路已处于稳态。试　习题 4 答案
求开关 S 闭合后的电压 u_C、u_L 和电流 i_L、i_C、i_R、i_S 的初始值。

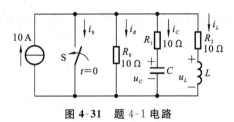

图 4-31　题 4-1 电路

4-2　确定图 4-32 所示电路中各电流的初始值和稳态值。设换路前电路已处于稳态。

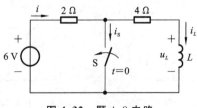

图 4-32　题 4-2 电路

4-3 确定图 4-33 所示电路中各电流的初始值。换路前电路已处于稳态。

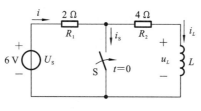

图 **4-33** 题 4-3 电路

4-4 在图 4-34 所示电路中,试确定在开关 S 断开后初始瞬间的电压 u_C 和电流 i_C、i_1、i_2 之值。S 断开前电路已处于稳态。

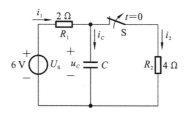

图 **4-34** 题 4-4 电路

4-5 图 4-35 所示电路在换路前都处于稳态,试求换路后电流 i 的初始值 $i(0_+)$ 和稳态值 $i(\infty)$。

4-6 图 4-36 所示电路在换路前都处于稳态,试求换路后电流 i 的初始值 $i(0_+)$ 和稳态值 $i(\infty)$。

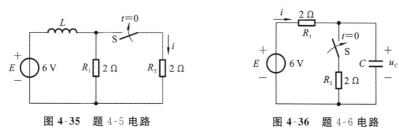

图 **4-35** 题 4-5 电路　　　　图 **4-36** 题 4-6 电路

4-7 图 4-37 所示电路在换路前都处于稳态,试求换路后电流 i 的初始值 $i(0_+)$ 和稳态值 $i(\infty)$。

4-8 图 4-38 所示电路在换路前都处于稳态,试求换路后电流 i 的初始值 $i(0_+)$ 和稳态值 $i(\infty)$。

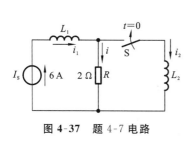

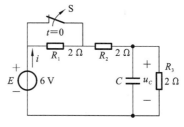

图 **4-37** 题 4-7 电路　　　　图 **4-38** 题 4-8 电路

4-9 确定图 4-39 所示电路中各电流和电压的初始值。设开关 S 闭合前电感元件和电容元件均未储能。

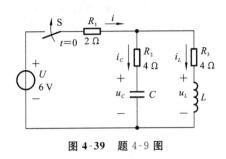

图 4-39 题 4-9 图

4-10 有一 RC 放电电路（图 4-40 中的开关合到位置 2），电容元件上电压的初始 $u_C(0_+)=U_0=20$ V，$R=10$ kΩ，放电开始（$t=0$）经 0.01 s 后，测得放电电流为 0.736 mA，试问电容 C 值为多少？

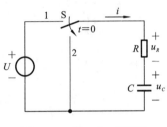

图 4-40 题 4-10 电路图

4-11 如图 4-41 所示电路，试求换路后的 u_C。设 $u_C(0_-)=0$。

4-12 在图 4-42 所示电路中，设换路前电路已达稳定，在 $t=0$ 时将开关 S 闭合。试求电路中的电流 i_s、i_L 和电压 u_L。

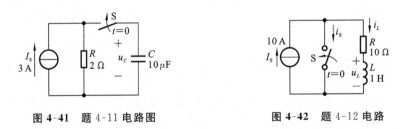

图 4-41 题 4-11 电路图   图 4-42 题 4-12 电路

4-13 在图 4-43 所示的电路中，已知 $C=12$ μF，$R_1=80$ kΩ，$R_2=40$ kΩ，$U_s=12$ V。换路前开关 S 断开，C 未充电，$t=0$ 时 S 闭合。试求换路后 R_2 两端电压和 $t=1.8$ s 时 R_2 两端的电压值。

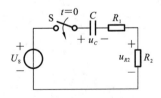

图 4-43 题 4-13 电路

4-14 如图 4-44 所示电路,已知 $R_1=R_2=R_3=3$ kΩ,$C=10^3$ pF,$U=12$ V,在 $t=0$ 时将开关 S 断开。试求:电压 u_C 和 u_o 的变化规律。

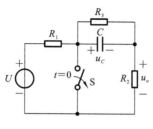

图 4-44 题 4-14 电路

4-15 如图 4-45 所示电路,试求 $t\geqslant0$ 时的电流 i_L。开关闭合前电感未储能。

4-16 如图 4-46 所示电路,试求 $t\geqslant0$ 时的电流 i_L 和电压 u_L。开关闭合前电感未储能。

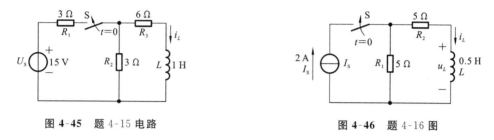

图 4-45 题 4-15 电路　　　图 4-46 题 4-16 图

4-17 如图 4-47 所示电路,试求 $t\geqslant0$ 时的电流 i_L 和电压 u_L。换路前电路已处于稳态。

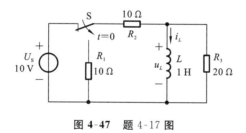

图 4-47 题 4-17 图

4-18 如图 4-48 所示电路,原来电路处于稳态,$t=0$ 时将 S 闭合,试求 u_C、i_L、i 的变化规律。

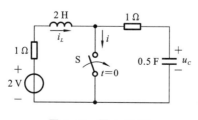

图 4-48 题 4-18 图

4-19 如图 4-49 所示电路，R、L 是发电机的励磁绕组，其电感较大。R_f 是调节励磁电流用的。当电源开关断开时，为了不至于励磁线圈所储的磁能消失过快而烧坏开关触头，往往用一个泄放电阻 R' 与线圈连接。开关接通 R' 同时将电源断开。经过一段时间后，再将开关扳到位置 3，此时电路完全断开。

已知 $U = 220$ V，$L = 10$ H，$R = 80$ Ω，$R_p = 30$ Ω。电路稳态时 S 由 1 合向 2。

（1）$R' = 1000$ Ω，试求开关 S 由 1 合向 2 瞬间线圈两端的电压 u_{RL}。

（2）在（1）中，若使 u_{RL} 不超过 220 V，则泄放电阻 R' 应选多大？

（3）根据（2）中所选用的电阻 R'，试求开关接通 R 后经过多长时间，线圈才能将所储的磁能放出 95%？

（4）写出（3）中 u_{RL} 随时间变化的表示式。

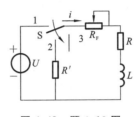

图 4-49　题 4-19 图

5

正弦交流电路

直流电源激励下的电路,除在换路瞬间,其中电流和电压的大小与方向(或电压的极性)是不随时间变化而变化的。但实际应用中大量使用的是交变电流电路,即其大小和方向随时间交替变化。

含有正弦电源(激励)且电路各部分所产生的电压和电流(响应)均按正弦规律变化的电路,称为正弦交流电路。例如,生产上和日常生活中所用的交流电、交流发电机发的电等都是正弦交流电。

5.1 正弦电压与电流

图 5-1 所示的正弦电压和电流是按照正弦规律周期性变化的。

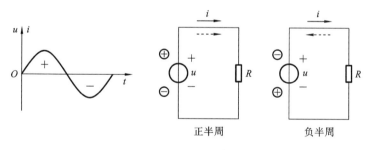

正半周   负半周

图 5-1 正弦电压和电流

注:图中所标的方向是它们的参考方向,正半周时的方向为正值;负半周的参考方向与实际方向相反,为负值。

图中的虚线箭标代表电流的实际方向;"⊕""⊖"代表电压的实际方向(极性)。

设正弦交流电为

$$\begin{cases} u = U_m \sin(\omega t + \psi_1) \\ i = I_m \sin(\omega t + \psi_2) \end{cases} \quad (5\text{-}1)$$

显然,正弦交流电流是由幅值 I_m、角频率 ω、初相位 ψ 确定的,所以频率、幅值和初相位称为确定正弦量的三要素。

5.1.1 周期、频率和角频率

周期(T)：正弦量变化一次所需的时间，单位为秒(s)。

频率(f)：每秒内变化的次数称为频率，单位为赫兹(Hz)。

频率和周期之间互为倒数关系，即

$$f = \frac{1}{T} \tag{5-2}$$

角频率(ω)：正弦量在单位时间内变化的弧度数，单位为弧度/秒(rad/s)，即

$$\omega = \frac{2\pi}{T} = 2\pi f \tag{5-3}$$

【例 5-1】 已知 $f = 50$ Hz，试求 T 和 ω。

解
$$T = \frac{1}{f} = \frac{1}{50} \text{ s} = 0.02 \text{ s}$$

$$\omega = 2\pi f = 2 \times 3.14 \times 50 \text{ rad/s} = 314 \text{ rad/s}$$

5.1.2 幅值与有效值

瞬时值：正弦量在任一瞬间的数值。规定用小写字母来表示，如 u、i。

幅值：瞬时值中最大的值。用带下标 m 的小写字母来表示，如 U_m、I_m。

有效值：某一个周期电流 i 通过电阻 R 在一个周期内产生的热量，和另一个直流电流 I 通过同样大小的电阻在相等的时间内产生的热量相等，那么这个周期性变化的电流 i 的有效值在数值上就等于这个直流电流。规定用大写字母来表示，如 U、I。

根据上述，可得

$$\int_0^t Ri^2 \mathrm{d}t = RI^2 T$$

则周期电流的有效值

$$I = \sqrt{\frac{1}{T}\int_0^t i^2 \mathrm{d}t} \tag{5-4}$$

当周期电流为正弦量时，即 $i = I_m \sin(\omega t)$，则

$$I = \sqrt{\frac{1}{T}\int_0^t I_m^2 \sin^2(\omega t) \mathrm{d}t}$$

因为

$$\int_0^t \sin^2(\omega t)\mathrm{d}t = \int_0^t \frac{1-\cos(2\omega t)}{2}\mathrm{d}t = \frac{1}{2}\int_0^t \mathrm{d}t - \frac{1}{2}\int_0^t \cos(2\omega t)\mathrm{d}t = \frac{T}{2} - 0 = \frac{T}{2}$$

所以

$$I = \frac{I_m}{\sqrt{2}}$$

同理

$$U = \frac{U_m}{\sqrt{2}} \tag{5-5}$$

$$E = \frac{E_m}{\sqrt{2}}$$

一般所说的正弦电压或电流的大小,如交流电压 380 V 或 220 V,都是指它的有效值。一般交流电流表和电压表的刻度也是根据有效值来定的。

【例 5-2】 已知 $u=U_{\mathrm{m}}\sin(\omega t)$,$U_{\mathrm{m}}=310$ V,$f=20$ Hz,试求有效值 U 和 $t=\dfrac{1}{20}$ s 时的瞬时值。

解
$$U=\frac{U_{\mathrm{m}}}{\sqrt{2}}=\frac{310}{\sqrt{2}}\text{ V}=220\text{ V}$$

$$u=U_{\mathrm{m}}\sin(2\pi ft)=310\sin\frac{40\pi}{20}=0$$

5.1.3　相位、初相位和相位差

正弦量的表达式如式(5-1)所示。ωt 或 $\omega t+\psi$ 为正弦量任一瞬间的角度,称为正弦量的相位或相位角,它反映出正弦量变化的进程。当相位角随时间连续变化时,正弦量的瞬时值随之作连续变化。

式(5-1)中,当 $t=0$ 时的相位角称为初相位。

注:当所取起点不同时,正弦量的初相位不同,其初始值也就不同。图 5-2 所示的为式(5-1)中 u 和 i 的初相位图,显然,它们的初相位分别为 ψ_1 和 ψ_2。

两个同频率正弦量的相位角之差或初相位角之差,称为相位差,用 φ 表示。相位差是区分两个同频率正弦量的重要标志之一。

式(5-1)中 u 和 i 的相位差为

$$\varphi=(\omega t+\psi_1)-(\omega t+\psi_2)=\psi_1-\psi_2 \tag{5-6}$$

注:当所取起点不同时,正弦量的初相位不同,初始值不同,但是两者之间的相位差仍保持不变。

在分析交流电路时,相位差是用来描述两个同频率正弦量在时间上的先后顺序的,一般有以下三种情况:

(1) $\varphi=\psi_1-\psi_2>0$,即 $\psi_1>\psi_2$,则可以看出,在相位上 u 比 i 超前 φ 角,或者说 i 比 u 滞后 φ 角,如图 5-2 所示。

(2) $\varphi=\psi_1-\psi_2<0$,即 $\psi_1<\psi_2$,则可以看出,在相位上 i 比 u 超前 φ 角,或者说 u 比 i 滞后 φ 角,如图 5-3 所示。

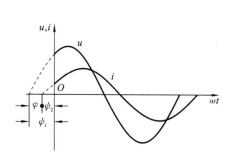

图 5-2　u 和 i 的初相位不相等

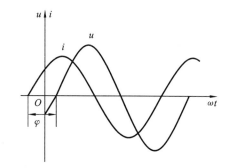

图 5-3　i 比 u 超前 φ 角

(3) $\varphi=\psi_1-\psi_2=0$,即 $\psi_1=\psi_2$,则可以看出,在相位上 u 和 i 同相位,如图 5-4 所示。

（4）$\varphi=\psi_1-\psi_2=\pm\pi$，则可以看出，在相位上 u 和 i 反相位，如图 5-5 所示。

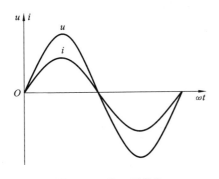

图 5-4　u 和 i 同相位

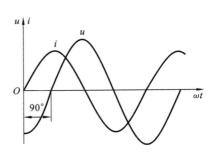

图 5-5　u 和 i 反相位

【例 5-3】 已知 $i_1=15\sin(314t+45°)$ A，$i_2=10\sin(314t-30°)$ A，试求：（1）i_1 与 i_2 的相位差；（2）比较 i_1 与 i_2 在相位上，谁超前，谁滞后。

解　（1）相位差

$$\varphi=(314t+45°)-[314t+(-30°)]=45°-(-30°)=75°$$

（2）i_1 比 i_2 在相位上超前 $75°$。

5.2　正弦量的相量表示法

正弦量的表示有三种方法：三角函数、正弦波和相量表示法。前两种方法已经讲过，这一节介绍相量表示法。

相量表示法的基础是复数，就是用复数来表示正弦量。

5.2.1　复数表示形式

设复平面中有一复数 A，其模为 r，辐角为 ψ，如图 5-6 所示。

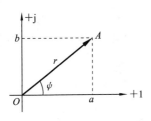

图 5-6　复数

用代数形式表示为

$$A=a+jb \qquad (5-7)$$

式中：a 是复数的实部；b 是复数的虚部；$j=\sqrt{-1}$ 是复数的虚数单位，并由此得 $j^2=-1$，$\dfrac{1}{j}=-j$。

用三角形式表示为

$$A=r\cos\psi+jr\sin\psi=r(\cos\psi+j\sin\psi) \qquad (5-8)$$

式中：$a=r\cos\psi$；$b=r\sin\psi$；$r=\sqrt{a^2+b^2}$；$\tan\psi=\dfrac{b}{a}$。

利用欧拉公式

$$e^{j\psi}=\cos\psi+j\sin\psi$$

则可把复数 A 的三角形式表示为指数形式

$$A=re^{j\psi} \qquad (5-9)$$

或写为极坐标形式

$$A = r \angle \psi \tag{5-10}$$

因此，一个复数可用上述几种复数式来表示，且三者可以互相转换。

5.2.2　正弦量向量表示法

正弦量可用复数表示，对比复数和正弦量，即可知复数的模即为正弦量的幅值或有效值，复数的辐角即为正弦量的初相位。

用复数表示正弦量的方法称为相量法。

为了与一般的复数相区别，把表示正弦量的复数称为相量，并在大写字母上打"·"。

若 $u = U_m \sin(\omega t + \psi_u)$，$i = I_m \sin(\omega t + \psi_i)$，则其相量式为

$$\begin{cases} \dot{U} = U(\cos\psi_u + j\sin\psi_u) = Ue^{j\psi_u} = U \angle \psi_u \\ \dot{I} = I(\cos\psi_i + j\sin\psi_i) = Ie^{j\psi_i} = I \angle \psi_i \end{cases} \tag{5-11}$$

注：相量只是表示正弦量，而不是等于正弦量。

相量图：按照各个正弦量的大小和相位关系画出的若干个相量图形。

式(5-1)所示的相量图如图 5-7 所示，在相量图上能形象地看出各个正弦量的大小和相互间的相位关系。

由上可知，表示正弦量的相量有两种形式：相量图和复数式（相量式）。

当 $\psi = \pm 90°$时，有

$$e^{\pm j90°} = \cos 90° + j\sin 90° = \pm j$$

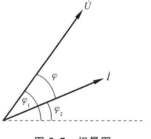

图 5-7　相量图

因此，任意一个相量乘上 +j 后，即向前（逆时针方向）旋转了 90°；乘上 −j 后，即向后（顺时针方向）旋转了 90°。

【例 5-4】 已知选定参考方向下正弦量的波形如图 5-8 所示，试写出正弦量的表达式。

解　图 5-8 所示波形的表达式为

$$u_1 = 200\sin(\omega t + 60°) \text{ V}$$

$$u_2 = 250\sin(\omega t - 30°) \text{ V}$$

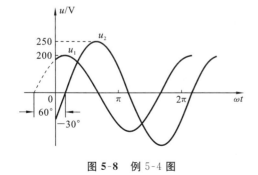

图 5-8　例 5-4 图　　　　　　　　　图 5-9　例 5-5 图

【例 5-5】 已知同频率的正弦量的解析式分别为 $i = 10\sin(\omega t + 30°)$ A，$u = 220\sqrt{2}\sin(\omega t - 45°)$ V，求电流和电压的相量 $\dot{U}$ 和 $\dot{I}$，并画出相量图。

解 （1）相量式为

$$\dot{I} = \frac{10}{\sqrt{2}} \angle 30° \text{ A} = 5\sqrt{2} \angle 30° \text{ A}$$

$$\dot{U} = \frac{220\sqrt{2}}{\sqrt{2}} \angle -45° \text{ V}$$

（2）相量图如图 5-9 所示。

【例 5-6】 已知 $i_1 = 12.7\sqrt{2}\sin(314t + 30°)$ A，$i_2 = 11\sqrt{2}\sin(314t - 60°)$ A，求总电流 i。

解
$$\dot{I}_1 = 12.7 \angle 30° \text{ A}$$
$$\dot{I}_1 = 11 \angle -60° \text{ A}$$
$$\dot{I} = \dot{I}_1 + \dot{I}_2 = 12.7 \angle 30° + 11 \angle -60° \text{ A}$$
$$= 12.7(\cos30° + j\sin30°)\text{A} + 11(\cos60° - j\sin60°) \text{ A}$$
$$= (16.5 - j3.18) \text{ A} = 16.8 \angle -10.9° \text{ A}$$
$$i = 16.8\sqrt{2}\sin(314t - 10.9°) \text{ A}$$

5.3 单一参数的交流电路

电路中的参数一般有电阻、电容、电感三种。所谓单一参数，是指把三个元件单独拿出来分析后，实际电路可以看成单一参数的串并联。

5.3.1 电阻元件的交流电路

图 5-10(a)所示的是一个理想线性电阻元件的交流电路。其电压和电流的参考方向如图 5-10(a)所示。两者的关系由欧姆定律确定，即

$$u = Ri$$

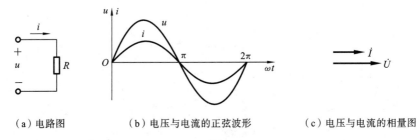

（a）电路图 （b）电压与电流的正弦波形 （c）电压与电流的相量图

图 5-10 电阻元件的交流电路

当 $t = 0$ 时，设电流的参考正弦量为

$$i = I_m \sin(\omega t)$$

则电压的正弦量为

$$u = Ri = RI_m \sin(\omega t) = U_m \sin(\omega t) \qquad (5\text{-}12)$$

由式(5-12)可知

$$U_m = RI_m \qquad (5\text{-}13)$$

若用相量表示电压与电流关系,则

$$\dot{U}=R\dot{I} \tag{5-14}$$

电阻元件电压与电流的关系如下:

(1) 电压和电流是同频率的正弦量。

(2) 电压和电流的相位相同(相位差 $\varphi=0$),电压、电流的波形如图 5-10(b)所示。

(3) 电压和电流的关系用相量表示为 $\dot{U}=R\dot{I}$,电压、电流的相量图如图 5-10(c)所示。

在任意瞬间,电压瞬时值 u 与电流瞬时值 i 的乘积,称为瞬时功率,用小写字母 p 表示,即

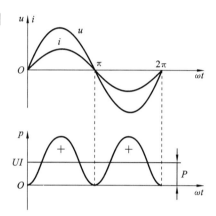

$$p = p_R = ui = U_m I_m \sin^2(\omega t) = \frac{U_m I_m}{2}[1-\cos(2\omega t)]$$
$$= UI[1-\cos(2\omega t)] \tag{5-15}$$

由式(5-15)可见,p 由两部分组成:第一部分是常数 UI;第二部分是幅值 UI,并以 2ω 的角频率随时间变化而变化的交变量 $UI\cos(2\omega t)$。p 随时间变化的波形如图 5-11 所示。

一个周期内电路消耗电能的平均速度,即瞬时功率的平均值,称为平均功率。

$$P = \frac{1}{T}\int_0^t p\,\mathrm{d}t = \frac{1}{T}\int_0^t UI[1-\cos(2\omega t)]\mathrm{d}t$$
$$= UI = RI^2 = \frac{U^2}{R} \tag{5-16}$$

图 5-11 电阻元件的交流电路功率波形

【例 5-7】 一只额定电压为 220 V,功率为 100 W 的电烙铁,误接在 380 V 的交流电源上,问此时它接收的功率为多少?是否安全?若接到 110 V 的交流电源上,功率又为多少?

解 由电烙铁的额定值可得

$$R=\frac{U_R^2}{P}=\frac{220^2}{100}\ \Omega=484\ \Omega$$

当电源电压为 380 V 时,电烙铁的功率为

$$P_1=\frac{U_R^2}{R}=\frac{380^2}{484}\ \mathrm{W}=298\ \mathrm{W}>100\ \mathrm{W}$$

此时不安全,电烙铁将被烧坏。

当接到 110 V 的交流电源上,此时电烙铁的功率为

$$P_2=\frac{U_R^2}{R}=\frac{110^2}{484}\ \mathrm{W}=25\ \mathrm{W}<100\ \mathrm{W}$$

此时电烙铁达不到正常的使用功率。

5.3.2 电感元件的交流电路

图 5-12(a)所示的是一个线性电感元件的交流电路。其电压和电流的参考方向如图 5-12(a)所示。两者的关系由基尔霍夫电压定律确定,即

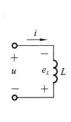 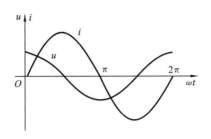 

（a）电路图　　　　　　　（b）电压与电流的正弦波形　　　　（c）电压与电流的相量图

图 5-12　电感元件的交流电路

$$u = -e_L = L\frac{\mathrm{d}i}{\mathrm{d}t}$$

设电流的参考正弦量为

$$i = I_m\sin(\omega t)$$

则电压的正弦量为

$$u = L\frac{\mathrm{d}[I_m\sin(\omega t)]}{\mathrm{d}t} = \omega L I_m\cos(\omega t) = U_m\sin(\omega t + 90°) \qquad (5\text{-}17)$$

由式（5-17）可知

$$U_m = \omega L I_m = X_L I_m \qquad (5\text{-}18)$$

式中：$X_L = \omega L$ 称为感抗。

若设电压为 $u = U_m\sin(\omega t)$，则电流应为

$$i = \frac{U_m}{X_L}\sin(\omega t - 90°) = I_m\sin(\omega t - 90°)$$

若用相量表示电压与电流关系，则

$$\dot{U} = \mathrm{j}X_L\dot{I} = \mathrm{j}\omega L\dot{I} \qquad (5\text{-}19)$$

电阻元件电压与电流的关系如下：

（1）电压和电流是同频率的正弦量。

（2）电压在相位上超前电流 90°，电压、电流的波形如图 5-12（b）所示。

（3）电压和电流的关系用相量表示为 $\dot{U} = \mathrm{j}X_L\dot{I} = \mathrm{j}\omega L\dot{I}$。电压、电流的相量图如图 5-12（c）所示。

瞬时功率的变化规律为

$$\begin{aligned} p = p_L &= ui = U_m I_m\sin(\omega t)\sin(\omega t + 90°) \\ &= U_m I_m\sin(\omega t)\cos(\omega t) \\ &= \frac{U_m I_m}{2}\sin(2\omega t) \\ &= UI\sin(2\omega t) \qquad (5\text{-}20) \end{aligned}$$

由式（5-20）可见，p 是一个幅值为 UI，并以 2ω 的角频率随时间变化而变化的交变量。其波形如图 5-13 所示。

电感的平均功率为

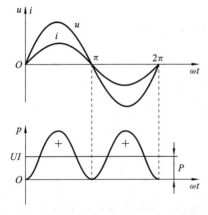

图 5-13　电感元件的交流电路功率波形

$$P = \frac{1}{T}\int_0^t p\,\mathrm{d}t = \frac{1}{T}\int_0^t UI\sin(2\omega t)\,\mathrm{d}t = 0$$

由上可知,在电感元件的交流电路中,没有能[量]消耗,只有电源与电感元件间的能[量]互换。这种能[量]互换的规模,用无功功率 Q 来衡量。无功功率的单位是乏(var)或千乏(kvar)。这里规定无功功率等于瞬时功率 P_L 的幅值,即

$$Q = UI = X_L I^2 \tag{5-21}$$

注:电感元件和后面将要讲的电容元件都是储能元件,它们与电源间进行能量互换是工作所需。这对电源来说,也是一种负担。但储能元件本身没有消耗能量,故将往返于电源与储能元件之间的功率命名为无功功率。因此,平均功率也可称为有功功率。

【例 5-8】 把一个 0.1 H 的电感元件接到频率为 50 Hz,电压有效值为 10 V 的正弦电源上,问电流是多少? 如保持电压值不变,而电源频率改变为 5000 Hz,这时电流将为多少?

解　当 $f = 50$ Hz 时,

$$X_L = 2\pi f L = 2 \times 3.14 \times 50 \times 0.1\ \Omega = 31.4\ \Omega$$

$$I = \frac{U}{X_L} = \frac{10}{31.4}\ \text{A} = 0.318\ \text{A} = 318\ \text{mA}$$

当 $f = 5000$ Hz 时,

$$X_L = 2 \times 3.14 \times 5000 \times 0.1\ \Omega = 3140\ \Omega$$

$$I = \frac{10}{3140}\ \text{A} = 0.00318\ \text{A} = 3.18\ \text{mA}$$

可见,在电压有效值一定时,频率越高,通过电感元件的电流有效值越小。

5.3.3　电容元件的交流电路

图 5-14(a)所示的是一个线性电容元件的交流电路。其电压和电流的参考方向如图 5-14(a)所示,两者的关系为

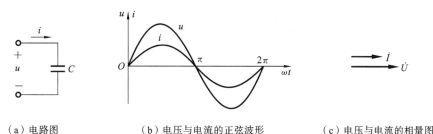

（a）电路图　　　　　（b）电压与电流的正弦波形　　　　　（c）电压与电流的相量图

图 5-14　电容元件的交流电路

如果在电容器的两端加一正弦电压 $u = U_m\sin(\omega t)$,则

$$i = C\frac{\mathrm{d}[U_m\sin(\omega t)]}{\mathrm{d}t} = \omega C U\cos(\omega t) = \omega C U_m\sin(\omega t + 90°) = I_m\sin(\omega t + 90°) \tag{5-22}$$

由式(5-22)可知,

$$I_{\mathrm{m}} = \omega C U_{\mathrm{m}} = \frac{U_{\mathrm{m}}}{X_C} \qquad (5\text{-}23)$$

式中: $X_C = \frac{1}{\omega C}$ 称为容抗。

如用相量表示电压与电流关系，则

$$\dot{U} = -\mathrm{j} X_C \dot{I} = -\mathrm{j}\frac{1}{\omega C}\dot{I} \qquad (5\text{-}24)$$

电阻元件电压与电流的关系如下：

（1）电压和电流是同频率的正弦量。

（2）电流在相位上超前电压 $90°$，电压、电流的波形如图 5-14(b)所示。

（3）电压和电流的关系用相量表示为 $\dot{U} = -\mathrm{j} X_C \dot{I} = -\mathrm{j}\frac{1}{\omega C}\dot{I}$。电压、电流的相量图如图 5-14(c)所示。

瞬时功率的变化规律为

$$p = p_C = ui = U_{\mathrm{m}}I_{\mathrm{m}}\sin(\omega t)\sin(\omega t + 90°) = U_{\mathrm{m}}I_{\mathrm{m}}\sin(\omega t)\cos(\omega t)$$

$$= \frac{U_{\mathrm{m}}I_{\mathrm{m}}}{2}\sin(2\omega t) = UI\sin(2\omega t) \qquad (5\text{-}25)$$

由式(5-25)可见，p 是一个以 2ω 的角频率随时间变化而变化的交变量，它的幅值为 UI。p 的波形如图 5-15(c)所示。

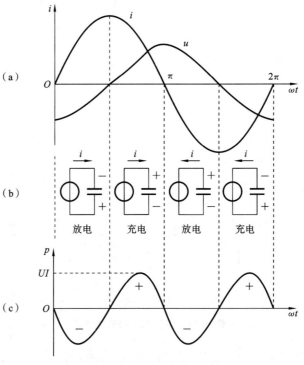

图 5-15　电容元件的交流电路功率波形

电容的平均功率为

$$P = \frac{1}{T}\int_0^t p\,\mathrm{d}t = \frac{1}{T}\int_0^t UI\sin(2\omega t)\,\mathrm{d}t = 0 \qquad (5\text{-}26)$$

由上可知,电容元件的交流电路中,没有能[量]消耗,只有电源与电容元件间的能[量]互换。这种能[量]互换的规模,用无功功率 Q 来衡量。规定无功功率等于瞬时功率 p_C 的幅值。

设电流 $i = I_m \sin(\omega t)$ 为参考正弦量,则

$$u = U_m \sin(\omega t - 90°)$$

可得出瞬时功率

$$p = p_C = ui = -UI \sin(2\omega t)$$

则电容元件电路的无功功率

$$Q = UI = I^2 X_C = \frac{U^2}{X_C} = \omega C U^2 \tag{5-27}$$

【例 5-9】 图 5-16 中电容 $C = 23.5$ μF,接在电源电压 $U = 220$ V、频率为 50 Hz、初相位为零的交流电源上,求电路中的电流 i、P 及 Q。

解 容抗为

$$X_C = \frac{1}{\omega C} = \frac{1}{2\pi f C} = 135.5 \ \Omega$$

$$I = \frac{U}{X_C} = 1.62 \ A$$

$$i = I_m \sin(\omega t + 90°) = 2.3 \sin(314t + 90°) \ A$$

$$P = 0$$

$$Q = UI = 356.4 \ \text{var}$$

图 5-16 例 5-9 图

5.4　RLC 串联交流电路

5.4.1　RLC 串联电路电压与电流的关系

图 5-17 所示的为 RLC 串联交流电路。根据 KVL 定律可列出

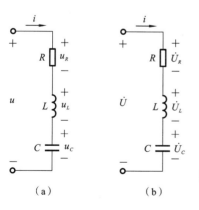

图 5-17 RLC 元件串联的交流电路

$$u = u_R + u_L + u_C$$
$$= Ri + L\frac{di}{dt} + \frac{1}{C}\int i\,dt \tag{5-28}$$

用相量表示电压与电流的关系为

$$\dot{U} = \dot{U}_R + \dot{U}_L + \dot{U}_C = R\dot{I} + jX_L\dot{I} - jX_C\dot{I}$$
$$= [R + J(X_L - X_C)]\dot{I} \tag{5-29}$$

令

$$Z = R + j(X_L - X_C) \tag{5-30}$$

即

$$\dot{U} = Z\dot{I}$$

$$Z = \frac{\dot{U}}{\dot{I}} = \frac{U\angle\psi_u}{I\angle\psi_i} = \frac{U}{I}\angle(\psi_u - \psi_i) = |Z|\angle\varphi \tag{5-31}$$

式中:Z 为阻抗;$|Z|$ 为阻抗模,表示电压与电流的大小关系,即

$$|Z| = \frac{U}{I} = \sqrt{R^2 + (X_L - X_C)^2} \qquad (5\text{-}32)$$

φ 为阻抗角,代表电压和电流的相位差,即

$$\varphi = \arctan \frac{X_L - X_C}{R} \qquad (5\text{-}33)$$

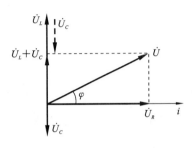

图 5-18　电流与电压的相量图

由式(5-33)可知:

当 $X_L > X_C$ 时,$\varphi > 0$,电压超前电流,电路呈电感性质,称为感性电路;

当 $X_L < X_C$ 时,$\varphi < 0$,电压滞后电流,电路呈电容性质,称为容性电路;

当 $X_L = X_C$ 时,$\varphi = 0$,电压和电流同相位,电路呈电阻性质,称为谐振电路。

电流与电压的相量图如图 5-18 所示。

5.4.2　RLC 串联电路的功率

RLC 串联交流电路的瞬时功率为

$$p = ui = U_m I_m \sin(\omega t + \varphi) \sin(\omega t) \qquad (5\text{-}34)$$

则

$$p = UI \cos\varphi - UI \cos(2\omega t + \varphi) \qquad (5\text{-}35)$$

由于消耗电能只有电阻元件,故

$$P = \frac{1}{T} \int_0^t p \, \mathrm{d}t = \frac{1}{T} \int_0^t [UI \cos\varphi - UI \cos(2\omega t + \varphi)] \mathrm{d}t = UI \cos\varphi \qquad (5\text{-}36)$$

又因为

$$U_R = U \cos\varphi = RI$$

于是

$$P = U_R I = RI^2 = UI \cos\varphi \qquad (5\text{-}37)$$

电感元件与电容元件不消耗有功功率,但要储放能量,即它们与电源之间要进行能量互换,相应的无功功率可根据式(5-21)和式(5-27)可得出

$$Q = U_L I - U_C I = (U_L - U_C)I = (X_L - X_C)I^2 = UI \sin\varphi \qquad (5\text{-}38)$$

在交流电路中,将电压与电流有效值相乘,称为视在功率 S,即

$$S = UI = I^2 |Z| \qquad (5\text{-}39)$$

额定视在功率为额定电压和额定电流的乘积,即

$$S_N = U_N I_N$$

为了区分有功功率和无功功率,视在功率的单位是伏安(V·A)或千伏安(kV·A)。

这三个功率之间的关系为

$$S = \sqrt{P^2 + Q^2} \qquad (5\text{-}40)$$

显然,它们可以用一个直角三角形表示,称为功率三角形。

阻抗三角形、电压三角形和功率三角形如图 5-19 所示。

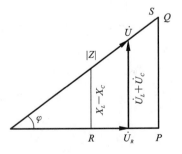

图 5-19　阻抗、电压、功率三角形

【例 5-10】 在 RLC 串联的交流电路中,已知

$$R=20\ \Omega,\quad L=100\ \text{mH},\quad C=30\ \mu\text{F},\quad u=220\sqrt{2}\sin(314t+30°)\ \text{V}$$

求:(1) 电流的有效值 I 与瞬时值 i;(2) 各部分电压的有效值与瞬时值;(3) 作相量图;(4) 有功功率 P、无功功率 Q。

解
$$\dot{U}=220\angle 30°\ \text{V}$$
$$X_L=\omega L=314\times100\times10^{-3}\ \Omega=31.4\ \Omega$$
$$X_C=\frac{1}{\omega C}=\frac{1}{314\times30\times10^{-6}}\ \Omega=106.2\ \Omega$$
$$Z=R+\text{j}(X_L-X_C)=20+\text{j}(31.4-106.2)\ \Omega=77.4\angle-75°\ \Omega$$
$$\dot{I}=\frac{\dot{U}}{Z}=\frac{220\angle 30°}{77.4\angle-75°}\ \text{A}=2.8\angle 105°\ \text{A}$$
$$\dot{U}_R=R\dot{I}=20\times2.8\angle 105°\ \text{V}=56\angle 105°\ \text{V}$$
$$\dot{U}_L=\text{j}\omega L\dot{I}=\text{j}31.4\times2.8\angle 105°\ \text{V}=88\angle 195°\ \text{V}$$
$$\dot{U}_C=-\text{j}X_C\dot{I}=-\text{j}106.2\times2.8\angle 105°\ \text{V}=297.4\angle 15°\ \text{V}$$

相应的电流和各电压的瞬时值表达式为

$$i=2.8\sqrt{2}\sin(314t+105°)\ \text{A}$$
$$u_R=56\sqrt{2}\sin(314t+105°)\ \text{V}$$
$$u_L=88\sqrt{2}\sin(314t+195°)\ \text{V}$$
$$u_L=297.4\sqrt{2}\sin(314t+15°)\ \text{V}$$

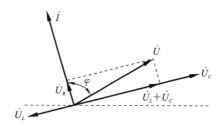

由上述计算结果作相量图,如图 5-20 所示。可求出电压 $\dot{U}$ 与电流 $\dot{I}$ 间的相位差 $\varphi=\varphi_u-\varphi_i=30°-105°=-75°$,即 $\dot{I}$ 比 $\dot{U}$ 超前 75°,故该串联电路呈电容性。

图 5-20 例 5-10 的相量图

$$P=UI\cos\varphi=220\times2.8\times\cos(-57°)\ \text{W}=332.6\ \text{W}$$
$$Q=UI\sin\varphi=220\times2.8\times\sin(-57°)\ \text{var}=-517.4\ \text{var}$$

Q 为负值,表示该电路呈电容性。

5.5 阻抗的串联与并联

5.5.1 阻抗的串联

图 5-21 所示的是两个阻抗串联的电路。由 KVL 可知其相量表达式为
$$\dot{U}=\dot{U}_1+\dot{U}_2=\dot{I}Z_1+\dot{I}Z_2=\dot{I}(Z_1+Z_2)\qquad(5\text{-}41)$$
令
$$Z=Z_1+Z_2$$
则
$$\dot{U}=Z\dot{I}\qquad(5\text{-}42)$$
从式(5-42)可以看出,两个串联的阻抗可用一个等效阻抗 Z 来代替。
因为
$$U\neq U_1+U_2$$
则
$$|Z|\neq|Z_1|+|Z_2|$$

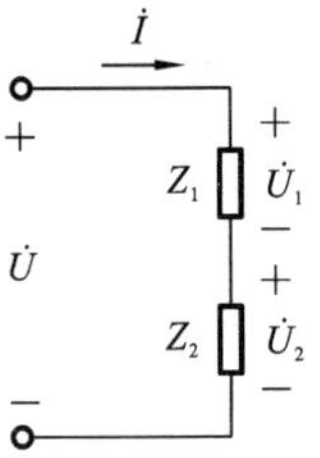

由此可得阻抗通式

$$Z = \sum Z_k = \sum R_k + \mathrm{j} \sum X_k = |Z| \, \mathrm{e}^{\mathrm{j}\varphi} \qquad (5\text{-}43)$$

式中：

$$|Z| = \sqrt{\left(\sum R_k\right)^2 + \left(\sum X_k\right)^2}$$

$$\varphi = \arctan \frac{\sum X_k}{\sum R_k}$$

图 5-21 阻抗的串联

式(5-43)说明只有等效阻抗才等于各个串联阻抗之和。

分压公式为

$$\dot{U}_1 = \frac{Z_1}{Z_1 + Z_2} \dot{U}, \quad \dot{U}_2 = \frac{Z_2}{Z_1 + Z_2} \dot{U} \qquad (5\text{-}44)$$

【例 5-11】 在图 5-21 中,有两个阻抗 $Z_1 = (6.16 + \mathrm{j}9)\ \Omega$,$Z_2 = (2.5 - \mathrm{j}4)\ \Omega$,它们串联接在 $\dot{U} = 220\angle 30°$ V 的电源上。试用相量计算电路中的电流和各个阻抗上的电压,并作出相量图。

解 (1) 电路中的电流

$$Z = Z_1 + Z_2 = \sum R_k + \mathrm{j} \sum X_k = [(6.16 + 2.5) + \mathrm{j}(9 - 4)]\ \Omega = 10\angle 30°\ \Omega$$

$$\dot{I} = \frac{\dot{U}}{Z} = \frac{220\angle 30°}{10\angle 30°}\ \mathrm{A} = 22\angle 0°\ \mathrm{A}$$

(2) 求各个阻抗上的电压。

方法一:

$$\dot{U}_1 = Z_1 \dot{I} = (6.16 + \mathrm{j}9)22\angle 0°\ \mathrm{V} = 10.9\angle 55.6° \times 22\ \mathrm{V} = 239.8\angle 55.6°\ \mathrm{V}$$

$$\dot{U}_2 = Z_2 \dot{I} = (2.5 - \mathrm{j}4)22\angle 0°\ \mathrm{V} = 4.71\angle -58° \times 22\ \mathrm{V} = 103.6\angle -58°\ \mathrm{V}$$

方法二:

$$\dot{U}_1 = \frac{Z_1}{Z_1 + Z_2} \dot{U} = \frac{6.16 + \mathrm{j}9}{8.66 + \mathrm{j}5} \times 220\angle 30°\ \mathrm{V}$$

$$= 239.8\angle 55.6°\ \mathrm{V}$$

$$\dot{U}_2 = \frac{Z_2}{Z_1 + Z_2} \dot{U} = \frac{2.5 - \mathrm{j}4}{8.66 + \mathrm{j}5} \times 220\angle 30°\ \mathrm{V}$$

$$= 103.6\angle -58°\ \mathrm{V}$$

(3) 电流与电压的相量图如图 5-22 所示。

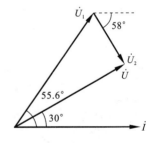

图 5-22 相量图

5.5.2 阻抗的并联

图 5-23 所示的是两个阻抗并联的电路。由 KCL 可知其相量表达式

$$\dot{I} = \dot{I}_1 + \dot{I}_2 = \frac{\dot{U}}{Z_1} + \frac{\dot{U}}{Z_2} = \dot{U}\left(\frac{1}{Z_1} + \frac{1}{Z_2}\right) = \frac{\dot{U}}{Z} \qquad (5\text{-}45)$$

等效阻抗

$$\frac{1}{Z} = \frac{1}{Z_1} + \frac{1}{Z_2} \left(Z = \frac{Z_1 \cdot Z_2}{Z_1 + Z_2}\right) \qquad (5\text{-}46)$$

从式(5-46)可以看出,两个并联的阻抗可用一个等效阻抗 Z 来代替。

因为

$$\frac{U}{|Z|} \neq \frac{U}{|Z_1|} + \frac{U}{|Z_2|}$$

则

$$\frac{1}{|Z|} \neq \frac{1}{|Z_1|} + \frac{1}{|Z_2|}$$

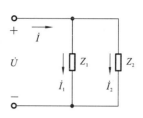

图 5-23 阻抗的并联

由此可得阻抗通式

$$\frac{1}{Z} = \sum \frac{1}{Z_k} \qquad (5\text{-}47)$$

式(5-47)说明只有等效阻抗的倒数才等于各个并联阻抗的倒数之和。

分流公式为

$$\dot{I}_1 = \frac{Z_2}{Z_1 + Z_2}\dot{I}, \quad \dot{I}_2 = \frac{Z_1}{Z_1 + Z_2}\dot{I} \qquad (5\text{-}48)$$

【例 5-12】 在图 5-24(a)所示电路中,$R = 2\ \Omega$,$L = 18\ \mu H$,$C = 1\ \mu F$,电源电压 $U = 10\ V$,$f = 53\ kHz$。试求:

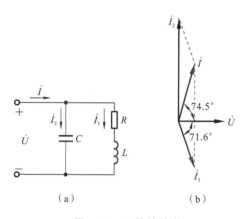

（a）　　　　（b）

图 5-24 阻抗的并联

(1) 电路中各电流;

(2) 画出电压和电流的相量图。

解 (1) 设电压为参考相量,即

$$\dot{U} = 10\angle 0° \ V$$

$$\begin{aligned} Z_1 &= R + j\omega L \\ &= (2 + j2\pi \times 53 \times 10^3 \times 18 \times 10^{-6})\ \Omega \\ &= (2 + j6)\Omega = 6.32\angle 71.6°\ \Omega \end{aligned}$$

$$\begin{aligned} \dot{I}_1 &= \frac{\dot{U}}{Z_1} = \frac{10\angle 0°}{6.32\angle 71.6°} = 1.58\angle -71.6°\ A \\ &= (0.5 - j1.5)\ A \end{aligned}$$

$$\begin{aligned} Z_2 &= -j\frac{1}{\omega C} = -j\frac{1}{2\pi \times 53 \times 10^3 \times 1 \times 10^{-6}}\ \Omega \\ &= -j3\ \Omega = 3\angle -90°\ \Omega \end{aligned}$$

$$\dot{I}_2 = \frac{\dot{U}}{Z_2} = \frac{10\angle 0°}{3\angle -90°}\ A = 3.3\angle 90°\ \Omega = j3.3\ A$$

$$\dot{I} = \dot{I}_1 + \dot{I}_2 = [(0.5 - j1.5) + j3.3]\ A = (0.5 + j1.8)\ A = 1.87\angle 74.5°\ A$$

(2) 电路的相量图如图 5-24(b)所示。

5.5.3 混联电路

在正弦交流电路中,电压和电流用相量,阻抗为复数形式,不仅串并联电路的计算类似直流电路,对于复杂电路,直流电路中介绍的基本定律、定理及各种分析方法都适用。

一般正弦交流电路的解题步骤如下:

(1) 根据原电路图画出相量模型图(电路结构不变)。

(2) 根据相量模型列出相量方程式或作出相量图。

(3) 用相量法或相量图求解。

(4) 将结果变换成要求的形式。

【例 5-13】 在图 5-25 中，已知 $u=220\sqrt{2}\sin(\omega t)$ V，$R_1=10\ \Omega$，$X_L=10\ \Omega$，$X_C=20\ \Omega$，试用相量计算电路中的各电流。

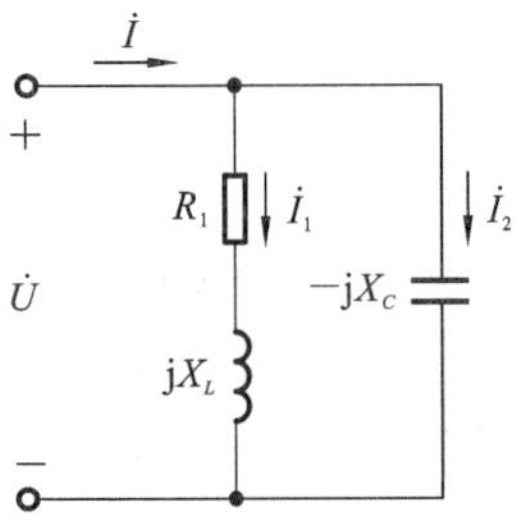

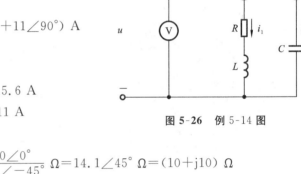

图 5-25 例 5-13 图

解

$$\dot{U}=220\angle 0°\ \text{V}$$

$$Z_1=R_1+jX_L=(10+j10)\ \Omega=14.1\angle 45°\ \Omega$$

$$Z_2=-jX_C=-j20\ \Omega$$

$$\dot{I}_1=\frac{\dot{U}}{Z_1}=\frac{220\angle 0°}{14.1\angle 45°}\ \text{A}=15.6\angle -45°\ \text{A}$$

$$\dot{I}_2=\frac{\dot{U}}{Z_2}=\frac{220\angle 0°}{20\angle -90°}\ \text{A}=11\angle 90°\ \text{A}$$

$$\dot{I}=\dot{I}_1+\dot{I}_2=11\ \text{A}$$

$$i=11\sqrt{2}\sin(314t)\ \text{A}$$

【例 5-14】 在图 5-26 中，已知 $u=220\sqrt{2}\sin(314t)$ V，$i_1=22\sin(314t-45°)$ A，$i_2=11\sqrt{2}\sin(314t+90°)$ A。试求各表读数及参数 R、L 和 C。

解 （1）相量法计算。

$$\dot{U}=220\angle 0°\ \text{V}$$

$$\dot{I}_1=\frac{22}{\sqrt{2}}\angle -45°=15.6\angle -45°\ \text{A}$$

$$\dot{I}=\dot{I}_1+\dot{I}_2=(15.6\angle -45°+11\angle 90°)\ \text{A}$$
$$=11\ \text{A}$$

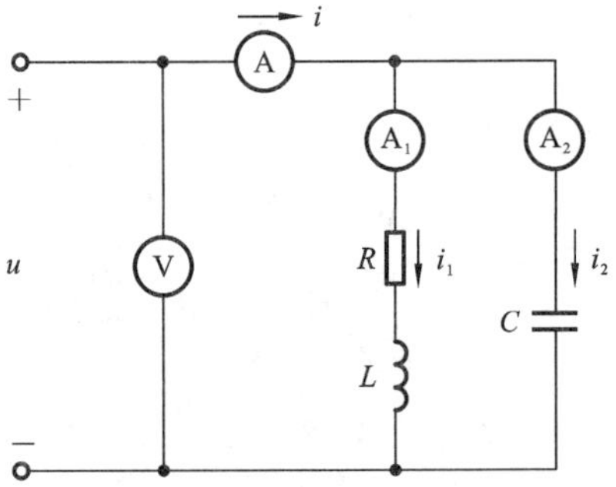

所以

$$U=220\ \text{V}, \quad I_1=15.6\ \text{A}$$

$$I_2=11\ \text{A}, \quad I=11\ \text{A}$$

（2）求参数 R、L 和 C。

图 5-26 例 5-14 图

$$Z_1=\frac{\dot{U}}{\dot{I}_1}=\frac{220\angle 0°}{15.6\angle -45°}\ \Omega=14.1\angle 45°\ \Omega=(10+j10)\ \Omega$$

$$R=X_L=10\ \Omega$$

$$L=\frac{X_L}{2\pi f}=0.0318\ \text{H}$$

$$Z_2=\frac{\dot{U}}{\dot{I}_2}=\frac{220\angle 0°}{11\angle 90°}\Omega=20\angle -90°\ \Omega$$

$$X_C=20\ \Omega$$

$$C=\frac{1}{2\pi f X_C}=\frac{1}{314\times 20}\ \text{F}=159\ \mu\text{F}$$

5.6 功率因数的提高

5.6.1 功率因数低引起的问题

交流电路的平均功率为

$$P=UI\cos\varphi$$

式中的 $\cos\varphi$ 为电路的功率因数。由前面所学知识可知,只有在电阻负载下,电压和电流才同相,其功率因数为 1。对于其他负载来说,其功率因数均介于 0 与 1 之间。

当电压与电流之间有相位差时,即功率因数不等于 1 时,电路中发生能量互换,出现无功功率 $Q=UI\sin\varphi$,这样就引起两个问题。

（1）电源设备的容量不能充分利用。

$$P=U_N I_N \cos\varphi$$
$$S=U_N I_N$$

设发电设备容量为

$$S=U_N I_N=1000 \text{ kV} \cdot \text{A}$$

① 当功率因数 $\cos\varphi=1$ 时,有功功率 $P=U_N I_N \cos\varphi=1000$ kW。

② 当功率因数 $\cos\varphi=0.6$ 时,有功功率 $P=U_N I_N \cos\varphi=600$ kW,无功功率 $Q=U_N I_N \sin\varphi=800$ kvar。

所以,提高功率因数 $\cos\varphi$ 可使发电设备的容量得以充分利用。

（2）增加线路和发电机绕组的功率损耗。

设输电线和发电机绕组的电阻为 r,则

$$P=U_N I_N \cos\varphi$$
$$\Delta P=I^2 r$$

由上式可见,在负载有功功率 P 和供电电压 U 一定的情况下,当负载的功率因数 $\cos\varphi$ 越小时,所需供电电流越大,势必使输电线路上压降和损耗增加,影响供电质量和浪费能量。

所以提高 $\cos\varphi$ 可减小线路和发电机绕组的损耗。

由上述可知,提高电网的功率因数对国民经济的发展有着极为重要的意义。

按照供用电规则,高压供电的工业企业的平均功率因数不低于 0.95,其他单位的不低于 0.9。

5.6.2 提高功率因数的方法

提高功率因数首要任务是在不改变原负载工作状态的前提下,减小电源与负载间的无功互换规模。

因此,提高功率因数常用的方法有:感性负载需要并联容性元件去补偿无功功率;容性负载则需要并联感性元件去补偿无功功率。

一般企业大多数为感性负载,所以以感性负载并联电容元件为例,如图 5-27(a)所示的提高功率因数电路图和图 5-27(b)所示的提高功率因数相量图。

并联电容器后,电感性负载的电流为

$$I_1=\frac{U}{\sqrt{R^2+X_L^2}}$$

功率因数为

$$\cos\varphi_1=\frac{R}{\sqrt{R^2+X_L^2}}$$

由以上两式,由于所加电压和负载参数没有改变,所以感性负载电流和功率因数未

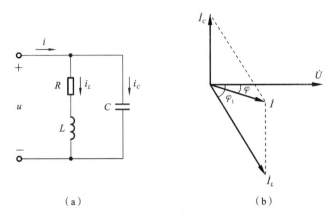

图 5-27　提高功率因数电路图及提高功率因数相量图

改变。由于 φ 变小了,$\cos\varphi$ 变大了,由相量图 5-27(b)可见,并联电容器以后线路电流也减小了,因而减小了功率损耗。

5.6.3　并联电容值的计算

由于

$$I_C = U\omega C$$

由相量图 5-27(b)可知

$$I_C = I_1\sin\varphi_1 - I\sin\varphi$$

即

$$U\omega C = I_1\sin\varphi_1 - I\sin\varphi$$

$$U\omega C = \frac{P}{U\cos\varphi_1}\sin\varphi_1 - \frac{P}{U\cos\varphi}\sin\varphi$$

$$C = \frac{P}{\omega U^2}(\tan\varphi_1 - \tan\varphi)$$

【例 5-15】　已知电源 $U_N = 220$ V,$f = 50$ Hz,$S_N = 10$ kV·A,向 $P_N = 6$ kW,$U_N = 220$ V,$\cos\varphi = 0.5$ 的感性负载供电。(1)该电源供出的电流是否超过其额定电流? (2)如并联电容将 $\cos\varphi$ 提高到 0.9,电源是否还有富裕的容量?

解　(1)电源提供的电流为

$$I = \frac{P}{U\cos\varphi} = \frac{6\times10^3}{220\times0.5} \text{ A} = 54.55 \text{ A}$$

电源的额定电流为

$$I_N = \frac{S_N}{U_N} = \frac{10\times10^3}{220} \text{ A} = 45.45 \text{ A}$$

从上式可以看出

$$I > I_N$$

该电源供出的电流超过其额定电流。

(2)如将 $\cos\varphi$ 提高到 0.9,电源提供的电流为

$$I=\frac{P}{U\cos\varphi}=\frac{6\times10^3}{220\times0.9}\ \text{A}=30.3\ \text{A}$$

则

$$I<I_N$$

该电源还有富余的容量,即还有能力再带负载。所以提高电网功率因数后,将提高电源的利用率。

5.7　谐振电路

谐振现象:在含有电感和电容元件的电路中,电路两端的电压与电路中的电流一般不同相。如果调节电路的参数 L、C 或改变电源的频率使它们同相,电路的等效阻抗变为纯电阻,$\cos\varphi=1$,这时电路中就发生谐振。

按发生谐振电路的结构不同,谐振现象可分为串联谐振和并联谐振。下面将分别讨论这两种谐振的条件和特征,以及谐振电路的频率特性。

5.7.1　串联谐振

在 R、L、C 元件串联的电路中发生的谐振,称为串联谐振。如图 5-28 所示,若

$$X_L=X_C\quad\text{或}\quad 2\pi fL=\frac{1}{2\pi fC}\tag{5-49}$$

则

$$\varphi=\arctan\frac{X_L-X_C}{R}=0$$

即电源电压与电路中的电流同相,这时电路中发生谐振现象。

由式(5-49)可得出谐振频率

$$f=f_0=\frac{1}{2\pi\sqrt{LC}}\tag{5-50}$$

即当电源频率 f 与电路参数 L 和 C 之间满足上式关系时,则发生谐振。可见只要调节 L、C 或电源频率都能使电路发生谐振。

串联谐振具有以下特点:

(1) 电路的阻抗模 $|Z|=\sqrt{R^2+(X_L-X_C)}=R=|Z|_{\min}$ 最小,电源电压一定时,电路中的电流将在谐振时达到最大值,即 $I=I_0=\frac{U}{R}$。阻抗模和电流随频率变化的曲线如图 5-28 所示。

(2) 电源电压与电路中电流同相,$\varphi=0$,$\cos\varphi=1$,因此,电路呈纯电阻性,总无功功率为零。电源供给电路的能量全被电阻所消耗,电源与电路之间不发生能量的交换。

(3) 由于 $X_L=X_C$,可知 $U_L=U_C$,而 $\dot{U}_L$ 和 $\dot{U}_C$ 在相位上相反,互相抵消,对整个电路不起作用,因此电源电压 $U=U_R$,相量关系如图 5-29 所示。

当 $X_L=X_C>R$ 时,$U_L=U_C>U$,也就是说电感或电容上的电压远大于电路的总电压,这种情况下可能会击穿线圈和电容器的绝缘。因此,在电力工程中一般应避免发生串联谐振(或称为电压谐振)。

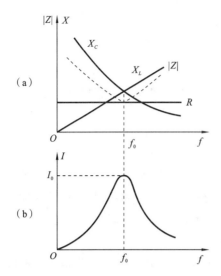

图 5-28   阻抗模和电流随频率变化的曲线   图 5-29   串联谐振的相量图

谐振时 U_L 或 U_C 与电源电压 U 的比值称为电路的品质因数,用 Q 来表示,即

$$Q = \frac{U_C}{U} = \frac{U_L}{U} = \frac{\omega_0 L}{R} = \frac{1}{\omega_0 CR} \tag{5-51}$$

串联谐振在无线电工程中有着广泛应用,如在接收机里被用来选择信号。

图 5-30 所示的是接收机里典型的调谐电路。它的作用是将天线所接收到的无线电信号,经过磁棒感应到 LC 串联电路中,调节可变电容 C 的值,便可从许多不同频率的信号之中选出 $f = f_0$ 的电台信号。

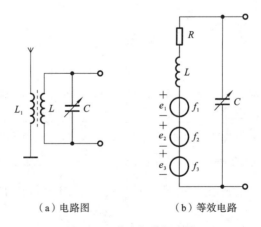

（a）电路图   （b）等效电路

图 5-30   收音机谐振电路

不难看出,频率特性是一个带通滤波电路。其通频带宽度就是当电流下降到 $0.707 I_0$ 时所对应的上、下限频率之差,即

$$\Delta f = f_2 - f_1 = \frac{f_0}{Q} \tag{5-52}$$

通频带宽度越小,表明谐振曲线越尖锐,电路的频率选择性就越强,品质因数 Q 越大,如图 5-31 和图 5-32 所示。

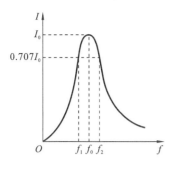

图 5-31　通频带宽度

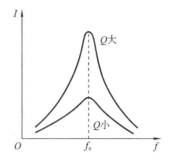

图 5-32　Q 与谐振曲线的关系

【例 5-16】　将一线圈 $R=50\ \Omega,L=8\ \text{mH}$ 与电容器 $C=80\ \text{pF}$ 串联,接在 $U=100\ \text{V}$ 的电源上。求:(1) 电路中的谐振频率和品质因数;(2) 谐振时,求电流与电容器上的电压;(2) 当频率增加 10% 时,求电流与电容器上的电压。

解　(1) 谐振频率

$$f_0=\frac{1}{2\pi\sqrt{LC}}=\frac{1}{2\pi\sqrt{8\times10^{-3}\times80\times10^{-12}}}\ \text{Hz}=199\ \text{kHz}$$

品质因数

$$Q=\frac{\omega_0 L}{R}=\frac{2\pi\times199\times10^3\times8\times10^{-3}}{50}=200$$

(2) 谐振时的电流为最大值,即

$$I_0=\frac{U}{R}=\frac{100}{50}\ \text{A}=2\ \text{A}$$

$$U_C=\frac{1}{\omega_0 C}I_0=\frac{1}{2\pi\times199\times10^3\times80\times10^{-12}}\times2\ \text{V}=20\ \text{kV}$$

(3) 当频率增加 10% 时,即 $f=1.1f_0$,则

$$X_L=2\pi f_0 L=2\times3.14\times1.1\times199\times10^3\times8\times10^{-3}\ \Omega\approx10998\ \Omega$$

$$X_C=\frac{1}{2\pi f_0 C}=\frac{1}{2\times3.14\times1.1\times199\times10^3\times80\times10^{-12}}\ \Omega\approx9093\ \Omega$$

$$|Z|=\sqrt{R^2+(X_L-X_C)^2}=\sqrt{50^2+(10998-9093)^2}\ \Omega\approx1905\ \Omega(>R)$$

$$I=\frac{U}{|Z|}=\frac{100}{1905}\ \text{A}=0.052\ \text{A}(<I_0)$$

$$U_C=X_C I=9093\times0.052\ \text{V}=477\ \text{V}(<20\ \text{kV})$$

可见偏离谐振频率 10% 时,I 和 U_C 就大大减小。

5.7.2　并联谐振

在 R、L 和 C 元件并联的电路中发生的谐振,称为并联谐振。如图 5-33 所示,其等效阻抗为

$$Z=\frac{\dfrac{1}{\text{j}\omega C}(R+\text{j}\omega L)}{\dfrac{1}{\text{j}\omega C}+(R+\text{j}\omega L)}=\frac{R+\text{j}\omega L}{1+\text{j}\omega RC-\omega^2 LC}$$

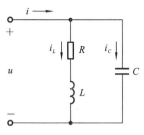

图 5-33   并联谐振电路

实际中线圈的电阻很小，所以在谐振时有 $\omega_0 L \gg R$，则

$$Z \approx \frac{\mathrm{j}\omega L}{1-\omega^2 LC+\mathrm{j}\omega RC}=\frac{1}{\dfrac{RC}{L}+\mathrm{j}\left(\omega C-\dfrac{1}{\omega L}\right)} \quad (5\text{-}53)$$

可得出

$$\omega_0 L = \frac{1}{\omega_0 C}$$

则

$$\omega=\omega_0=\frac{1}{\sqrt{LC}}, \quad f=f_0=\frac{1}{2\pi\sqrt{LC}} \quad (5\text{-}54)$$

式(5-54)为发生并联谐振的条件。

并联谐振具有以下特点：

(1) 谐振时,电路的阻抗模

$$|Z_0|=\frac{L}{RC} \quad (5\text{-}55)$$

最大,当电源电压一定时,电路中的电流将在谐振时达到最小值,即 $I=I_0=\dfrac{U}{|Z_0|}$。阻抗模和电流等随频率变化的曲线如图 5-34 所示。

(2) 电源电压与电路中电流同相,$\varphi=0$,$\cos\varphi=1$,因此,电路呈纯电阻性,总无功功率为零。谐振时的阻抗模 $|Z_0|$ 相当于一个电阻。

(3) 谐振时支路电流远大于总电流,即 $I_L \approx I_C > I_0$,所以并联谐振也称为电流谐振。相量关系如图 5-35 所示。

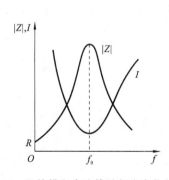

图 5-34   阻抗模和电流等随频率变化的曲线

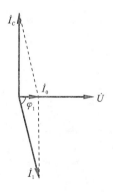

图 5-35   并联谐振相量图

【例 5-17】   在图 5-36 所示电路中,$U=220$ V,$C=1\ \mu$F。

(1) 当电源频率 $\omega_1=1000$ rad/s 时,$U_R=0$;

(2) 当电源频率 $\omega_1=2000$ rad/s 时,$U_R=U$。

试求电路参数 L_1 和 L_2。

解   (1) 因为 $U_R=0$,即 $I=0$,所以 LC 并联电路产生谐振,即

$$|Z_0|=\frac{L_1}{R_1 C}\rightarrow\infty$$

故

$$\omega_1 L_1 = \frac{1}{\omega_1 C}$$

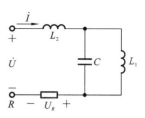

则

$$L_1 = \frac{1}{\omega_1^2 C} = \frac{1}{1000^2 \times 1 \times 10^{-6}} \ \mathrm{H} = 1 \ \mathrm{H}$$

（2）因为 $U_R = U$，所以电路产生串联谐振，L_1C 并联电路的等效阻抗为

图 5-36　例 5-17 图

$$Z_1 = \frac{\dfrac{1}{\mathrm{j}\omega_2 C}(\mathrm{j}\omega_2 L_1)}{\dfrac{1}{\mathrm{j}\omega_2 C} + (\mathrm{j}\omega_2 L_1)} = -\mathrm{j}\,\frac{\omega_2 L_1}{\omega_2^2 L_1 C - 1}$$

总阻抗

$$Z = R + \mathrm{j}\omega_2 L_2 + Z_1 = R + \mathrm{j}\left(\omega_2 L_2 - \frac{\omega_2 L_1}{\omega_2^2 L_1 C - 1}\right)$$

串联谐振时，阻抗 Z 虚部为零，可得

$$L_2 = \frac{1}{\omega_2^2 C - 1/L_1} = \frac{1}{2000^2 \times 1 \times 10^{-6} - 1} \ \mathrm{H} = 0.33 \ \mathrm{H}$$

5.8　非正弦周期交流电路

在不少实际应用中，如控制技术、测量技术等领域还会遇到这样的电压和电流，它们虽然是周期性变化的，但不是正弦量，如图 5-37 所示的矩形波电压、锯齿波电压、三角波电压及全波整流电压等。

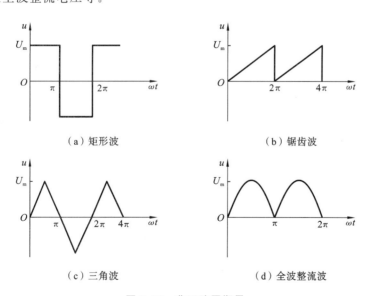

（a）矩形波　　　　　　　　　　　（b）锯齿波

（c）三角波　　　　　　　　　　　（d）全波整流波

图 5-37　非正弦周期量

5.8.1　非正弦周期信号谐波分解

数学分析中已经介绍过，一切满足于狄里赫利条件的周期函数，都可以将其展开为

下列傅里叶级数,即

$$f(\omega t) = A_0 + A_{1m}\sin(\omega t + \psi_1) + A_{2m}\sin(2\omega t + \psi_2) + \cdots$$

$$= A_0 + \sum_{k=1}^{\infty} A_{km}\sin(k\omega t + \psi_k) \tag{5-56}$$

式中:A_0 为不随时间而变的常数,称为直流分量(或恒定分量),它是 $f(t)$ 在一个周期内的平均值;$A_{1m}\sin(\omega t + \psi_1)$ 与非正弦周期函数的频率相同,称为基波或一次谐波;$\sum\limits_{k=1}^{\infty} A_{km}\sin(k\omega t + \psi_k)$ 中其余各项的频率为周期函数的频率的整数倍,分别称为二次谐波、三次谐波等,统称高次谐波。

图 5-37 所示的几种非正弦周期电压的傅里叶级数的展开式分别如下:

矩形波电压

$$u = \frac{4U_m}{\pi}\left[\sin(\omega t) + \frac{1}{3}\sin(3\omega t) + \frac{1}{5}\sin(5\omega t) + \cdots\right] \tag{5-57}$$

锯齿形波电压

$$u = U_m\left[\frac{1}{2} - \frac{1}{\pi}\sin(\omega t) - \frac{1}{2\pi}\sin(2\omega t) - \frac{1}{3\pi}\sin(3\omega t) - \cdots\right] \tag{5-58}$$

三角波电压

$$u = \frac{8U_m}{\pi^2}\left[\sin(\omega t) - \frac{1}{9}\sin(3\omega t) + \frac{1}{25}\sin(5\omega t) - \cdots\right] \tag{5-59}$$

全波整流电压

$$u = \frac{2U_m}{\pi}\left[1 - \frac{2}{3}\cos(2\omega t) - \frac{2}{15}\cos(4\omega t) - \cdots\right] \tag{5-60}$$

从上述四例中可以看出,各次谐波的幅值是不等的,频率越高,则幅值越小。这说明傅里叶级数具有收敛性。

5.8.2 非正弦周期信号有效值

非正弦周期电流 i 的有效值为

$$I = \sqrt{\frac{1}{T}\int_0^t i^2\,\mathrm{d}t}$$

计算可得

$$I = \sqrt{I_0^2 + I_1^2 + I_2^2 + \cdots} \tag{5-61}$$

式中:

$$I_1 = \frac{I_{1m}}{\sqrt{2}}, \quad I_2 = \frac{I_{2m}}{\sqrt{2}} \tag{5-62}$$

同理,非正弦周期电压 u 的有效值为

$$U = \sqrt{U_0^2 + U_1^2 + U_2^2 + \cdots} \tag{5-63}$$

【例 5-18】 图 5-38 所示电路是一可控半波整流电压的波形,在 $\frac{\pi}{3} \sim \pi$ 之间是正弦波,求其平均值和有效值。

解 (1)平均值为

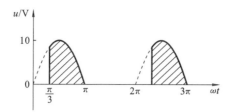

图 5-38　例 5-18 图

$$U_0 = \frac{1}{2\pi}\int_{\frac{\pi}{3}}^{\pi} u \mathrm{d}(\omega t) = \frac{1}{2\pi}\int_{\frac{\pi}{3}}^{\pi} 10\sin(\omega t)\mathrm{d}(\omega t) = 2.39 \text{ V}$$

（2）有效值为

$$U = \sqrt{\frac{1}{2\pi}\int_{\frac{\pi}{3}}^{\pi} u^2 \mathrm{d}(\omega t)} = \sqrt{\frac{1}{2\pi}\int_{\frac{\pi}{3}}^{\pi} 10^2 \sin^2 \omega t \mathrm{d}(\omega t)} \text{ V} = 4.49 \text{ V}$$

5.8.3　非正弦周期信号平均功率

平均功率公式为

$$P = \frac{1}{T}\int_0^T u \cdot i \mathrm{d}t \tag{5-64}$$

设非正弦周期电压和非正弦周期电流如下：

$$u(\omega t) = U_0 + \sum_{k=1}^{\infty} U_{km}\sin(k\omega t + \psi_k)$$

$$i(\omega t) = I_0 + \sum_{k=1}^{\infty} I_{km}\sin(k\omega t + \psi_k - \varphi_k)$$

利用三角函数的正交性，整理得

$$P = U_0 I_0 + \sum_{k=1}^{\infty} U_k I_k \cos\varphi_k = P_0 + P_1 + P_2 + \cdots \tag{5-65}$$

可见，非正弦周期电流电路中的平均功率等于恒定分量和各正弦谐波分量的平均功率之和。

【例 5-19】　非正弦电压源的电压及其输出的电流分别为

$$u(t) = [30 + 15\sin(\omega t) + 20\sin(3\omega t)] \text{ V}$$

$$i(t) = [20 + 7.65\sin(\omega t - 33.6°) + 1.04\sin(3\omega t - 135°)] \text{ A}$$

试求电压源输出功率。

解　　　　　　　　$P_0 = 30 \times 20 \text{ W} = 600 \text{ W}$

$$P_1 = \frac{15}{\sqrt{2}} \times \frac{7.65}{\sqrt{2}} \cos[0° - (-33.6°)] \text{ W} = 47.78 \text{ W}$$

$$P_3 = \frac{20}{\sqrt{2}} \times \frac{1.04}{\sqrt{2}} \cos[0° - (-135°)] \text{ W} = -7.35 \text{ W}$$

$$P = P_0 + P_1 + P_3 = 640.4 \text{ W}$$

习　题　5

习题 5 答案

5-1　已知正弦电压的频率 $f = 50$ Hz，初相角 $\varphi_e = \pi/4$，有效值 $U =$

220 V。试求：

（1）电压的最大值；

（2）写出电压瞬时值的表达式，并求出 $t=0.0075$ s 和 0.0025 s 的瞬时值。

5-2 在某电路中，$i=100\sin\left(6280t-\dfrac{\pi}{4}\right)$ mA。（1）试指出它的频率、周期、角频率、幅值、有效值及初相位各为多少？（2）画出该电流的波形图。

5-3 已知 $i_1=10\sqrt{2}\sin(\omega t+90°)$ A，$i_2=10\sqrt{2}\sin(\omega t)$ A。

（1）用相量图表示两个正弦量。

（2）用相量图计算：$i_3=i_1+i_2$，$i_4=i_1-i_2$。

5-4 在某电路中，$i=100\sin\left(6280t-\dfrac{\pi}{4}\right)$ mA，（1）试指出它的频率、周期、角频率、幅值、有效值及初相位各为多少？（2）画出波形图；（3）如果 i 的参考方向选得相反，写出它的三角函数式，画出波形图，并问（1）中各项有无改变？

5-5 已知 $i_1=15\sin(314t+45°)$ A，$i_2=10\sin(314t-30°)$ A。（1）试问 i_1 与 i_2 的相位差等于多少？（2）画出 i_1 和 i_2 的波形图；（3）在相位上比较 i_1 和 i_2，谁超前，谁滞后。

5-6 已知复数 $A=-8+\text{j}6$ 和 $B=3+\text{j}4$，试求 $A+B$、$A-B$、AB 和 A/B。

5-7 已知同频率的两个电压为

$$u_1=100\sqrt{2}\sin(314t+60°)\ \text{V}$$

$$u_2=110\sqrt{2}\sin(314t-30°)\ \text{V}$$

试求 u_1 和 u_2 之和。

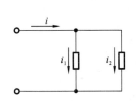

图 5-39 题 5-8 电路

5-8 在图 5-39 所示电路中，设

$$i_1=I_{1\text{m}}\sin(\omega t+\psi_1)=100\sin(\omega t+45°)\ \text{A}$$

$$i_2=I_{2\text{m}}\sin(\omega t+\psi_2)=60\sin(\omega t-30°)\ \text{A}$$

求总电流 i，并画出电流相量图。

5-9 已知相量 $\dot{I}_1=(2\sqrt{3}+\text{j}2)$ A，$\dot{I}_2=(-2\sqrt{3}+\text{j}2)$ A，$\dot{I}_3=(-2\sqrt{3}-\text{j}2)$ A，$\dot{I}_4=(2\sqrt{3}-\text{j}2)$ A，试把它们化为极坐标式，并写成 i_1、i_2、i_3 和 i_4。

5-10 写出下列正弦电压的相量式，画出相量图，并求其和：

（1）$u=10\sin(\omega t)$ V；

（2）$u=20\sin\left(\omega t+\dfrac{\pi}{2}\right)$ V；

（3）$u=10\sin\left(\omega t-\dfrac{\pi}{2}\right)$ V；

（4）$u=10\sqrt{2}\sin\left(\omega t-\dfrac{3\pi}{4}\right)$ V。

5-11 把一个 100 Ω 的电阻元件接到频率为 50 Hz、电压有效值为 10 V 的正弦电源上，问电流是多少？ 如保持电压值不变，而电源频率改变为 5000 Hz，这时电流将为多少？

5-12 已知 $L=0.1$ H 的电感线圈（设线圈的电阻为 0）接在 $U=10$ V 的工频电源

上,求:

(1)线圈的感抗;(2)电流的有效值;(3)无功功率;(4)电感的最大储能;(5)设电压的初相位为零,求 $\dot{I}$ 并画出相量图。

5-13 设有一空心电感线圈的电感量为 150 mH,忽略其中电阻。

(1)若它接在频率为 400 Hz,电压为 100 V 的正弦交流电源上,电流是多少?

(2)如果电源的频率为工频 50 Hz,电流是多少?

5-14 设有一个 0.1 μF 的电容元件接在频率为 400 Hz、电压为 100 V 的正弦交流电源上,电流是多少? 如果电源的频率为工频 50 Hz,电流是多少?

5-15 把一个 25 μF 的电容元件接到频率为 50 Hz、电压有效值为 10 V 的正弦电源上,问电流是多少? 如保持电压值不变,而电源频率改为 5000 Hz,这时电流将为多少?

5-16 已知:220 V、50 Hz 的电源上接有 4.75 μF 的电容。求:(1)电容的容抗;(2)电流的有效值;(3)无功功率;(4)电容的最大储能;(5)设电流的初相位为零,求 $\dot{U}$ 并画相量图。

5-17 如图 5-40 所示电路。已知:$R = X_L$,$X_C = 10\ \Omega$,$I_C = 10$ A,$\dot{U}$ 与 $\dot{I}$ 同相位。求 I、I_{RL}、U、R、X_L。

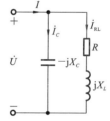

5-18 设 RLC 串联电路中,$R = 20\ \Omega$,$L = 200$ mH,$C = 30\ \mu$F,电源电压 $u = 220\sqrt{2}\sin(314t + 30°)$ V。试求:

(1)电路中电流 i;

(2)各元件上的电压 u_R、u_L 和 u_C。

图 5-40 题 5-17 电路

5-19 设 RLC 串联电路中,电源电压和电流分别

$$u = 220\sqrt{2}\sin(\omega t + 30°) \text{ V}$$

$$i = 2.8\sqrt{2}\sin(\omega t + 105°) \text{ A}$$

试求该电路的平均功率 P、无功功率 Q 和视在功率 S。

5-20 已知:$Z_1 = (6.16 + j9)\ \Omega$,$Z_2 = (2.5 - j4)\ \Omega$ 串联在一起接入 $U = 220\angle 30°$ 的电源上,求电路中的电流 $\dot{I}$ 和各阻抗上的电压 $\dot{U}_1$ 和 $\dot{U}_2$。

5-21 在图 5-41 所示电路中,$Z_1 = (4 + j10)\ \Omega$,$Z_2 = (8 - j6)\ \Omega$,$Z_3 = j8.33\ \Omega$,$U = 60$ V,求电流 $\dot{I}_1$、$\dot{I}_2$、$\dot{I}_3$,并画出电压、电流相量图。

5-22 在图 5-42 所示电路中,已知 $\dot{U} = 100\angle 0°$ V,$X_C = 500\ \Omega$,$X_L = 1000\ \Omega$,$R = 2000\ \Omega$,求电流 $\dot{I}$。

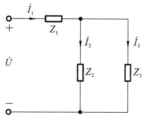

图 5-41 题 5-21 电路

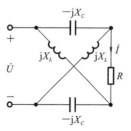

图 5-42 题 5-22 电路

5-23 在电阻、电感、电容元件串联的电路中,已知:$R=30\ \Omega$,$L=127\ \text{mH}$,$C=40\ \mu\text{F}$,电源电压 $u=220\sqrt{2}\sin(314t+20°)$ V。求:(1)感抗、容抗和阻抗值及阻抗角;(2)电流的有效值与瞬时值表达式;(3)各部分电压的有效值与瞬时值的表达式;(4)有功功率、无功功率、视在功率;(5)判断该电路的性质。

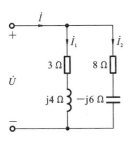

图 5-43 题 5-24 电路

5-24 图 5-43 所示的两个阻抗 $Z_1=(3+j4)\ \Omega$,$Z_2=(8-j6)\ \Omega$,它们并联后接在 $\dot{U}=220\angle0°$ V 的电源上。求电路中的电流 $\dot{I}$、$\dot{I}_1$、$\dot{I}_2$,画出各电流的相量图,并求电路的总功率 P、Q、S。

5-25 在图 5-23 中,有两个阻抗 $Z_1=(3+j4)\ \Omega$ 和 $Z_2=(8-j6)\ \Omega$,它们并联接在 $\dot{U}=220\angle0°$ V 的电源上。试用相量计算电路中的各电流,并作出相量图。

5-26 有一感性负载,接于 380 V、50 Hz 的电源上。负载的功率 $P=20\ \text{kW}$,功率因数 $\cos\varphi=0.6$。现欲将功率因数提高到 0.9,求并联电容器的电容值和并联电容器前后线路的电流值。

5-27 220 V、50 Hz 的正弦电源上接感性负载,感性负载的功率 $P=10\ \text{kW}$,功率因数 $\cos\varphi_1=0.6$。为了提高功率因数,在负载两端并联一电容器。

(1)如欲将功率因数提高到 $\cos\varphi=0.9$,试求与负载并联的电容器的电容值;

(2)比较电容器并联前后线路电流的大小;

(3)如欲将功率因数从 0.9 再提高到 1,试问并联电容器的电容值还需增加多少?

5-28 串联谐振电路中,$L=30\ \text{mH}$,$R=100\ \Omega$,电源频率 $f_0=50\ \text{kHz}$。试求电路谐振时电容 C、电路品质因数 Q。

5-29 有一电感性负载,功率为 10 kW,功率因数为 0.6,接在电压为 220 V、50 Hz 的交流电源上。

(1)若将功率因数提高到 0.95,需并联多大的电容?

(2)计算并联电容前、后的线路电流。

(3)若要将功率因数从 0.95 再提高到 1,还需并联多大电容?

(4)若电容值继续增大,功率因数会怎样变化?

5-30 试计算单相半波整流电压的有效值。

5-31 在图 5-44(a)所示电路中,输入电压 u 如图 5-44(b)所示,是 240 V 的直流分量和一个频率为 100 Hz、有效值为 100 V 的正弦交流分量的叠加。又知电路的 $R=200\ \Omega$,$C=50\ \mu\text{F}$,求输出电压 u_2。

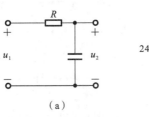

(a)

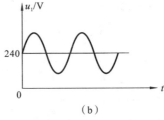

(b)

图 5-44 题 5-31 图

6

三相电路

本章着重讨论负载在三相电路中的连接使用问题。

6.1 三相电路

三相电路在生产上应用最为广泛。目前,世界各国的电力系统中电能的生产、传输和供电方式绝大多数都采用三相制。

三相电路主要是由三相电源、三相负载和三相输电线路三部分组成的。在用电方面,最主要的负载是交流电动机,而交流电动机多数是三相的。

设三相电源分别为

$$\begin{cases} u_1 = U_m \sin(\omega t) \\ u_2 = U_m \sin(\omega t - 120°) \\ u_3 = U_m \sin(\omega t - 240°) = U_m \sin(\omega t + 120°) \end{cases} \qquad (6\text{-}1)$$

这种频率相同、幅值相等、初相位互差120°的正弦电压源连接成星型或三角形的电源,称为对称三相电源。

三相电源可用相量表示,即

$$\begin{cases} U_1 = U\angle 0° = U \\ U_2 = U\angle -120° = U\left(-\dfrac{1}{2} - j\dfrac{\sqrt{3}}{2}\right) \\ U_3 = U\angle 120° = U\left(-\dfrac{1}{2} + j\dfrac{\sqrt{3}}{2}\right) \end{cases} \qquad (6\text{-}2)$$

三相电压可用相量图和正弦波形来表示,如图6-1所示。

对称三相正弦电压满足瞬时值或相量之和为零,即

$$\begin{cases} u_1 + u_2 + u_3 = 0 \\ U_1 + U_2 + U_3 = 0 \end{cases} \qquad (6\text{-}3)$$

三相交流电压出现正幅值(或相应零值)的顺序称为相序。在此,相序是 $U_1 \rightarrow V_1 \rightarrow W_1$。

图6-2所示的为发电机三相绕组的接法,即星型连接:将发电机三相绕组三个末端连在一起(用 N 表示,这一连接点称为中性点或零点),首端 U_1、V_1、W_1 引出的三根导

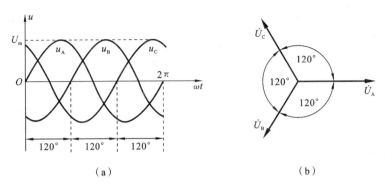

（a）　　　　　　　　　　（b）

图 6-1　三相电压的正弦波形和相量图

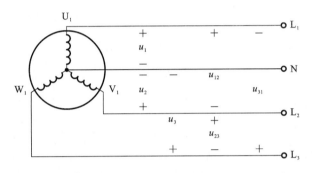

图 6-2　发电机的星型连接

线 L_1、L_2、L_3 与电源相连接的连接方式。

L_1、L_2、L_3 称为相线或端线，俗称火线。

从中性点 N 引出的导线称为中性线或零线。

相电压：每相始端与末端间的电压，亦即相线与中性线间的电压，其有效值用 U_1、U_2、U_3 或一般用 U_P 表示。

线电压：任意两始端间的电压，亦即两相线间的电压，其有效值用 U_{12}、U_{23}、U_{31} 或一般用 U_L 表示。

当发电机的绕组连成星型时，相电压和线电压显然是不相等的。根据图 6-2 所示的参考方向，它们的关系如下：

$$\begin{cases} u_{12}=u_1+u_2 \\ u_{23}=u_2-u_3 \\ u_{31}=u_3-u_1 \end{cases} \tag{6-4}$$

或用相量表示为

$$\begin{cases} U_{12}=U_1-U_2 \\ U_{23}=U_2-U_3 \\ U_{31}=U_3-U_1 \end{cases} \tag{6-5}$$

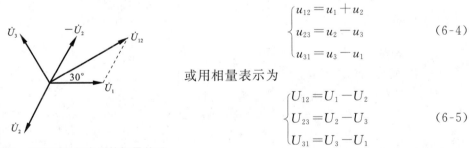

图 6-3　线电压和相电压的相量关系

线电压和相电压的相量关系如图 6-3 所示。

可见线电压也是频率相同、幅值相等、相位互差 120° 的三相对称电压，在相位上比相应的相电压超前 30°，且由几何关系可得

$$U_L=\sqrt{3}U_P \tag{6-6}$$

发电机(或变压器)的绕组连成星型时,可引出四根导线(三相四线制),我国低压配电系统大多采用三相四线制。

低压配电系统中常用的两种电压模式:相电压为 220 V,线电压为 380 V($380=\sqrt{3}\times220$);相电压为 127 V,线电压为 220 V($220=\sqrt{3}\times127$)。

6.2　三相负载的连接

三相电路中负载的连接方法有两种,即星型连接和三角形连接。

分析三相电路和分析单相电路一样,首先也应画出电路图,并标出电压和电流的参考方向,而后应用电路的基本定律找出电压和电流之间的关系,再确定三相功率。

6.2.1　负载星型连接的三相电路

图 6-4 所示的是负载星型连接的三相四线制电路。三相负载的阻抗模分别为$|Z_1|$、$|Z_2|$和$|Z_3|$。电压和电流的参考方向都已在图 6-4 中标出。

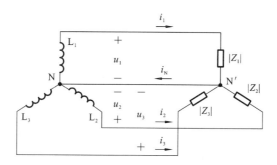

图 6-4　负载星型连接的三相四线制电路

三相电路中的电流也有相电流与线电流之分。

相电流:每相负载中的电流,本书中用 I_P 表示。

线电流:每根相线中的电流,本书中用 I_L 表示。

负载为星型连接时,由于中性线的存在,负载端的线电压等于电源线电压,负载的相电压等于电源相电压,且相电流等于线电流,即

$$\dot{I}_1=\frac{\dot{U}_1}{Z_1},\quad \dot{I}_2=\frac{\dot{U}_2}{Z_2},\quad \dot{I}_3=\frac{\dot{U}_3}{Z_3} \tag{6-7}$$

$$I_P=I_L \tag{6-8}$$

根据 KCL,中性线电流为

$$\dot{I}_N=\dot{I}_1+\dot{I}_2+\dot{I}_3 \tag{6-9}$$

下面对负载对称与不对称两种情况进行分析。

1. 负载对称

负载对称是指各阻抗相等,即 $Z_1=Z_2=Z_3=Z$。

负载对称时阻抗模和相位角也相等,即

$$|Z_1|=|Z_2|=|Z_3|=|Z|,\quad \varphi_1=\varphi_2=\varphi_3=\varphi$$

设电源相电压 U_1 为参考正弦量,则得

$$\dot{U}_1 = U_1\angle 0°, \quad \dot{U}_2 = U_2\angle -120°, \quad \dot{U}_3 = U_3\angle 120°$$

且

$$\dot{I}_N = \dot{I}_1 + \dot{I}_2 + \dot{I}_3 = 0$$

其电流相量如图 6-5 所示。

$$\begin{cases} \dot{I}_1 = \dfrac{\dot{U}_1}{Z_1} = \dfrac{U_1\angle 0°}{|Z_1|\angle\varphi} = I_1\angle\varphi \\[2mm] \dot{I}_2 = \dfrac{\dot{U}_2}{Z_2} = \dfrac{U_2\angle -120°}{|Z_2|\angle\varphi} = I_2\angle(-120°-\varphi) \\[2mm] \dot{I}_3 = \dfrac{\dot{U}_3}{Z_3} = \dfrac{U_3\angle 120°}{|Z_3|\angle\varphi} = I_3\angle(120°-\varphi) \end{cases}$$

中性线中没有电流通过,所以中性线可以不需要。因此,图 6-4 所示电路就变为图 6-6 所示电路,这就是主相三线制电路。三相三线制电路在生产上的应用极为广泛,因为生产上的三相负载(通常所见的是三相电动机)一般都是对称的。

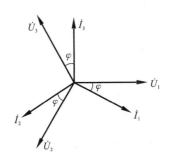

图 6-5　负载星型连接时电流和电压的相量图　　　图 6-6　负载星形连接的三相三线制电路

【例 6-1】　有一星型连接的三相负载如图 6-6 所示,每相的电阻 $R = 6\ \Omega$,感抗 $X_L = 8\ \Omega$。电源电压对称,设 $u_{12} = 380\sqrt{2}\sin(\omega t - 30°)$ V,试求电流。

解　因为负载对称,只需计算一相(譬如 L_1 相)即可。

$$U_1 = \frac{U_{12}}{\sqrt{3}} = \frac{380}{\sqrt{3}}\ \text{V} = 220\ \text{V}$$

U_1 比 U_{12} 滞后 30°,即

$$u_1 = 220\sqrt{2}\sin(\omega t)\ \text{V}$$

L_1 相电流为

$$I_1 = \frac{U_1}{|Z_1|} = \frac{220}{\sqrt{6^2 + 8^2}}\ \text{A} = 22\ \text{A}$$

i_1 比 u_1 滞后 φ 角,即

$$\varphi = \arctan\frac{X_L}{R} = \arctan\frac{8}{6} = 53°$$

所以

$$i_1 = 22\sqrt{2}\sin(\omega t - 53°)\ \text{A}$$

因为电流对称,其他两相的电流为

$$i_2 = 22\sqrt{2}\sin(\omega t - 53° - 120°)\text{ A} = 22\sqrt{2}\sin(\omega t - 173°)\text{ A}$$

$$i_3 = 22\sqrt{2}\sin(\omega t - 53° + 120°)\text{ A} = 22\sqrt{2}\sin(\omega t + 63°)\text{ A}$$

2. 负载不对称

负载不对称是指三相负载不完全相等。

注：负载不对称时，中线不可省去。

【例 6-2】　在图 6-7 中，一星型连接的三相电路，电源电压对称，设电源电压 $u_{12} = 380\sqrt{2}\sin(314t + 30°)$ V；负载为白炽灯组。若 $R_1 = R_2 = R_3 = 5\ \Omega$，求线电流及中性线电流 I_N；若 $R_1 = 5\ \Omega$，$R_2 = 10\ \Omega$，$R_3 = 20\ \Omega$，求线电流及中性线电流 I_N。

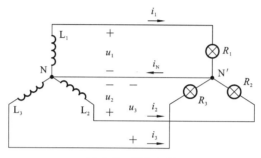

图 6-7　例 6-2 图

解　在负载不对称而有中性线（其上电压降可忽略不计）的情况下，负载相电压和电源相电压相等，也是对称的，其有效值为 220 V。

（1）三相负载对称。

本题先计算各相电流：

$$\dot{I}_1 = \frac{\dot{U}_1}{R_1} = \frac{220\angle 0°}{5}\text{ A} = 44\angle 0°\text{ A}$$

$$\dot{I}_2 = \frac{\dot{U}_2}{R_2} = \frac{220\angle -120°}{5}\text{ A} = 44\angle -120°\text{ A}$$

$$\dot{I}_3 = \frac{\dot{U}_3}{R_3} = \frac{220\angle 120°}{5}\text{ A} = 44\angle 120°\text{ A}$$

中性线电流为

$$\dot{I}_N = \dot{I}_1 + \dot{I}_2 + \dot{I}_3 = 0$$

（2）三相负载不对称。

$$\dot{I}_1 = \frac{\dot{U}_1}{R_1} = \frac{220\angle 0°}{5}\text{ A} = 44\angle 0°\text{ A}$$

$$\dot{I}_2 = \frac{\dot{U}_2}{R_2} = \frac{220\angle -120°}{10}\text{ A} = 22\angle -120°\text{ A}$$

$$\dot{I}_3 = \frac{\dot{U}_3}{R_3} = \frac{220\angle 120°}{20}\text{ A} = 11\angle 120°\text{ A}$$

根据图中电流的参考方向，中性线电流为

$$\dot{I}_N = \dot{I}_1 + \dot{I}_2 + \dot{I}_3 = (44\angle 0° + 22\angle -120° + 11\angle 120°)\text{ A}$$

$$= [44 + (-11 - j18.9) + (-5.5 + j9.45)]\text{ A}$$

$$= (27.5 - j9.45)\text{ A} = 29.1\angle -19°\text{ A}$$

6.2.2　负载三角形连接的三相电路

图 6-8 所示的是负载三角形连接的三相电路。三相负载的阻抗模分别为 $|Z_{12}|$、$|Z_{23}|$、$|Z_{31}|$。电压和电流的参考方向都已在图 6-8 中标出。

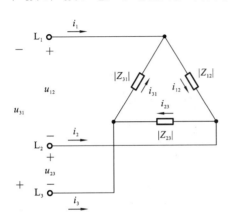

图 6-8　负载三角形连接的三相电路

负载为三角形连接时,由于各相负载都直接接在电源的线电压上,所以负载的相电压与电源的线电压相等。因此,不论负载对称与否,其相电压总是对称的,即

$$U_{12}=U_{23}=U_{31}=U_{L}=U_{p} \qquad (6\text{-}10)$$

在负载三角形连接时,相电流和线电流是不一样的。

各相负载的相电流的有效值分别为

$$I_{12}=\frac{U_{12}}{|Z_{12}|}, \quad I_{23}=\frac{U_{23}}{|Z_{23}|}, \quad I_{31}=\frac{U_{31}}{|Z_{31}|}$$

$$(6\text{-}11)$$

根据 KCL,负载的线电流为

$$\begin{cases} \dot{I}_1=\dot{I}_{12}-\dot{I}_{31} \\ \dot{I}_2=\dot{I}_{23}-\dot{I}_{12} \\ \dot{I}_3=\dot{I}_{31}-\dot{I}_{23} \end{cases} \qquad (6\text{-}12)$$

1. 负载对称

每相负载的阻抗模相等,即

$$|Z_{12}|=|Z_{23}|=|Z_{31}|=|Z|$$

每相电流与电压之间的相位差相等,即

$$\varphi_{12}=\varphi_{23}=\varphi_{31}=\varphi$$

则负载的相电流也是对称的,即相位互差 120°。

$$I_{12}=I_{23}=I_{31}=I_{P}=\frac{U_{P}}{|Z|}$$

根据式(6-12)作出的相量图如图 6-9 所示。由图 6-9 可知,线电流也是对称的,在相位上比相应的相电流滞后 30°。

线电流和相电流在大小上的关系为

$$I_{L}=\sqrt{3}\,I_{P} \qquad (6\text{-}13)$$

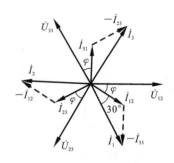

图 6-9　负载三角形连接时电流和电压的相量图

2. 负载不对称

负载不对称时,尽管三个相电压对称,但三个相电流因阻抗不同而不再对称,线电流也不再对称。

6.3　三相功率

三相电路的有功功率等于各相有功功率之和。

当负载对称时,每相的有功功率是相等的,则

$$P = 3P_P = 3U_P I_P \cos\varphi \qquad (6\text{-}14)$$

式中:φ 角是相电压 U_P 与相电流 I_P 之间的相位差。

对称负载是星型连接时,有

$$U_L = \sqrt{3}U_P, \quad I_L = I_P$$

对称负载是三角形连接时,有

$$U_L = U_P, \quad I_L = \sqrt{3}I_P$$

将上述两个关系代入式(6-14),都可得

$$P = \sqrt{3}U_L I_L \cos\varphi \qquad (6\text{-}15)$$

同理,三相对称负载的无功功率为

$$Q = 3U_P I_P \sin\varphi = \sqrt{3}U_L I_L \sin\varphi \qquad (6\text{-}16)$$

三相对称负载的视在功率为

$$S = 3U_P I_P = \sqrt{3}U_L I_L \qquad (6\text{-}17)$$

【例 6-3】 有一三相电动机,每相等效电阻 $R = 29\ \Omega$,等效感抗 $X_L = 21.8\ \Omega$,试求下列两种情况下电动机的相电流、线电流以及从电源输入的功率,并比较所得结果。

(1) 绕组为星型连接,接于线电压 $U_L = 380\ \mathrm{V}$ 的三相电源上。

(2) 绕组为三角形连接,接于 $U_L = 220\ \mathrm{V}$ 的三相电源上。

解 (1)
$$I_P = \frac{U_P}{|Z|} = \frac{220}{\sqrt{29^2 + 21.8^2}}\ \mathrm{A} = 6.1\ \mathrm{A}$$
$$I_L = 6.1\ \mathrm{A}$$
$$P = \sqrt{3}U_L I_L \cos\varphi = \sqrt{3} \times 380 \times 6.1 \times \frac{29}{\sqrt{29^2 + 21.8^2}}\ \mathrm{W}$$
$$= \sqrt{3} \times 380 \times 6.1 \times 0.8\ \mathrm{W} \approx 3200\ \mathrm{W} = 3.2\ \mathrm{kW}$$

(2)
$$I_P = \frac{U_P}{|Z|} = \frac{220}{\sqrt{29^2 + 21.8^2}}\ \mathrm{A} = 6.1\ \mathrm{A}$$
$$I_L = \sqrt{3}I_P = 10.5\ \mathrm{A}$$
$$P = \sqrt{3}U_L I_L \cos\varphi = \sqrt{3} \times 220 \times 10.5 \times \frac{29}{\sqrt{29^2 + 21.8^2}}\ \mathrm{W}$$
$$= \sqrt{3} \times 220 \times 10.5 \times 0.8\ \mathrm{W} \approx 3200\ \mathrm{W} = 3.2\ \mathrm{kW}$$

比较(1)、(2)的结果:

有的电动机有两种额定电压,如 220 V/380 V;

当电源电压为 380 V 时,电动机的绕组应连接成星型;

当电源电压为 220 V 时,电动机的绕组应连接成三角形。

【例 6-4】 如图 6-10 所示,线电压 U_L 为 380 V 的三相电源上接有两组对称三相负载:一组是三角形连接的电感性负载,每相阻抗 $Z_\triangle = 36.3\angle 37°\ \Omega$;另一组是星型连接的电阻性负载,每相电阻 $R_Y = 10\ \Omega$。试求:(1) 各组负载的相电流;(2) 电路线电流;(3) 三相有功功率。

解 设线电压 $U_{12} = 380\angle 0°\ \mathrm{V}$,则相电压 $U_1 = 220\angle -30°\ \mathrm{V}$。

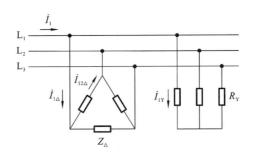

图 6-10 例 6-4 图

(1) 由于三相负载对称,所以计算一相即可,其他两相可以推知。对于三角形连接的负载,其相电流为

$$\dot{I}_{12\triangle}=\frac{\dot{U}_{12}}{Z_{\triangle}}=\frac{380\angle0°}{36.3\angle37°}\ \text{A}=10.47\angle-37°\ \text{A}$$

对于星型连接的负载,其相电流即为线电流:

$$\dot{I}_{1Y}=\frac{\dot{U}_1}{R_Y}=\frac{220\angle-30°}{10}\ \text{A}=22\angle-30°\ \text{A}$$

(2) 先求三角形连接的电感性负载的线电流 $I_{1\triangle}$。由图 6-10 可知,$I_{1\triangle}=\sqrt{3}I_{12\triangle}$,且 $I_{1\triangle}$ 较 $I_{12\triangle}$ 滞后 30°,于是得出

$$\dot{I}_{1\triangle}=10.47\sqrt{3}\angle(-37°-30°)\ \text{A}=18.13\angle-67°\ \text{A}$$

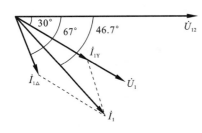

图 6-11 相量图

I_{1Y} 与 $I_{1\triangle}$ 相位不同,不能错误地把 22 A 和 18.13 A 相加作为电路线电流。两者相量相加才对,即

$$\dot{I}_1=\dot{I}_{1\triangle}+\dot{I}_{1Y}=(18.13\angle-67°+22\angle-30°)\ \text{A}$$
$$=38\angle-46.7°\ \text{A}$$

电路线电流也是对称的。

一相电压与电流的相量图如图 6-11 所示。

(3) 三相电路有功功率为

$$P=P_{\triangle}+P_Y=\sqrt{3}U_L I_{1\triangle}\cos\varphi_{\triangle}+\sqrt{3}U_L I_{1Y}$$
$$=(\sqrt{3}\times380\times18.13\times0.8+\sqrt{3}\times380\times22)\ \text{W}$$
$$=(9546+14480)\ \text{W}=24026\ \text{W}\approx24\ \text{kW}$$

【例 6-5】 某大楼为日光灯和白炽灯混合照明,需装 40 W 日光灯 210 盏($\cos\Phi_1=0.5$),60 W 白炽灯 90 盏($\cos\Phi_2=1$),它们的额定电压都是 220 V,由 380 V/220 V 的电网供电。试分配其负载并指出应如何接入电网。这种情况下,线路电流为多少?

解 (1) 该照明系统与电网连接图如图 6-12 所示。

共有三相,每相 70 盏日光灯,30 盏白炽灯。

单相负载尽量均衡地分配到三相电源上,30 盏白炽灯并联。

(2) 设 $\dot{U}=220\angle0°$ V,则

$$\dot{I}_{11}=30\times\frac{60}{220\times1}\angle0°\ \text{A}=8.1818\angle0°\ \text{A}$$

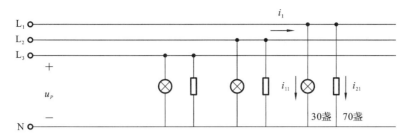

图 6-12 照明系统与电网连接图

$$\dot{I}_{21} = 70 \times \frac{40}{220 \times 0.5} \angle -60° \text{A} = 25.46 \angle -60° \text{A}$$

所以
$$\dot{I}_1 = \dot{I}_{11} + \dot{I}_{21} = 30.4 \angle -46.5° \text{A}$$

6.4 安全用电

电能可以为人类服务,为人类造福。但若不能正确使用电器,违反电气操作规程或疏忽大意,则可能造成设备损坏,引起火灾,甚至人身伤亡等严重事故。因此,懂得一些安全用电的常识和技术是必要的。

下面介绍有关安全用电的几个问题。

6.4.1 电流对人体的危害

由于不慎触及带电体,产生触电事故,使人体受到各种不同的伤害。根据伤害性质可分为电击和电伤两种。

电击:指电流通过人体,使内部器官组织受到损伤。如果受害者不能迅速摆脱带电体,则最后会造成死亡事故。

电伤:指在电弧作用下或熔丝熔断时,对人体外部的伤害,如烧伤、金属溅伤等。

电击所引起的伤害程度与下列各种因素有关。

1. 人体电阻的大小

人体的电阻越大,通入的电流越小,伤害程度也就越轻。根据研究结果,当皮肤有完好的角质外层并且很干燥时,人体电阻为 $10^4 \sim 10^5 \ \Omega$。当角质外层破坏时,人体电阻就降到 $800 \sim 1000 \ \Omega$。

2. 电流通过人体的持续时间

电流通过人体的时间越长,则伤害越严重。触电时间短于一个心脏周期(人的心脏周期约为 75 ms)时,一般不会发生生命危险。如果触电正好开始于心脏周期的易损伤期,就会发生心室颤动,一旦发生心室颤动,如不及时抢救,数秒钟至数分钟,就会导致不可挽回的生物性死亡。

3. 电流的大小

如果通过人体的电流在 0.05 A 以上时,就会有生命危险。一般地说,接触 36 V 以下的电压时,通过人体的电流不会超过 0.05 A,故把 36 V 的电压作为安全电压。如果在潮湿的场所,安全电压还要规定得低一些,通常是 24 V 和 12 V。

4. 电流的频率

直流电和频率为工频 50 Hz 左右的交流电对人体的伤害最大,而 20 kHz 以上的交流电对人体无危害,高频电流还可以治疗某些疾病。

此外,电击后的伤害程度还与电流通过人体的路径以及与带电体接触的面积和压力等有关。

5. 电流通过人体的途径

电流通过人体不存在不危险的途径,以途径短且经过心脏的途径的危险性最大,电流流经心脏会引起心室颤动而致死,较大电流会使心脏立刻停止跳动。在通电途径中,从左手至胸部的通路为最危险。

6. 通过电流的种类

人体对不同频率电流的生理敏感性不同,不同种类的电流对人体的伤害程度不同。工频电流对人体伤害最严重,直流电流对人体的伤害较轻,高频电流对人体的伤害程度远不及工频交流电严重。

7. 作用于人体的电压

触电伤亡的直接原因在于电流在人体内引起的生理病变,此电流的大小与作用于人体的电压高低有关,电压越高,电流越大。人体电阻随着作用于人体的电压的升高呈非线性急剧下降,就会导致通过人体的电流显著增大,加大电流对人体的伤害程度。

6.4.2 触电方式

1. 接触正常带电体

(1) 电源中性点接地系统的单相触电,如图 6-13(a)所示。这时人体处于相电压之下,危险性较大。

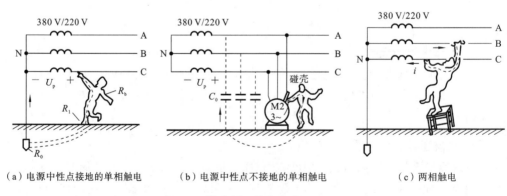

(a) 电源中性点接地的单相触电　　(b) 电源中性点不接地的单相触电　　(c) 两相触电

图 6-13　触电方式

通过人体的电流为

$$I_b = \frac{U_P}{R_0 + R_P} = 219 \text{ mA} \gg 50 \text{ mA}$$

式中:U_P 为电源相电压(220 V);R_0 为接地电阻,小于 4 Ω;R_b 为人体电阻,设为 1000 Ω。

如果人体与地面的绝缘较好,危险性可以大大减小。

（2）电源中性点不接地系统的单相触电,如图 6-13(b)所示。人体接触某一相时,通过人体的电流取决于人体电阻 R_b 与输电线对地绝缘电阻 R' 的大小。若输电线绝缘良好,绝缘电阻 R' 较大,对人体的危害性就小。但导线与地面间的绝缘可能不良(R' 较小),甚至有一相接地,这时人体中就有电流通过。

（3）两相触电最为危险,因为人体处于线电压之下。

通过人体的电流为

$$I_b = \frac{U_L}{R_b} = \frac{380}{1000} \text{ A} = 0.38 \text{ A} = 380 \text{ mA} \gg 50 \text{ mA}$$

2. 接触正常不带电的金属体

触电的另一种情形是接触正常不带电的部分。譬如,电机的外壳本来是不带电的,由于绕组绝缘损坏而与外壳相接触,使它也带电。人手触及带电的电机(或其他电气设备)外壳,相当于单相触电。大多数触电事故属于这一种。

为了防止这种触电事故,电气设备上常采用保护接地和保护接零(接中性线)的保护装置。

3. 跨步电压触电

在高压输电线断线落地时,有强大的电流流入大地,在接地点周围产生电压降。

当人体接近接地点时,两脚之间承受跨步电压而触电。跨步电压的大小与人和接地点距离、两脚之间的跨距、接地电流大小等因素有关。

一般在 20 m 之外,跨步电压就降为零。如果误入接地点附近,应双脚并拢或单脚跳出危险区。

6.4.3 接地和接零

为了人身安全和电力系统工作的需要,要求电气设备采取接地措施,按接地目的的不同,主要可分为工作接地、保护接地和保护接零三种。

1. 工作接地

工作接地:电力系统由于运行和安全的需要,常将中性点接地,这种接地方式称为工作接地。

在采用 380 V/220 V 的低电压电力系统中,一般都从电力变压器引出四根线,即三根相线和一根中性线,这四根线兼做动力和照明用。动力用三根相线,照明用一根相线和中性线。图 6-14 所示的接地体是埋入地中并且直接与大地接触的金属导体。

工作接地有以下目的。

（1）降低触电电压。

在中性点不接地的系统中,当一相接地而人体触及另外两相之一时,触电电压降为相电

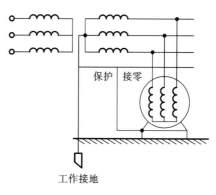

图 6-14 工作接地

压的$\sqrt{3}$倍,即为线电压。而在中性点接地的系统中,则在上述情况下,触电电压降低到等于或接近相电压。

（2）迅速切断故障设备。

在中性点不接地的系统中,当一相接地时,接地电流很小(因为导线和地面间存在电容和绝缘电阻,也可构成电流的通路),不足以使保护装置动作而切断电源,接地故障不易被发现,将长时间持续下去,对人身安全构成威胁。而在中性点接地的系统中,一相接地后的接地电流较大(接近单相短路),保护装置迅速动作,断开故障点。

（3）降低电气设备对地的绝缘水平。

在中性点不接地的系统中,一相接地时将使外两相的对地电压升高到线电压。而在中性点接地的系统中,则接近于相电压,故可降低电气设备和输电线的绝缘水平,节省投资。

但是中性点不接地也有好处。第一,一相接地往往是瞬时的,能自动消除,在中性点不接地的系统中,就不会跳闸而发生停电事故;第二,一相接地故障可以允许短时存在,以便寻找故障和修复。

2. 保护接地

电气设备金属外壳未装保护接地,当电气设备内部绝缘损坏发生一相碰壳时,由于外壳带电,当人触及外壳,接地电流I_e将经过人体入地后,再经其他两相对地绝缘电阻R'及分布电容C'回到电源。当R'值较低、C'较大时,I_b将达到或超过危险值。

保护接地:将电气设备的金属外壳(正常情况下是不带电的)接地,宜用于中性点不接地的低压系统,如图6-15所示。

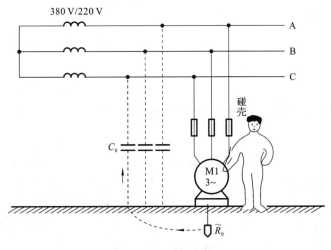

图6-15　保护接地

电气设备外壳有保护接地时,通过人体的电流为

$$I_b = I_e \frac{R_0}{R_0 + R_b}$$

R_b与R_0并联,且$R_b \gg R_0$,所以通过人体的电流可减小到安全值以内。

3. 保护接零

保护接零:将电气设备的金属外壳接到中性线(或称零线)上,宜用于中性点接地的低压系统。

图 6-16 所示的是电动机的保护接零。当电动机某一相绕组的绝缘损坏而与外壳相接时,就形成单相短路,迅速将这一相中的熔丝熔断,因而外壳便不再带电。即使在熔丝熔断前人体触及外壳,也由于人体电阻远大于线路电阻,通过人体的电流也是极为微小的。

这种保护接零方式称为 TN-C 系统。

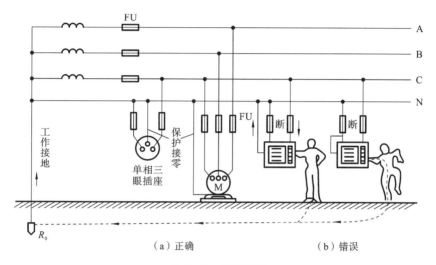

图 6-16 保护接零

必须强调指出:对于中性点接地的三相四线制系统,只能采取保护接零。因为保护接地不能有效地防止人身触电事故,如中性点接地系统,当采用保护接地而绝缘损坏使端线碰壳时,其短路电流为

$$I_e = \frac{U_P}{R_0 + R'_0}$$

式中:U_P 为系统的相电压;R_0 为保护接地电阻;R'_0 为工作接地的接地电阻。

如果系统电压为 380 V/220 V,$R_0 = R'_0 = 4\ \Omega$,则接地电流为

$$I_e = \frac{220}{4+4}\ \text{A} = 27.5\ \text{A}$$

此电流不足以使大容量的保护装置动作,而使设备外壳长期带电,其对地电压为110 V。

为了保证保护装置能可靠地动作,接地电流不应小于继电保护装置动作电流的1.5倍或熔丝额定电流的 3 倍。因此,27.5 A 的接地电流只能保证断开动作电流不超过 $\frac{27.5}{1.5}$ A=18.3 A 的继电保护装置,或者额定电流不超过 $\frac{27.5}{3}$ A=9.2 A 的熔丝。如果电气设备容量较大,就得不到保护,接地电流长期存在,外壳也将长期带电,其对地电压为

$$U_e = \frac{U_P}{R_0 + R'_0} R_0$$

如果系统电压为 380 V/220 V, $R_0 = R_0' = 4$ Ω, 则 $U_e = 110$ V, 此电压值对人体是不安全的。

综上所述, 在 1000 V 以下的三相四线制中性点接地系统中, 一般采取保护接零的措施, 目的是把电源碰壳变成单相短路, 以保证在最短时间内可靠地自动断开故障设备。

4. 保护接零与重复接地

在中性点接地系统中, 除采用保护接零外, 还要采用重复接地, 就是将中性线相隔一定距离多处进行接地, 如图 6-17 所示。这样, 在图中当中性线在"×"处断开而电动机一相碰壳时:

(1) 如无重复接地, 人体触及外壳, 相当于单相触电, 是有危险的(见图 6-13)。

(2) 如有重复接地, 由于多处重复接地的接地电阻并联, 使外壳对地电压大大降低, 减小了危险程度。

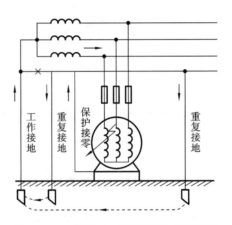

图 6-17 工作接地、保护接零和重复接地

为了确保安全, 零干线必须连接牢固, 开关和熔断器不允许装在零干线上。但引入住宅和办公场所的一根相线和一根中性线上一般都装有双极开关, 并都装有熔断器以增加短路时熔断的机会。

5. 工作零线与保护零线

在三相四线制系统中, 由于负载往往不对称, 中性线中有电流, 因而中性线对地电压不为零, 距电源越远, 电压越高, 但一般在安全值以下, 无危险性。为了确保设备外壳对地电压为零, 专设保护零线 PE, 如图 6-18 所示。工作零线在进建筑物入口处要接地, 进户后再另设一保护零线, 称为三相五线制。所有的接零设备都要通过三孔插座(L、N、E)接到保护零线上。在正常工作时, 工作零线中有电流, 保护零线中不应有电流。

图 6-18(a)所示的是正确连接。当绝缘损坏、外壳带电时, 短路电流经过保护零线, 将熔断器熔断, 切断电源, 消除触电事故。图 6-18(b)所示的连接是不正确的, 因为如果在"×"处断开, 绝缘损坏后外壳便带电, 将会发生触电事故。有的用户在使用日常电器时, 忽视外壳的接零保护, 插上单相电源就用, 如图 6-18(c)所示, 这是十分不安全的。一旦绝缘损坏, 外壳也就带电。

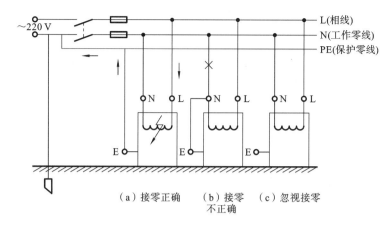

（a）接零正确　（b）接零　（c）忽视接零
　　　　　　　　不正确

图 6-18　工作零线与保护零线

在图 6-18 中,从靠近用户处的某点开始,工作零线 N 和保护零线 PE 分为两条,而在前面从电源中性点处开始两者是合一的。也可以在电源中性点处,两者就已分为两条而共同接地,此后不再有任何电气连接,这种保护接零方式称为 TN-S 系统。

习　题　6

习题 6 答案

6-1　在图 6-19 所示三相电路中,电源电压为 380 V,星型连接负载的阻抗 $Z_\mathrm{Y}=(3+\mathrm{j}4)\ \Omega$,三角形连接负载的阻抗为 $Z_\triangle=10\ \Omega$。试求:

（1）星型连接负载的相电压 $\dot{U}_\mathrm{A}$、$\dot{U}_\mathrm{B}$、$\dot{U}_\mathrm{C}$;

（2）三角形连接负载的相电流 $\dot{I}_\mathrm{AB}$、$\dot{I}_\mathrm{BC}$、$\dot{I}_\mathrm{CA}$;

（3）端线的线电流 $\dot{I}_\mathrm{A}$、$\dot{I}_\mathrm{B}$、$\dot{I}_\mathrm{C}$。

6-2　有一星型连接的三相负载,每相的电阻 R 为 6 Ω,感抗 $X_L=8$ Ω。电源电压对称,设 $u_{12}=\sqrt{2}\sin(\omega t+30°)$ V,试求电流(参照图 6-20)。

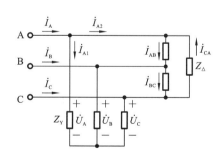

图 6-19　题 6-1 电路

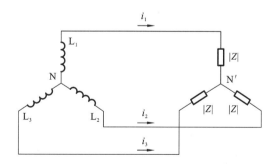

图 6-20　对称负载星型连接的三相三线制电路

6-3　在图 6-21 所示电路中,电源电压对称,每相电压 $U_\mathrm{P}=220$ V;负载为白炽灯组,电灯的额定电压为 220 V。在额定电压下其电阻分别为 $R_1=5\ \Omega$,$R_2=10\ \Omega$,$R_3=20\ \Omega$。(1)试求负载相电压、负载电流及中性线电流;(2)L 相短路时,试求各相负载上的电压;(3)L 相短路而中性线又断开时(见图 6-22),试求各相负载上的电压。

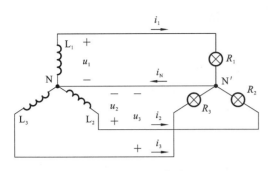

图 6-21 题 6-3 电路 1

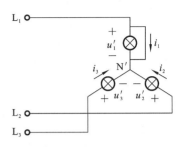

图 6-22 题 6-3 电路 2

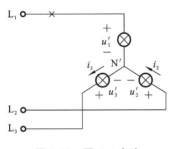

图 6-23 题 6-4 电路

6-4 在图 6-23 中,电源电压对称,每相电压 $U_P = 220$ V,负载为白炽灯组,电灯的额定电压为 220 V。在额定电压下其电阻分别为 $R_1 = 5$ Ω,$R_2 = 10$ Ω,$R_3 = 20$ Ω。(1)L_1 相断开时,各相负载上的电压;(2)L_1 相断开而中性线也断开时(见图 6-23),各相负载上的电压。

6-5 星型连接的对称负载,每相负载阻抗为 $Z = (6+j8)$ Ω,接入线电压 $u_{AB} = 380\sqrt{2}\sin(\omega t+30°)$ V 的对称三相电源。求电流 i_A、i_B、i_C。

6-6 照明负载(纯电阻)连接于相电压为 220 V 的三相四线制对称电源上,如图 6-24(a)所示。$R_A = 5$ Ω,$R_B = 10$ Ω,$R_C = 20$ Ω。试求下列各种情况下的负载相电压、通过负载的电流及中线电流:(1)如前所述,在正常状态下;(2)A 相短路,中线未断开时;(3)A 相短路,中线断开时;(4)A 相断开,中线未断开时;(5)A 相断开,中线又断开时。

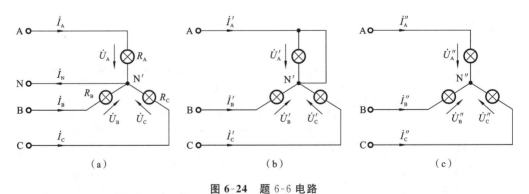

图 6-24 题 6-6 电路

6-7 对称负载的每相阻抗 $Z = (30+j40)$ Ω,电源线电压为 380 V,电路如图 6-25(a)所示。

(1)求电路的各相、线电流,画出向量图;

(2)若 AB 相短路,求各相、线电流;

(3)若 AB 相断开,如图 6-25(b)所示,求各相、线电流;

（4）若 A 线断开，如图 6-25(c)所示，求各相、线电流。

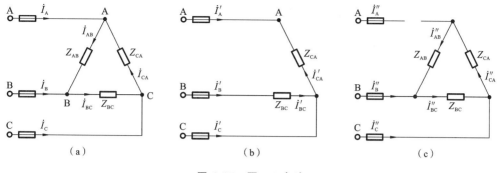

图 6-25 题 6-7 电路

6-8 三相对称负载，每相 $R=6$ Ω，$X_L=8$ Ω，接到 $U_L=380$ V 的三相四线制电源上，试分别计算负载作星型、三角形连接时的相电流、线电流。

6-9 三相对称负载，每相 $R=6$ Ω，$X_L=8$ Ω，接到 $U_L=380$ V 的三相四线制电源上，计算负载作星形、三角形连接时的有功功率、无功功率、视在功率。

6-10 如图 6-26 所示，三只额定电压为 220 V、功率为 40 W 的白炽灯，作星型连接接在线电压为 380 V 的三相四线制电源上，若将 L_1 线上的开关 S 闭合和断开，对 L_2 和 L_3 两相的白炽灯亮度有无影响？若取消中线成为三相三线制，L_1 线上的开关 S 闭合和断开，通过各相灯泡的电流各是多少？

6-11 三相对称负载，每相 $R=5$ Ω，$X_L=5$ Ω，接在线电压为 380 V 的三相电源上，求三相负载作星型、三角形连接时，相电流、线电流、三相有功功率、三相无功功率各是多少？

6-12 三相异步电动机接在线电压为 380 V 电源的情况下作三角形连接运转，当电动机耗用功率为 6.55 kW 时，其功率因数为 0.79，求电动机的相电流、线电流。

6-13 线电压 U_L 为 380 V 的三相电源上接有两组对称三相负载：一组是三角形连接的电感性负载，每相阻抗 $Z_\triangle=36.3\angle37°$ Ω；另一组是星型连续的电阻性负载，每相电阻 $R_Y=10$ Ω，如图 6-27 所示。试用电阻（阻抗）星型连接与三角形连接等效变换的方法计算线电流 $\dot{I}_1$。

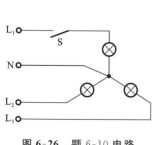

图 6-26 题 6-10 电路

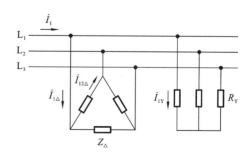

图 6-27 题 6-13 电路

6-14 在图 6-28 所示电路中，两组三相负载对称，均为电阻性。单相负载也为电阻性。试计算各电流表的读数和电路有功功率。

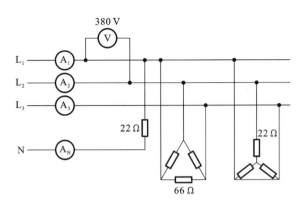

图 6-28　题 6-14 电路

6-15　三相对称负载星型连接,其电源线电压为 380 V,线电流为 10 A,功率为 5700 W。求负载的功率因数、各相负载的等效阻抗、电路的无功功率、视在功率。

6-16　图 6-29 所示的为三相四线制电路,三个负载连接成星型。已知电源的线电压 $U=380$ V,负载电阻 $R_L=11$ Ω,$R_B=R_C=22$ Ω。试求:(1)负载的各相电压、相电流、线电流及三相总功率 P;(2)中线断开,A 线又短路时的各相电流、线电流;(3)中线断开,A 线也断开时的各相电流、线电流。

6-17　三相对称负载三角形连接,其线电流 $I_L=5.5$ A,有功功率 $P=7760$ W,功率因数 $\cos\varphi=0.8$,求电源的线电压 U_L、电路的视在功率 S 和每相阻抗 Z。

6-18　在线电压为 380 V 的三相电源上,接有两组电阻性对称负载,如图 6-30 所示。试求线路电流 I。

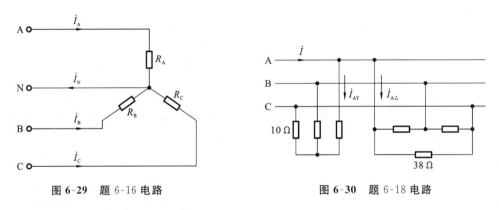

图 6-29　题 6-16 电路　　　　　　　图 6-30　题 6-18 电路

6-19　为什么远距离输电要采用高电压?

6-20　什么是直流输电?

6-21　为什么中性点接地的系统中不采用保护接地?

7

半导体器件

电子技术由模拟电子技术和数字电子技术两部分构成,两者的区别在于所处理的信号不同。前者处理的信号,如温度和速度,在时间或数值上是连续变化的,这类信号称为模拟信号,相应的电路称为模拟电路。而数字电子技术所处理的信号是离散的,在时间和数值上都是不连续的,如自动技术生产线,每来一件产品就发出一个脉冲自动计数,这类信号称为数字信号,相应的电路称为数字电路。在学习电子电路的分析与设计之前,必须首先掌握常用电子器件的基本结构、工作原理、特性和参数。半导体二极管和双极型晶体管是最常用的半导体器件,PN 结是构成各种半导体器件的共同基础。因此,本章首先从 PN 结的单向导电性入手,然后介绍半导体二极管和双极型晶体管的原理、特性及应用,为以后的学习打下基础。

在半导体器件的学习过程中,不仅是在掌握电子学的基本原理和技术应用,还在于理解这些技术如何为国家的发展战略服务,如何体现我们作为大国公民的责任和使命。在全球科技竞争中,我们的科学家和工程师正通过不断的创新和研究,在微电子、半导体技术、电子制造等多个领域推动着国家的科技进步。我们作为学习者,更应积极投身于科技创新的浪潮中,为国家的长远发展和科技自立贡献我们的力量。在这个充满挑战与机遇的新时代,我们更应该深刻理解,半导体技术的每一次创新和突破,都在为我国的未来打下坚实的基础。因此,在学习半导体技术的同时,我们也在为国家的繁荣和人民的福祉作出贡献,这是我们作为未来科技工作者的光荣使命和责任。让我们携手努力,以半导体技术为桥梁,将个人的梦想与国家的梦想紧密相连,共同开创我们民族科技繁荣的未来。

7.1 PN 结及其单向导电性

所谓半导体,就是它的导电能力介于导体和绝缘体之间。如硅、锗、硒以及大多数金属氧化物和硫化物都是半导体。半导体在常态下导电能力非常微弱,但在受热、光照、掺入微量的某种杂质等条件下,其导电能力大大加强。利用这种特性可做成不同用途的半导体器件,如二极管、双极型晶体管、场效应管及晶闸管等。

7.1.1 半导体的基础知识

纯净的半导体称为本征半导体,如硅和锗。硅和锗原子最外层各有四个价电子,都

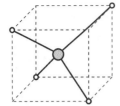

图 7-1   晶体中原子的排列方式

是四价元素。将硅或锗材料提纯并形成单晶体后,单晶体中的原子便基本上排列整齐,其立体结构图与平面示意图分别如图 7-1 和图 7-2 所示。半导体通常具有这种晶体结构,也称为晶体。本征半导体就是完全纯净的、晶格完整的半导体。

在本征半导体的晶体结构中,每一个原子与相邻的四个原子结合。每一个原子的一个价电子与另一个原子的一个价电子组成一个电子对。这对价电子是每两个相邻原子共有的,它们把相邻的原子结合在一起,构成共价键结构。在共价键结构中,原子最外层虽然具有八个电子处于较为稳定的状态,但是共价键中的电子还不像在绝缘体中的价电子被原子核束缚得那样紧,当它们获得一定能量(热能或光能)后,即可挣脱原子核的束缚,成为自由电子,同时在原来共价键的位置上留下一个空位,称为空穴。温度越高,晶体中产生的自由电子便越多。

在外电场的作用下,有空穴的原子可以吸引相邻原子中的价电子填补这个空位;同时,在失去了一个价电子的相邻原子的共价键中出现另一个空穴,它也可以由相邻原子中的价电子来替补,而在该原子中又出现一个空穴,如图 7-3 所示。如此继续下去,就好像空穴在运动。因此,当半导体两端加上外电压时,自由电子和空穴会定向移动,半导体中将出现两部分电流:一是自由电子作定向运动形成的电子电流;二是仍被原子核束缚的价电子(注意,不是自由电子)在空穴的吸引下填补空位形成的空穴电流。半导体中同时存在着电子导电和空穴导电,这是半导体导电方式的最大特点,也是半导体和金属在导电原理上的本质差别。

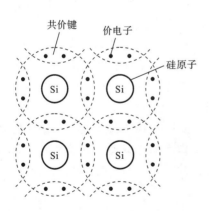

图 7-2   单晶硅中的共价键结构

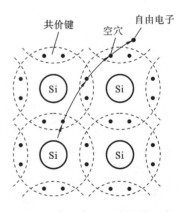

图 7-3   自由电子和空穴的形成

自由电子和空穴都称为载流子。

本征半导体中的自由电子和空穴都是成对出现的,同时又不断复合。在一定温度下,载流子(自由电子和空穴)的产生和复合达到动态平衡,于是半导体中的载流子便维持一定数目。温度越高,载流子数目越多,导电能力也就越好,所以温度对半导体器件性能的影响很大。

7.1.2   N 型半导体和 P 型半导体

本征半导体虽然有自由电子和空穴两种载流子,但总的来说,本征半导体的载流子总数很少,导电能力也很差。如果在其中掺入微量的杂质(某种元素),将使掺杂后的半导体(杂质半导体)的导电性能大大提高。

若在四价的本征半导体中掺入五价元素(如磷),磷原子的最外层有五个价电子,参加共价键结构只需四个价电子,多余的第五个价电子很容易挣脱磷原子核的束缚而成为自由电子(见图7-4)。于是半导体中的自由电子数目大量增加,掺杂浓度越高,自由电子数量越多,自由电子导电成为这种半导体的主要导电方式,故称它为电子半导体或N型半导体。N型半导体中,自由电子是多数载流子(简称多子),空穴是少数载流子(简称少子)。

若在四价的本征半导体中掺入三价元素(如硼),硼原子的最外层只有三个价电子,参加共价键结构时,因缺少一个电子而产生一个空位。当相邻原子中的电子受到热或其他激发获得能量时,就有可能填补这个空位,而在相邻原子中便出现一个空穴(见图7-5)。于是半导体中形成大量空穴,掺杂浓度越高,空穴数量越多,空穴导电成为这种半导体的主要导电方式,故称它为空穴半导体或P型半导体。P型半导体中,空穴是多数载流子,自由电子是少数载流子。

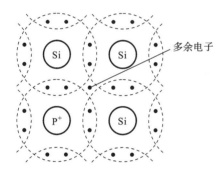

图 7-4　硅晶体中掺磷出现自由电子

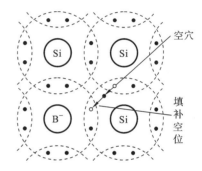

图 7-5　硅晶体中掺硼出现空穴

多子的数量取决于掺杂浓度,少子的数量取决于温度。不论是N型半导体还是P型半导体,虽然它们都有一种载流子占大多数,但是整个晶体对外不显示电性。

7.1.3　PN结的单向导电性

通常在一块N型(P型)半导体的局部再掺入浓度较大的三价(五价)杂质,使其变为P型(N型)半导体。在P型半导体和N型半导体的交界面就形成一个特殊的薄层,称为PN结。

当电源的正极接到PN结的P区,负极接到PN结的N区时(见图7-6(a)),称PN结外加正向电压(或称正向偏置)。此时,P区的多数载流子空穴和N区的多数载流子自由电子在电场作用下通过PN结进入对方,两者形成较大的正向电流。PN结呈现低电阻,处于导通状态。

当电源的正极接到PN结的N区,负极接到PN结的P区时(见图7-6(b)),称PN结外加反向电压(或称反向偏置)。此时,P区和N区的多数载流子受阻,难于通过PN结。但P区的少数载流子自由电子和N区的少数载流子空穴在电场作用下却能通过PN结进入对方,形成反向电流。由于少数载流子数量很少,因此反向电流极小。此时

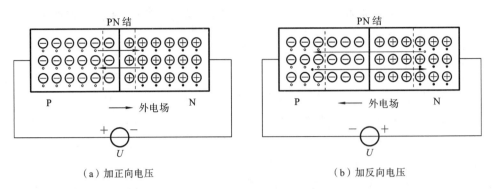

（a）加正向电压   （b）加反向电压

图 7-6　PN 结的单向导电性

PN 结呈现高电阻，处于截止状态。

上述即为 PN 结的单向导电性。PN 结是各种半导体器件的共同基础。

7.2　半导体二极管

7.2.1　基本结构

半导体二极管的核心部分是一个 PN 结，在 PN 结的两端加上电极，P 区引出的电极为阳极，N 区引出的电极为阴极。用管壳封装，就成为半导体二极管，其电路符号如图 7-7（a）所示。

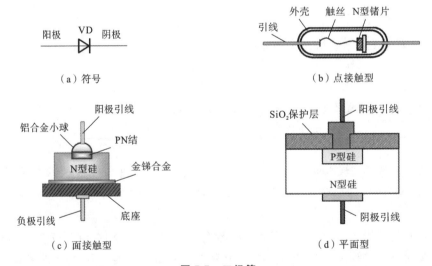

（a）符号   （b）点接触型

（c）面接触型   （d）平面型

图 7-7　二极管

二极管按制造的材料，分为硅二极管和锗二极管；按 PN 结的结构，分为点接触型、面接触型和平面型三类。点接触型二极管（一般为锗管）如图 7-7（b）所示，它的 PN 结面积小，不能通过大电流，一般用于高频和小功率工作电路，也用作数字电路中的开关元件。面接触型二极管（一般为硅管）如图 7-7（c）所示，它的 PN 结面积大，可以通过较大的电流，一般用于低频和大电流整流电路。平面型二极管如图 7-7（d）所示，可用作大功率整流管和数字电路中的开关管。

7.2.2　伏安特性

二极管两端的电压与流过二极管的电流的关系曲线称为二极管的伏安特性,其伏安特性曲线如图7-8所示。由图7-8可见,当外加正向电压很低时,正向电流很小,几乎为零。当正向电压超过一定数值后,电流增长很快。这个一定数值的正向电压称为死区电压或开启电压,其大小与材料及环境温度有关。通常,硅管的死区电压约为0.5 V,锗管约为0.1 V。导通时的正向压降,硅管为0.6~0.8 V,锗管为0.2~0.3 V。

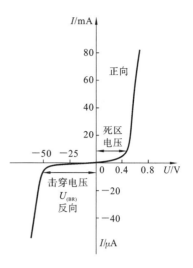

图7-8　二极管的伏安特性曲线

当二极管上加反向电压时,形成很小的反向电流。反向电流有两个特点:一是它随温度的上升增长很快;二是在反向电压不超过某一范围时反向电流的大小基本恒定,而与反向电压的高低无关,故通常称它为反向饱和电流。而当外加反向电压过高时,反向电流将忽然增大,二极管失去单向导电性,这种现象称为击穿。普通二极管被击穿后,一般不能恢复原来的性能,使用时应加以避免。产生击穿时,加在二极管上的反向电压称为反向击穿电压$U_{(BR)}$。

7.2.3　主要参数

二极管的特性除了用伏安特性曲线表示外,还可以用一些数据来说明,这些数据就是二极管的参数。二极管的参数是正确选择和使用二极管的依据,二极管的主要参数如下。

(1) 最大整流电流I_{OM},是指二极管长时间工作时允许通过的最大平均电流。二极管实际使用时通过的平均电流不允许超过此值,否则会因过热使二极管损坏。

(2) 反向工作峰值电压U_{RWM},是保证二极管不被击穿而给出的反向峰值电压,一般是反向击穿电压的一半或三分之二。二极管实际使用时承受的反向电压不应超过此值,以免发生击穿。

(3) 反向峰值电流I_{RM},是指在二极管上加反向工作峰值电压时的反向电流值。反向电流值大,说明二极管的单向导电性差,并且受温度的影响大。硅管的反向电流较小,一般在几微安以下。锗管的反向电流较大,为硅管的几倍到几十倍,应用时应特别注意。当温度升高时,反向电流会显著增加。

二极管的应用范围很广,主要是利用它的单向导电性,可用于整流、检波、限幅、钳位、元件保护等,也可在数字电路中作为开关使用。

在实际应用中常常把二极管理想化,当二极管加正向电压(阳极电位高于阴极电位)时导通,导通时的正向管压降近似为零;当二极管加反向电压(阳极电位低于阴极电位)时截止,截止时的反向电流为零。

【例7-1】　图7-9(a)所示电路中,输入电压u_i波形如图7-9(b)所示,试画出输出电压u_o的波形。

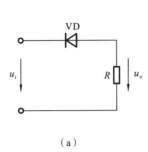 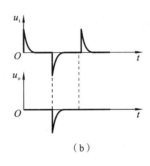

（a）　　　　　　　　　　　（b）

图 7-9　例 7-1 图

解　将二极管理想化,当输入电压为正脉冲时,二极管承受反向电压,阴极电位高于阳极电位,二极管截止,像是一个断开的开关,输出电压为零。当输入电压为负脉冲时,二极管承受正向电压,阳极电位高于阴极电位,二极管导通,像是一条短路线,输出电压与输入电压波形相同。输出电压波形如图 7-9(b)所示。

二极管在该电路中起检波作用,除去正脉冲。

【**例 7-2**】　图 7-10(a)所示电路中,已知 $u_i = 10\sin(\omega t)$ V,假设二极管是理想的,试画出输出电压 u_o 的波形。

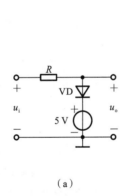 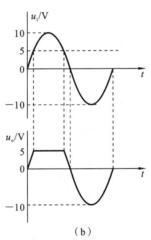

（a）　　　　　　　　　　　（b）

图 7-10　例 7-2 图

解　二极管阴极电位为 5 V。当 $u_i > 5$ V 时,二极管承受正向电压,导通,相当于短路,输出电压 $u_o = 5$ V。当 $u_i < 5$ V 时,二极管承受反向电压,截止,相当于断路,输出电压 $u_o = u_i$。输出电压波形如图 7-10(b)所示。

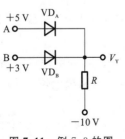

图 7-11　例 7-3 的图

二极管在该电路中起限幅作用。

【**例 7-3**】　图 7-11 所示电路中,输入端 A 的电位 $V_A = +5$ V,B 的电位 $V_B = +3$ V,求输出端 Y 的电位 V_Y。

解　当两个二极管都承受正向电压时,承受正向电压高的二极管先导通。因为 A 端电位比 B 端电位高,所以 VD_A 优先导通。将二极管理想化,则 $V_Y = 5$ V。当 VD_A 导通后,VD_B 上加的是反向电压,因而截止。

在这里，VD_A 起钳位作用，把 Y 端的电位钳住在5 V，VD_B 起隔离作用，把输入端 B 和输出端 Y 隔离起来。

7.3 特殊二极管

7.3.1 稳压二极管

稳压二极管是一种特殊的面接触型半导体硅二极管，它在电路中与适当数值的电阻配合后具有稳定电压的功能，故称为稳压二极管。其符号如图 7-12 所示。

稳压二极管的伏安特性曲线与普通二极管的类似，其差异是稳压二极管的反向特性曲线比普通二极管的更陡，如图 7-13 所示。

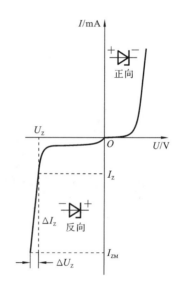

图 7-12 稳压二极管的符号　　　图 7-13 稳压二极管的伏安特性曲线

当正常工作时，稳压二极管工作于反向击穿区。从反向特性曲线上可以看出，反向电压在一定范围内变化时，反向电流很小。当反向电压升高到击穿电压时，反向电流突然剧增，稳压二极管反向击穿。此后，电流虽然在很大范围内变化，但稳压二极管两端的电压变化很小。利用这一特性，稳压二极管在电路中能起稳压作用。稳压二极管与普通二极管不一样，它的反向击穿是可逆的。当去掉反向电压之后，稳压二极管又恢复正常。但是如果反向电流超过允许范围，稳压二极管将会发生热击穿而损坏。

稳压二极管的主要参数如下。

（1）稳定电压 U_Z，是指稳压二极管在正常工作下，管子两端的电压。手册中所列的都是在一定条件（工作电流、温度）下的数值，即使是同一型号的稳压二极管，由于工艺方面和其他原因，稳压值也有一定的分散性，使用时应根据实际情况选用。

（2）动态电阻 r_Z，是指稳压二极管端电压的变化量与相应的电流变化量的比值，即

$$r_Z = \frac{\Delta U_Z}{\Delta I_Z} \tag{7-1}$$

动态电阻反映了稳压二极管稳压性能的好坏。稳压二极管的反向伏安特性曲线越陡,则动态电阻越小,稳压性能越好。

（3）稳定电流 I_Z,稳压二极管的稳定电流只是一个参考数值,设计选用时要根据具体情况（如工作电流的变化范围）来考虑。但一般认为,只有稳压管的电流达到此值时,稳压管才能进入反向击穿区。

（4）最大稳定电流 I_{ZM},是指保证稳压二极管不被热击穿所允许通过的最大反向电流。

（5）最大允许耗散功率 P_{ZM},是指保证稳压二极管不发生热击穿的最大耗散功率。

$$P_{ZM} = U_Z I_{ZM} \tag{7-2}$$

7.3.2　发光二极管

发光二极管是一种特殊的二极管,是一种能将电能转换成光能的半导体器件（发光器件）。它由能够发光的半导体材料（如砷化镓、磷化镓等）制成,简称 LED。它的外形和符号如图 7-14 所示。

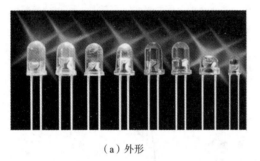

（a）外形　　　　　　　　　　　　　　　　　　（b）符号

图 7-14　发光二极管

发光二极管的基本结构也是一个 PN 结,其特性曲线与普通二极管的类似。当在发光二极管（LED）上加正向电压时导通,正向电流通过时,它就能发出清晰的光。这是由于电子与空穴复合而释放能量的结果。光的颜色视发光二极管的材料和发光的波长而定,而波长与材料的浓度有关。若采用磷砷化镓,则可发出红光或黄光;若采用磷化镓,则发出绿光。

发光二极管的工作电压一般不超过 2 V,正向工作电流为几毫安到十几毫安,使用时一般要加限流电阻,寿命很长,广泛应用于各种显示器中。

7.3.3　光电二极管

光电二极管又称光敏二极管,是利用 PN 结的光敏特性,将接收的光信号转换成电信号的特殊二极管（受光器件）。它的外形、符号和伏安特性曲线如图 7-15 所示。

光电二极管的基本结构也是一个 PN 结,它的管壳上开有一个嵌着玻璃的窗口,以便于光线射入。光电二极管工作时处于反向偏置状态。无光照时,电路中电流很小（通常小于 0.2 μA）,有光照时电流会急剧增大。照度 E 越强,电流越大。光电二极管广泛应用于遥控及光电传感器中。

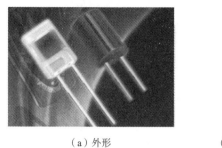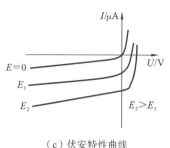

（a）外形　　　　　（b）符号　　　　　（c）伏安特性曲线

图 7-15　光电二极管

7.4　半导体三极管

半导体三极管简称三极管。因为有电子和空穴两种载流子参与导电,所以又称为双极型晶体管,通常简称为晶体管。晶体管具有放大作用和开关作用,是电子线路中应用最广泛的器件之一,对电子技术的发展起着至关重要的作用。其特性是通过特性曲线和工作参数来分析研究的。

7.4.1　基本结构

三极管的结构,目前最常见的有平面型和合金型两类。硅管主要是平面型,锗管都是合金型。常见晶体管的外形如图 7-16 所示。

图 7-16　常见三极管的外形图

三极管不论平面型或合金型,都分成 NPN 或 PNP 三层,因此又把晶体管分为 NPN 型和 PNP 型两类,其结构示意图和图形符号如图 7-17 所示。每种三极管都分成三个导电区——基区、发射区和集电区,三个电极——分别从三个区引出的基极 B、发射极 E 和集电极 C,两个 PN 结——发射极与基极间的发射结(BE 结)和基极与集电极间的集电结(BC 结)。

当前国内生产的硅管大都是 NPN 型的,锗管大都是 PNP 型的。就其工作原理来讲,两种管子是相同的。下面以 NPN 管为例,讨论三极管的工作原理和特性参数。

7.4.2　放大原理

为了了解三极管的放大原理和其中的电流分配,我们先做一个实验,实验电路如图 7-18 所示。把三极管接成两个电路——基极电路和集电极电路,发射极是公共端,因

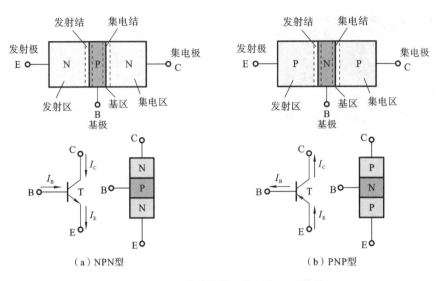

图 7-17　三极管的结构示意图和图形符号

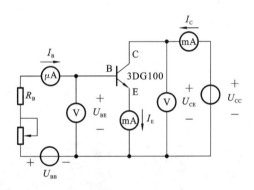

图 7-18　三极管电流放大的电路实验

此这种接法称为三极管的共发射极接法。如果用的是 NPN 型硅管,基极和集电极电源电压 U_{BB} 和 U_{CC} 的极性必须按照图示连接,使发射结上加正向电压(正向偏置),由于 U_{CC} 大于 U_{BB},集电结上加的是反向电压(反向偏置),三极管才能起到放大作用。

　　设 $U_{CC} = 6$ V,改变可变电阻 R_B,则基极电流 I_B、集电极电流 I_C 和发射极电流 I_E 都发生变化。电流方向如图 7-18 所示,测量结果如表 7-1 所示。

表 7-1　三极管电流测量数据

I_B/mA	0	0.02	0.04	0.06	0.08	0.10
I_C/mA	<0.001	0.70	1.50	2.30	3.10	3.95
I_E/mA	<0.001	0.72	1.54	2.36	3.18	4.05

由此实验及测量结果可得出如下结论。

(1) 观察实验数据中的每一列,可得 $I_E = I_C + I_B$,此结果符合基尔霍夫电流定律。

(2) I_C 和 I_E 比 I_B 大得多。从第五列和第六列的数据可知,I_C 与 I_B 的比值分别为

$$\bar{\beta} = \frac{I_C}{I_B} = \frac{3.10}{0.08} = 38.75 , \qquad \bar{\beta} = \frac{I_C}{I_B} = \frac{3.95}{0.10} = 39.50$$

这就是三极管的电流放大作用。电流放大作用还体现在基极电流的少量变化 ΔI_B 可以引起集电极电流较大的变化 ΔI_C。还是比较第五列和第六列的数据,可得出

$$\beta=\frac{\Delta I_C}{\Delta I_B}=\frac{3.95-3.10}{0.10-0.08}=\frac{0.85}{0.02}=42.50$$

（3）当 $I_B=0$（将基极开路）时,$I_C=I_{CEO}$,表中 $I_{CEO}<0.001\ \text{mA}=1\ \mu\text{A}$。

（4）要使三极管起放大作用,发射结必须正向偏置,集电结必须反向偏置。

下面用载流子在三极管内部的运动规律来解释上述结论。

为了使三极管有电流放大作用,在制造时使其发射区的掺杂浓度很高,基区的掺杂浓度低且很薄,集电区比发射区的面积大且掺杂浓度低。

1. 发射区向基区扩散电子

对 NPN 型三极管而言,因为发射区自由电子（多数载流子）的浓度大,而基区自由电子（少数载流子）的浓度小,所以自由电子要从浓度大的发射区（N 型）向浓度小的基区（P 型）扩散。由于发射结处于正向偏置,发射区自由电子的扩散运动加强,不断扩散到基区,并不断从电源补充进电子,形成发射极电流 I_E（见图 7-19）。基区的多数载流子也要向发射区扩散,但由于基区的空穴浓度比发射区的自由电子的浓度小得多,因此空穴电流很小,可以忽略不计（在图 7-19 中未画出）。

2. 电子在基区扩散和复合

从发射区扩散到基区的自由电子起初都聚集在发射结附近,靠近集电结的自由电子很少,形成浓度差,因而自由电子将向集电结方向继续扩散。在扩散过程中,自由电子不断与空穴（P 型基区中的多数载流子）相遇而复合。由于基区接电源 U_{BB} 的正极,基区中受激发的价电子不断被电源拉走,这相当于不断补充基区中被复合掉的空穴,形成电流 I_{BE}（见图 7-19）,它基本上等于基极电流 I_B。

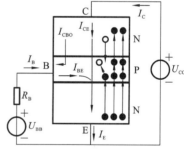

图 7-19 三极管中的载流子运动及电流分配

在中途被复合掉的电子越多,扩散到集电结的电子就越少,这不利于三极管的放大作用。为此,基区就要做得很薄,基区掺杂浓度要很小（这是放大的内部条件）,这样才可以大大减小电子与基区空穴复合的机会,使绝大部分自由电子都能扩散到集电结边缘。

3. 集电区收集发射区扩散过来的电子

由于集电结反向偏置,它阻挡集电区（N 型）的自由电子向基区扩散,但可将从发射区扩散到基区并到达集电区边缘的自由电子拉入集电区,从而形成电流 I_{CE}（见图 7-19）,它基本上等于集电极电流 I_C。

除此以外,由于集电结反向偏置,集电区的少数载流子（空穴）和基区的少数载流子（电子）将向对方运动,形成电流 I_{CBO}（见图 7-19）。这个电流数值很小,它构成集电极电流 I_C 和基极电流 I_B 的一小部分,但受温度影响很大,并与外加电压的大小关系不大。

上述三极管中的载流子运动及电流分配如图 7-19 所示。

如上所述,从发射区扩散到基区的电子中只有很小一部分在基区复合,绝大部分到达集电区。也就是构成发射极电流 I_E 的两部分中,I_{BE} 部分所占的百分比是很小的,而

I_{CE}部分所占百分比很大。这个比值用$\bar{\beta}$表示,即

$$\bar{\beta}=\frac{I_{CE}}{I_{BE}}=\frac{I_C-I_{CE}}{I_B+I_{CBO}}\approx\frac{I_C}{I_B} \qquad (7\text{-}3)$$

根据该电流放大实验还知道,在三极管中,不仅I_C比I_B大得多,而且当调节可变电阻R_B使I_B有一个微小的变化时,将会引起I_C大得多的变化。

此外,从三极管内部载流子的运动规律来看,要使三极管起电流放大作用,发射结必须正向偏置,集电结必须反向偏置(这是放大的外部条件)。发射结上加正向电压,要使三极管起放大作用时,$|U_{CE}|>|U_{BE}|$,集电结上加的就是反向电压。对NPN型管而言,U_{CE}和U_{BE}都是正值;而对PNP型管而言,它们都是负值。图7-20所示的是起放大作用时NPN型管和PNP型管中电流的实际方向和发射结与集电结的实际极性。NPN型管的集电极电位最高,发射极电位最低;PNP型管发射极电位最高,集电极电位最低。硅管的基极电位比发射极电位高$0.6\sim0.7$ V;锗管的发射极电位比基极电位高$0.2\sim0.3$ V。

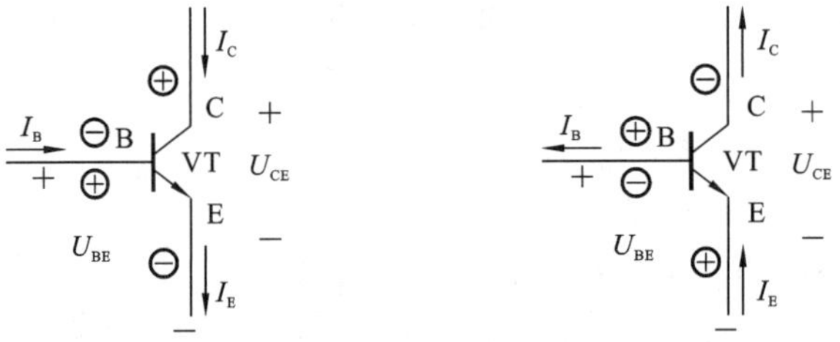

（a）NPN型   （b）PNP型

图7-20   电流实际方向和发射结与集电结的实际极性

7.4.3   特性曲线

三极管的性能可以通过它的各极电压和电流之间的关系曲线来描述,该曲线称为三极管的特性曲线,是分析放大电路的重要依据。最常用的是共发射极接法时的输入特性曲线和输出特性曲线,可通过图7-18所示的实验电路进行测绘,实验电路中用的是NPN型硅管。

1. 输入特性曲线

三极管的输入特性曲线是指,当集-射极电压U_{CE}为常数时,输入电路(基极电路)中基极电流I_B与基-射极电压U_{BE}之间的关系曲线$I_B=f(U_{BE})$,如图7-21所示。

由于发射结是正向偏置的PN结,故三极管的输入特性与二极管的正向特性相似。不同的是,由于三极管的两个PN结靠得很近,I_B不仅与U_{BE}有关,还受U_{CE}的影响。但对于硅管而言,当$U_{CE}\geqslant1$ V时,集电结已处于反向偏置,而基区又很薄,可以把绝大部分从发射区扩散到基区的电子拉入集电区。此后,U_{CE}对I_B

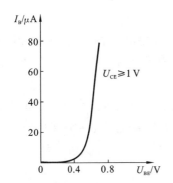

图7-21   三极管的输入特性曲线

就不再有明显的影响。所以,$U_{CE} \geq 1$ V 后的输入特性曲线基本上是近似重合的。

由图 7-21 所示的输入特性曲线说明,当三极管的发射结外加电压大于死区电压时,三极管才会出现 I_B。硅管的死区电压约为 0.5 V,锗管的死区电压约为 0.1 V。三极管的发射结外加电压大于死区电压后,随着 U_{BE} 的增加,I_B 上升。正常工作情况下,三极管导通后,NPN 型硅管的发射结电压 $U_{BE} = 0.6 \sim 0.7$ V,PNP 型锗管的 $U_{BE} = -0.3 \sim -0.2$ V。

2. 输出特性曲线

三极管的输出特性曲线是指,当基极电流为常数时,输出电路(集电极电路)中集电极电流 I_C 与集-射极电压 U_{CE} 之间的关系曲线 $I_C = f(U_{CE})$,如图 7-22 所示。在不同的基极电流 I_B 下,可得出不同的曲线,所以三极管的输出特性曲线是一组曲线。

通常把三极管的输出特性曲线组分为三个工作区,对应于三极管的三个工作状态。现结合图 7-23 所示的三极管共发射极接法电路来分析。

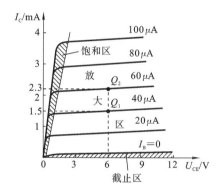

图 7-22 三极管的输出特性曲线

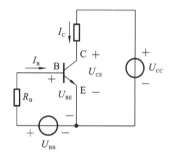

图 7-23 共发射极电路

(1) 放大区。

输出特性曲线中近似于水平部分为放大区。在放大区中,发射结处于正向偏置,集电结处于反向偏置,对于 NPN 型管而言,$U_{BE} > 0$,$U_{BC} < 0$,因此,$U_{CE} > U_{BE}$;$I_C = \bar{\beta} I_B$,因为 I_C 和 I_B 成正比的关系,放大区也称为线性区。

(2) 饱和区。

当 U_{CE} 比较小($U_{CE} < U_{BE}$)时,集电结处于正向偏置($U_{BC} > 0$),三极管工作于饱和状态。在饱和区,I_B 的变化对 I_C 影响较小,两者不成正比,放大区的 $I_C = \bar{\beta} I_B$ 不能适用于饱和区。饱和区中,发射结也处于正向偏置。此时,$U_{CE} \approx 0$ V,$I_C \approx \dfrac{U_{CC}}{R_C}$,发射极与集电极之间如同接通的开关,其间电阻很小。

(3) 截止区。

$I_B = 0$ 的曲线以下的区域称为截止区。当 $I_B = 0$ 时,$I_C = I_{CEO}$(在表 7-1 中,$I_C < 0.001$ mA),在常温下可以忽略不计。对 NPN 型硅管而言,当 $U_{BE} < 0.5$ V 时即已开始截止,但是为了可靠截止,常使 $U_{BE} \leq 0$,发射结反向偏置。截止时,集电结也处于反向偏置($U_{BC} < 0$)。此时,$I_C \approx 0$,$U_{CE} \approx U_{CC}$,发射极与集电极之间如同断开的开关,其间电阻很大。

可见,三极管除了有放大作用外,还有开关作用。三极管三种工作状态的电压和电流如图 7-24 所示。三极管三种工作状态结电压的典型值如表 7-2 所示。

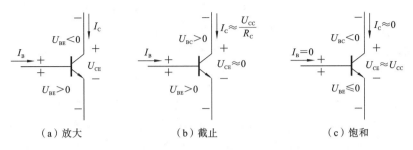

（a）放大　　　　　　　（b）截止　　　　　　　（c）饱和

图 7-24　三极管三种工作状态的电压和电流

表 7-2　三极管三种工作状态结电压的典型值

管型	工作状态				
	饱和		放大	截止	
	U_{BE}/V	U_{CE}/V	U_{BE}/V	U_{BE}/V	
				开始截止	可靠截止
硅管(NPN)	0.7	0.3	0.6～0.7	0.5	≤0
锗管(PNP)	-0.3	-0.1	-0.2～-0.3	-0.1	0.1

7.4.4　主要参数

三极管的特性除了用特性曲线表示外,还可用一些数据来说明,即三极管的参数。这些参数也是选用三极管、设计电路的依据。主要参数有下面几个。

1. 电流放大系数 $\bar{\beta}$、β

当三极管接成共发射极电路时,在无输入信号,即工作在静态时,集电极电流 I_C 与基极电流 I_B 的比值称为共发射极静态电流(直流)放大系数:$\bar{\beta}=\dfrac{I_C}{I_B}$。

当三极管有输入信号,即工作在动态时,基极电流的变化量 ΔI_B 引起的集电极电流的变化量 ΔI_C。ΔI_C 与 ΔI_B 的比值称为动态电流(交流)放大系数:$\beta=\dfrac{\Delta I_C}{\Delta I_B}$。

实际应用中两者数值比较接近,常用 $\bar{\beta}\approx\beta$ 这个近似关系。常用的三极管的 β 值为几十到几百(见附录 B)。由于制造工艺的分散性,即使是同一型号的三极管,β 值也有很大差别。温度升高时,β 会增大,使三极管的工作状态不稳定。所以在实际应用中,不一定选择 β 大的管子。

2. 集-基极反向截止电流 I_{CBO}

I_{CBO} 是当发射极开路时,由于集电结处于反向偏置,集电区和基区中的少数载流子向对方运动所形成的电流。I_{CBO} 受温度的影响大。在室温下,小功率硅管的 $I_{CBO}<1\ \mu A$,小功率锗管的 I_{CBO} 为几微安到几十微安。I_{CBO} 越小越好。硅管在温度稳定性方面优于锗管。

3. 集-射极反向截止电流 I_{CEO}

I_{CEO} 是当基极开路($I_B=0$)、集电结处于反向偏置和发射结处于正向偏置时的集电极电流。又因为它好像是从集电极直接穿透晶体管而到达发射极的,所以又称为穿透电流。I_{CEO} 随温度的升高而增大。硅管的 I_{CEO} 为几微安,锗管的为几十微安。I_{CEO} 越小,其温度稳定性越好。

由式(7-3)得

$$I_C = \bar{\beta}I_B + (1+\bar{\beta})I_{CBO} = \bar{\beta}I_B + I_{CEO} \tag{7-4}$$

式中:$I_{CEO} = (1+\bar{\beta})I_{CBO}$。

一般情况下,$\bar{\beta}I_B \gg I_{CEO}$,故

$$I_C \approx \bar{\beta}I_B \tag{7-5}$$

$$I_E = I_C + I_B \approx (1+\bar{\beta})I_B \tag{7-6}$$

4. 集电极最大允许电流 I_{CM}

当三极管集电极电流 I_C 增大到超过一定值时,β 值要下降。当 β 值下降到正常数值的三分之二时,对应的集电极电流称为集电极最大允许电流 I_{CM}。因此,在使用晶体管时,集电极电流 I_C 超过 I_{CM} 并不一定会使三极管损坏,但会降低 β 值。

5. 集电极最大允许耗散功率 P_{CM}

由于集电极电流在流经集电结时将产生热量,使集电结温升高,从而引起三极管参数的变化。P_{CM} 是指当三极管因受热而引起的参数变化不超过允许值时,集电极所消耗的最大功率。根据三极管的 P_{CM} 值,由

$$P_{CM} = I_C U_{CE}$$

可以在三极管的输出特性曲线上作出过损耗曲线,如图 7-25 所示。

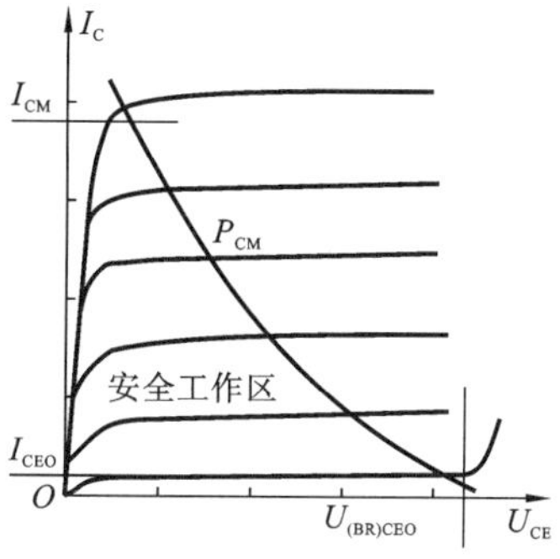

图 7-25　三极管的安全工作区

6. 集-射极反向击穿电压 $U_{(BR)CEO}$

$U_{(BR)CEO}$ 是基极开路时,集电极和发射极之间施加的最大允许电压。当三极管的集-射极电压 $U_{CE} > U_{(BR)CEO}$ 时,集电结将被反向击穿,I_{CEO} 突然大幅度上升。为了电路工作可靠,应取集电极电源电压 $U_{CC} \leqslant \left(\dfrac{1}{2} \sim \dfrac{2}{3}\right)U_{(BR)CEO}$。使用时要特别注意这个参数。

由 I_{CM}、P_{CM}、$U_{(BR)CEO}$ 三者共同确定三极管的安全工作区,如图 7-25 所示。

7.5　光电三极管

光电三极管又称光敏三极管,是一种能将接收到的光信号转换成电信号的半导体器件(受光器件),它的管壳上也开有一个便于光线射入的窗口。光电三极管的符号和伏安特性曲线如图 7-26 所示。

与普通三极管一样,光电三极管也有两个 PN 结,且有 NPN 型和 PNP 型之分。一般光电三极管只引出两个引脚(E、C)极,基极 B 不引出。普通三极管是用基极电流 I_B

（a）符号

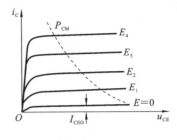
（b）伏安特性曲线

图 7-26　光电三极管

的大小来控制集电极电流,而光电晶体管是用入射光照度 E 的强弱来控制集电极电流的。因此,两者的输出特性曲线相似,只是用 E 来代替 I_B。当无光照时,集电极电流 I_{CEO} 很小,称为暗电流。有光照时的集电极电流称为光电流,一般为零点几毫安到几毫安。

光电三极管的部分参数与普通三极管的相似,如 I_{CM}、P_{CM} 等。其他主要参数还有暗电流、光电流、最高工作电压等。其中暗电流、光电流均指集电极电流,最高工作电压指集电极和发射极之间允许施加的最高电压。

习 题 7

7-1　电子导电和空穴导电有什么区别? 空穴电流是不是由自由电子递补空穴所形成的?

习题 7 答案

7-2　P 型半导体中的空穴多于自由电子,而 N 型半导体中的自由电子多于空穴,是否 P 型半导体带正电,而 N 型半导体带负电?

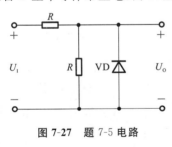

图 7-27　题 7-5 电路

7-3　什么是二极管的伏安特性上的死区电压? 硅管和锗管的死区电压的典型值约为多少伏?

7-4　怎样用万用表判断二极管的正极和负极以及管子的好坏?

7-5　在图 7-27 所示电路中,已知直流电压 $U_I =$ 5 V, $R = 1$ kΩ,二极管的正向压降为 0.7 V,试求 U_O。

7-6　在图 7-28 所示电路中, $U = 5$ V, $u_i = 10\sin(\omega t)$ V,二极管的正向压降可忽略不计,试分别画出输出电压 u_o 的波形。

7-7　利用稳压二极管或普通二极管的正向压降,是否也可以稳压?

7-8　在图 7-29 所示电路中, $U_{CC} = 6$ V, $R_C = 3$ kΩ, $R_B = 10$ kΩ, $\beta = 25$,当输入电压 U_I 分别为 -1 V、1 V 和 3 V 时,试问晶体管处于何种工作状态?

7-9　晶体管具有电流放大作用,其外部和内部条件各为什么?

7-10　在图 7-30 所示电路中,试求下列几种情况下输出端电位 V_Y 及各元器件中通过的电流:(1) $V_A = +5$ V, $V_B = 0$ V;(2) $V_A = +5$ V, $V_B = 4.8$ V。设二极管的正向电阻为零,反向电阻为无穷大。

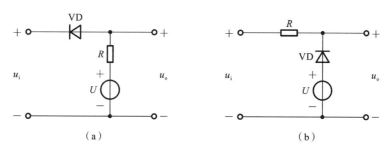

图 7-28 题 7-6 电路

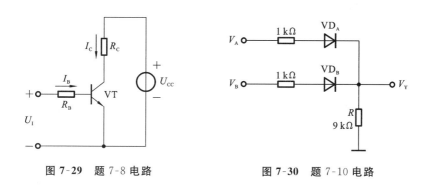

图 7-29 题 7-8 电路　　　　　图 7-30 题 7-10 电路

7-11 放大电路中三极管三个电极的电位为下列各组数值:(1) 5 V、1.2 V、0.5 V;(2) 6 V、5.8 V、1 V;(3) 9 V、8.3 V、2 V。试确定各电位对应的电极和三极管的类型(是 PNP 管,还是 NPN 管;是硅管,还是锗管)。

8

基本放大电路

前面介绍的三极管主要用途之一就是利用其放大作用组成放大电路。在生产和科学实验中,放大电路的应用十分广泛,将微弱的信号放大,去控制较大功率的负载,是电子设备中最普遍的一种基本单元。本章将介绍由分立元器件组成的常用基本放大电路,并讨论放大电路的基本概念,分析几种基本放大电路的组成结构、工作原理、分析方法以及特点和应用,为学习后续章节打好基础。

8.1 共发射极放大电路

所谓放大,是指用一个较小的变化量去控制一个较大的变化量。从能量观点来看,输入信号微弱,能量很小,不能直接推动负载做功,因此需要另外提供一个直流电源作为能源,由能量较小的输入信号控制这个能源,使之输出大能量推动负载做功,将直流电源的能量转化成交流能量输出,且输出信号与输入信号的变化规律相同。放大电路就是利用具有放大功能的半导体来实现这种控制的。

常见的扩音机就是一个典型的放大电路的应用实例。图 8-1 是扩音机示意图,扩音机的核心部分是放大电路。扩音机的输入信号来自话筒,它将语音转换为电信号,通过放大电路后,将输出信号送到负载扬声器,将电信号还原为语音。扩音机里的放大电路应将输入的音频信号放大若干倍输出,使输出端扬声器中发出的音频功率比输入端的音频功率大得多。而扬声器所需的能量是由外接电源提供的,话筒送来的输入信号只起着控制输出较大功率的作用。扬声器中音频信号的变化必须与话筒中音频信号变化一致,即不能失真。

图 8-1 扩音机示意图

要不失真地放大输入信号,放大电路的组成必须遵循以下原则。

(1) 电源极性必须使放大电路中的三极管工作在放大状态,即发射结正偏,集电结反偏。

（2）输入信号的变化能引起三极管的输入电流的变化，三极管的输出电流的变化能方便地转换成输出电压，为输入/输出信号提供通路。

8.1.1 共发射极放大电路的组成

以 NPN 型三极管为核心组成的共发射极接法的基本交流放大电路如图 8-2 所示。

输入端接一个由电动势 e_s 与电阻 R_S 串联组成的电压源等效表示的交流信号源，输入电压为 u_i；输出端接负载电阻 R_L，输出电压为 u_o。电路以三极管的发射极作为输入、输出回路的公共端，故称为共发射极放大电路。电路中各个元器件的作用如下。

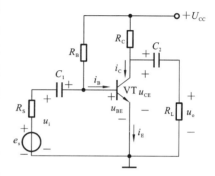

图 8-2 共发射极基本交流放大电路

（1）三极管 VT 是放大电路中的放大元件，具有电流放大作用，在集电极电路获得放大了的电流 I_c，该电流受输入信号 u_i 的控制。结合前面所讲的放大，能量较小的输入信号 u_i 通过三极管的控制作用，去控制直流电源 U_{CC} 所供给的能量，以获得一个能量较大的输出信号。三极管也可以说是一个控制元件。

（2）偏置电阻 R_B 的作用是使发射结处于正向偏置，并提供大小适当的基极电流 I_B，使放大电路获得合适的工作点。R_B 的阻值一般为几十千欧到几百千欧。

（3）集电极电源电压 U_{CC}，可以保证集电结处于反向偏置，以使三极管起到放大作用；还可以为输出信号提供能量。U_{CC} 一般为几伏到几十伏。

（4）集电极负载电阻 R_C，简称集电极电阻，它的作用是将集电极电流的变化转换为电压的变化，以实现电压放大。R_C 的阻值一般为几千欧到几十千欧。

（5）耦合电容 C_1 和 C_2，它们一方面起到隔直作用，C_1 用来隔断放大电路与信号源之间的直流通路，C_2 用来隔断放大电路与负载之间的直流通路，使三者之间无直流联系，互不影响。另一方面又起到交流耦合作用，保证交流信号畅通无阻地经过放大电路，近似于无损失地传递交流信号，沟通信号源、放大电路和负载三者之间的交流通路。C_1 和 C_2 的电容值一般为几微法到几十微法，使用极性电容器，连接时要注意其极性。

8.1.2 放大电路的性能指标

一个放大电路必须具有优良的性能才能较好地完成放大任务。图 8-3 为前述扩音机放大电路示意图。信号源可用一电压源（$\dot{E}_s$，R_s）表示，负载可用等效电阻 R_L 表示，虚线框中表示放大电路。下面结合该放大电路示意图讲述放大电路常用的性能指标。

1. 电压放大倍数（或增益）A_u

电压放大倍数是衡量放大电路对输入信号放大能力的主要指标。它定义为输出电压 $\dot{U}_o$ 与输入电压 $\dot{U}_i$ 之比，即

$$A_u = \frac{\dot{U}_o}{\dot{U}_i}$$

(8-1)

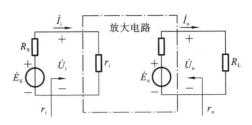

图 8-3　放大电路示意图

若用电压增益表示,其分贝值为

$$A_u(\mathrm{dB})=20\lg A_u \tag{8-2}$$

　　放大倍数的大小反映了放大电路对信号的放大能力,其大小取决于放大电路的结构和组成电路的各元件的参数。一个单级放大电路的放大倍数是有限的,一般为 1～200。一般情况下,放大电路的输入信号都很微弱,通常为毫伏或微伏数量级,因此单级放大电路的放大倍数往往不能满足要求。为了推动负载工作,需要提高放大倍数。提高放大倍数的方法通常是将若干个放大单元电路级联起来组成多级放大电路,多级放大电路的组成框图如图 8-4 所示。

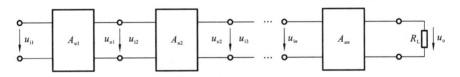

图 8-4　多级放大电路的组成框图

　　由图 8-4 可知,

$$\dot{U}_i=\dot{U}_{i1},\dot{U}_{o1}=\dot{U}_{i2},\dot{U}_{o2}=\dot{U}_{i3},\cdots,\dot{U}_{o(n-1)}=\dot{U}_{in},\dot{U}_{on}=\dot{U}_o$$

则多级放大电路总的电压放大倍数为

$$A_u=\frac{\dot{U}_o}{\dot{U}_i}=\frac{\dot{U}_{on}}{\dot{U}_{i1}}=\frac{\dot{U}_{o1}}{\dot{U}_{i1}}\cdot\frac{\dot{U}_{o2}}{\dot{U}_{i2}}\cdot\cdots\cdot\frac{\dot{U}_{o(n-1)}}{\dot{U}_{i(n-1)}}\cdot\frac{\dot{U}_{on}}{\dot{U}_{in}}$$

可得

$$A_u=A_{u1}\cdot A_{u2}\cdot\cdots\cdot A_{u(n-1)}\cdot A_{un} \tag{8-3}$$

即在多级放大电路中总的放大倍数是各单级放大倍数的乘积。

　　放大电路除常用的电压放大倍数外,还有电流放大倍数(输出电流与输入电流之比)和功率放大倍数(输出功率与输入功率之比)。

2. 输入电阻 r_i

　　放大电路的输入信号是由信号源提供的。对信号源来说,放大电路相当于它的负载电阻,这个电阻称为放大电路的输入电阻 r_i,即从放大电路的输入端看进去的等效动态电阻。

　　输入电阻 r_i 在数值上等于放大电路的输入电压与输入电流之比,即

$$r_i=\frac{\dot{U}_i}{\dot{I}_i} \tag{8-4}$$

由图 8-3 可得放大电路的输入端所获得的信号电压为

$$\dot{U}_i = \frac{r_i}{r_i + R_S} \dot{E}_S \qquad (8\text{-}5)$$

放大电路从信号源获取的输入电流为

$$\dot{I}_i = \frac{\dot{U}_i}{r_i} \qquad (8\text{-}6)$$

由式(8-5)可以看出,在 $\dot{E}_S$ 和 R_S 一定时,输入电阻 r_i 越大,放大电路从信号源获得的输入电压 $\dot{U}_i$ 越大,从而使放大电路的输出电压 $\dot{U}_o = A_u \dot{U}_i$ 也越大。由式(8-6)可以看出,r_i 越大,从信号源获取的电流 $\dot{I}_i$ 越小,可以减轻信号源的负担。因此,一般都希望输入电阻尽量大一些,最好能远远大于信号源内阻 R_S。

在图 8-4 所示的多级放大电路中,因为第一级直接与信号源连接,所以整个放大电路的输入电阻就是第一级的输入电阻,即

$$r_i = r_{i1} \qquad (8\text{-}7)$$

3. 输出电阻 r_o

放大电路的输出信号要送给负载,因而放大电路对负载来说,相当于信号源。其作用可以用一个等效电压源来代替,这个等效电压源的内阻就是放大电路的输出电阻。它等于负载开路时,从放大电路的输出端看进去的等效电阻。它也是一个动态电阻。

如果放大电路的输出电阻较大(相当于信号源的内阻较大),当负载变化时,输出电压的变化较大,也就是放大电路带负载的能力较差。因此,通常希望放大电路输出级的输出电阻低一些,最好远远小于负载电阻 R_L。

通常计算 r_o 时可将信号源短路(但要保留信号源内阻 R_S),将 R_L 断开,在输出端加一交流电压 $\dot{U}_o$,以产生一个电流 $\dot{I}_o$,则放大电路的输出电阻为

$$r_o = \frac{\dot{U}_o}{\dot{I}_o} \qquad (8\text{-}8)$$

在图 8-4 所示的多级放大电路中,因为末级直接与负载相连,所以整个放大电路的输出电阻是最后一级的输出电阻,即

$$r_o = r_{on} \qquad (8\text{-}9)$$

4. 放大电路的通频带

通常放大电路的输入信号不是单一频率的正弦波,而是包括各种不同频率的正弦分量,输入信号所包含的正弦分量的频率范围称为输入信号的频带。由于放大电路中一般都有电容元件存在,如耦合电容、发射极电阻交流旁路电容以及三极管的极间电容和连线分布电容等,电容的容抗随频率变化而变化,因此,放大电路的输出电压也随频率的变化而变化,需要讨论放大电路的频率特性。

同一放大电路对不同频率输入信号的电压放大倍数不同,电压放大倍数与频率之间的关系称为放大电路的幅频特性。共发射极放大电路的幅频特性如图 8-5 所示。它说明,在放大电路的某一段频率范围内,电压放大倍数 $|A_u| = |A_{u0}|$ 最大,且几乎与频率无关。随着频率的降低或升高,电压放大倍数都要减小。当放大倍数下降为 $\dfrac{|A_{u0}|}{\sqrt{2}}$ $\approx 0.707 |A_{u0}|$ 时所对应的两个频率,分别为下限频率 f_L 和上限频率 f_H。这两个频率之间的频率范围 $f_H - f_L$,称为放大电路的通频带 B_W,即

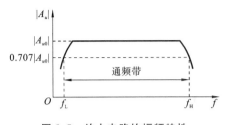

图 8-5 放大电路的幅频特性

$$B_W = f_H - f_L \qquad (8\text{-}10)$$

通频带是表明放大电路频率特性的一个重要指标。对放大电路而言,希望通频带宽一些,使非正弦信号中幅值较大的各次谐波频率都在通频带的范围内,尽量减小频率失真。

在工业电子技术中,最常用的是低频放大电路,其频率范围为 20～10000 Hz。在分析放大电路的频率特性时,再将低频范围分为低、中、高三个频段。

在低频段,由于信号频率较低,耦合电容的容抗较大,其分压作用不能忽略,以致实际送到三极管输入端的电压 U_{be} 比输入信号 U_i 要小,故放大倍数要降低。发射极电阻旁路电容的容抗也不能忽略,其上有交流电压降,也使得放大倍数降低。

在中频段,由于耦合电容和发射极电阻旁路电容的容量较大,故对中频段信号来讲其容抗很小,可视为短路。此外,三极管的极间电容和连线分布电容等的值都很小,为几皮法到几百皮法,对中频段信号的容抗很大,可视为开路。所以,在中频段,可认为电容不影响交流信号的传送,放大电路的放大倍数与信号频率无关。

在高频段,由于信号频率较高,耦合电容和发射极电阻旁路电容的容抗比中频段的更小,故皆可视为短路。但三极管的极间电容和连线分布电容等的容抗将减小,它与输出端的电阻并联后,总阻抗减小,使输出电压减小,从而使电压放大倍数降低。此外,由于载流子从发射区到集电区需要一定时间,如果频率高,在正半周时载流子尚未全部到达集电区,而输入信号就已改变极性,使得集电极电流的变化幅度下降,因而电流放大系数 β 降低,使得高频段电压放大倍数降低。

只有在中频段,可认为电压放大倍数与频率无关,并且单级放大电路的输出电压与输入电压反相。本书后面所计算的交流放大电路的电压放大倍数,都是指中频段的电压放大倍数。

8.2 放大电路的静态分析

通常在放大电路中,直流电源和交流信号总是共存的,为了方便研究,常把直流电源对电路的作用和输入交流信号对电路的作用区分开来,分成直流通路和交流通路。对应的放大电路的分析可分为静态和动态两种情况。直流通路是指在直流电源作用下直流电流流经的通路,用于研究静态工作点;静态是当放大电路没有输入信号时的工作状态,静态分析是确定放大电路的静态值(直流值)I_B、I_C、U_{BE} 和 U_{CE},静态工作点的合适与否直接影响到放大电路的工作状态和性能指标。交流通路是在输入信号作用下交流信号流经的通路,用于研究动态性能指标;动态是有输入信号时的工作状态,动态分析是确定放大电路的电压放大倍数 A_u、输入电阻 r_i 和输出电阻 r_o 等。本节先讨论放大电路静态分析的基本方法。

8.2.1 静态工作点的分析

进行静态分析,首先画出放大电路的直流通路,图 8-6 所示的是图 8-2 所示共发射极放大电路的直流通路。绘制直流通路时,电容 C_1 和 C_2 视为开路。

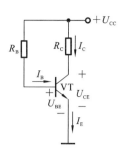

根据图 8-6 所示的直流通路,可得静态时的基极电流

$$I_B = \frac{U_{CC} - U_{BE}}{R_B} \approx \frac{U_{CC}}{R_B} \qquad (8-11)$$

由于 U_{BE}(硅管约为 0.6 V,锗管约为 0.2 V)比 U_{CC} 小得多,故可忽略不计。

由 I_B 可得静态时的集电结电流

$$I_C = \bar{\beta} I_B + I_{CEO} \approx \bar{\beta} I_B \approx \beta I_B \qquad (8-12)$$

静态时的集-射极电压为

图 8-6 图 8-2 所示共发射极放大电路的直流通路

$$U_{CE} = U_{CC} - R_C I_C \qquad (8-13)$$

【**例 8-1**】 图 8-2 所示共发射极放大电路中,已知 $U_{CC} = 20$ V,$R_B = 500$ kΩ,$R_C = 6$ kΩ,$\beta = 50$,试估算电路的静态工作点。

解 画出直流通路如图 8-6 所示,可得

$$I_B \approx \frac{U_{CC}}{R_B} = \frac{20}{500 \times 10^3} \text{ A} = 0.04 \times 10^{-3} \text{ A} = 0.04 \text{ mA} = 40 \text{ μA}$$

$$I_C \approx \beta I_B = 50 \times 0.04 \text{ mA} = 2 \text{ mA}$$

$$U_{CE} = U_{CC} - R_C I_C = (20 - 6 \times 10^3 \times 2 \times 10^{-3}) \text{ V} = 8 \text{ V}$$

8.2.2 图解法确定静态值

静态工作点的静态值也可以用图解法来确定,图解法可更直观地分析和了解静态值的变化对放大电路工作的影响。

三极管是一种非线性元件,即其集电极电流 I_C 与集-射极电压 U_{CE} 之间不是直线关系,它的伏安特性曲线即为输出特性曲线(见图 7-22)。在图 8-6 所示的直流通路中,根据式(8-13)可得

$$I_C = -\frac{1}{R_C} U_{CE} + \frac{U_{CC}}{R_C} \qquad (8-14)$$

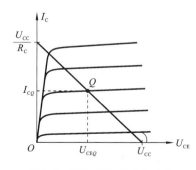

图 8-7 图解法确定放大电路的静态工作点

这是一个直线方程,其斜率为 $-\dfrac{1}{R_C}$,在横轴上的截距为 U_{CC},在纵轴上的截距为 $\dfrac{U_{CC}}{R_C}$。在图 8-7 上可以很容易地作出这一直线,称为直流负载线。该负载线与三极管的某条(由 I_B 确定)输出特性曲线的交点 Q,称为放大电路的静态工作点,由它确定放大电路的电压和电流的静态值。基极电流 I_B 的大小不同,静态工作点在负载线上的位置也就不同。I_B 用来确定三极管的工作状态,通常称它为偏置电流,简称偏流。产生偏流的电路,称为偏置电路,在图 8-6 中,其路径为 $U_{CC} \rightarrow R_B \rightarrow$ 发射结 $\rightarrow$ "地"。R_B 称为偏置电阻。通常是改变 R_B 的阻值来调整偏流 I_B 的大小。

用图解法求静态值的一般步骤如下：

(1) 给出三极管的输出特性曲线组；

(2) 在输出特性曲线组的基础上，由式(8-14)作出直流负载线；

(3) 由直流通路求出偏流 I_B；

(4) 得出由 I_B 确定的那条输出特性曲线与直流负载线的交点，该交点就是合适的静态工作点 Q；

(5) 由该 Q 点找出静态值 I_C 及 U_{CE}。

8.3 放大电路的动态分析

放大电路的动态分析是在静态值确定后分析信号的传输情况，考虑的只是电流和电压的交流分量（信号分量）。具体来讲，就是分析放大电路的性能指标，即电压放大倍数 A_u、输入电阻 r_i 和输出电阻 r_o。动态分析的两种基本方法为微变等效电路法和图解法。

8.3.1 微变等效电路法

放大电路在静态工作点合适、输出波形不失真的前提下，电路中的非线性元件三极管工作在特性曲线中的线性区。在这个条件下进行动态分析，可以将三极管线性化，等效为一个线性元件，放大电路等效为一个线性电路，该线性电路称为放大电路的微变等效电路。这样，就可像处理线性电路那样来处理三极管放大电路。线性化的条件，就是三极管在小信号（微变量）情况下工作。这才能在静态工作点附近的小范围内，用直线段近似地代替三极管的特性曲线。

1. 三极管的微变等效电路

由于三极管是非线性元件，因此各级的电压和电流一定要满足其输入和输出特性曲线。在小信号工作的情况下，三极管的输入电压和输入电流，输出电压和输出电流的交流分量之间的关系基本上是线性的。所以在进行小信号动态分析时，可以将三极管用一个线性电路模型来代替，称为三极管的微变等效电路。下面从采用共发射极接法的三极管的输入特性和输出特性两方面来分析讨论。

三极管的输入特性曲线是非线性的，如图 8-8(a)所示。但当输入信号很小时，在静态工作点 Q 附近的工作段可认为是线性的。当 U_{CE} 为常数时，输入端电压的变化量 ΔU_{BE} 与电流的变化量 ΔI_B 之比成正比关系，因而可以用一个等效电阻 r_{be} 来表示二者之间的关系，即

$$r_{be} = \frac{\Delta U_{BE}}{\Delta I_B}\bigg|_{U_{CE}} = \frac{u_{be}}{i_b}\bigg|_{U_{CE}} \tag{8-15}$$

称为三极管的输入电阻，它表示三极管的输入特性，由它确定 u_{be} 与 i_b 之间的关系。因此，图 8-9(a)所示的是采用共发射极接法的三极管的输入电路可用 r_{be} 等效代替。

除利用输入特性和上述公式求 r_{be} 之外，低频小功率三极管的输入电阻还可用下式估算：

$$r_{be} \approx 200(\Omega) + (\beta+1)\frac{26(mV)}{I_E(mA)} \tag{8-16}$$

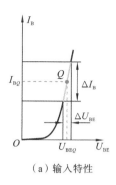 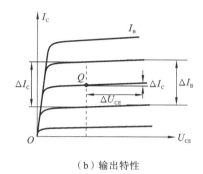

（a）输入特性   （b）输出特性

图 8-8　三极管微变等效电路的分析

式中：I_E 是静态发射极电流值。r_{be} 一般为几百欧到几千欧，在手册中常用 h_{ie} 表示。

三极管的输出特性曲线组如图 8-8(b) 所示，在放大工作区是一组近似与横轴平行的直线。当 U_{CE} 为常数时，ΔI_C 与 ΔI_B 之比，即

$$\beta = \frac{\Delta I_C}{\Delta I_B}\bigg|_{U_{CE}} = \frac{i_c}{i_b}\bigg|_{U_{CE}} \tag{8-17}$$

为三极管的电流放大系数，由它确定 i_c 受 i_b 控制的关系。因此，三极管的输出电路可用一个 $i_c = \beta i_b$ 的受控电流源等效代替，以表示三极管的电流控制作用。当 $i_b = 0$ 时，$i_c = \beta i_b = 0$，所以它不是一个独立电源，而是受输入电流 i_b 控制的受控电源。

此外，从图 8-8(b) 还可见到，三极管的输出特性曲线并不完全与横轴平行，当 I_B 为常数时，ΔU_{CE} 与 ΔI_C 之比

$$r_{ce} = \frac{\Delta U_{CE}}{\Delta I_C}\bigg|_{I_B} = \frac{u_{ce}}{i_c}\bigg|_{I_B} \tag{8-18}$$

称为三极管的输出电阻。如果把三极管的输出电路看作电流源，r_{ce} 也就是电源的内阻，在等效电路中与受控电流源 βi_b 并联。由于 r_{ce} 的阻值为几十千欧到几百千欧，很高，所以在后面的微变等效电路中都把它忽略不计，不绘制在微变等效电路中。

于是得出了三极管的微变等效电路如图 8-9(b) 所示。

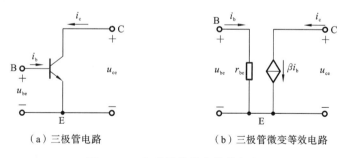

（a）三极管电路   （b）三极管微变等效电路

图 8-9　三极管及其微变等效电路

2. 微变等效电路法进行动态分析

将放大电路的交流通路中的三极管用它的微变等效电路代替，就得到放大电路的微变等效电路。图 8-10(a) 所示的是图 8-2 所示共发射极交流放大电路的交流通路。绘制交流通路时，对交流分量来讲，电容 C_1 和 C_2 可视为短路；同时，一般直流电源的内

阻很小,可以忽略不计,对交流来讲直流电源 U_{CC} 也可以认为是短路的。再把交流通路中的三极管用它的微变等效电路代替,即为放大电路的微变等效电路,如图 8-10(b)所示,电路中的电压和电流都是交流分量,标出的是参考方向。该电路是一个线性电路,全部由线性元件构成,从而可以用已学过的线性电路的分析方法对放大电路进行动态分析,求解放大电路的电压放大倍数 A_u、输入电阻 r_i 和输出电阻 r_o 等性能指标。

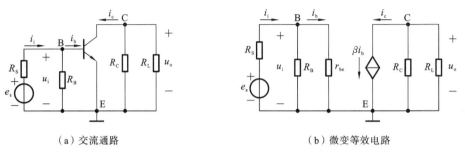

（a）交流通路   （b）微变等效电路

图 8-10   图 8-2 所示共发射极交流放大电路的动态分析

1）电压放大倍数的计算

设输入的是正弦信号,图 8-10(b)中的电压和电流都可用相量表示(见图 8-11)。根据图 8-11 可得

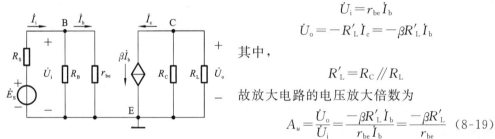

图 8-11   正弦信号输入下的微变等效电路

$$\dot{U}_i = r_{be} \dot{I}_b$$
$$\dot{U}_o = -R'_L \dot{I}_c = -\beta R'_L \dot{I}_b$$

其中,

$$R'_L = R_C /\!/ R_L$$

故放大电路的电压放大倍数为

$$A_u = \frac{\dot{U}_o}{\dot{U}_i} = \frac{-\beta R'_L \dot{I}_b}{r_{be} \dot{I}_b} = \frac{-\beta R'_L}{r_{be}} \quad (8\text{-}19)$$

式(8-19)中的负号表示输出电压 $\dot{U}_o$ 与输入电压 $\dot{U}_i$ 的相位相反。

当放大电路空载,输出端开路(不接负载 R_L)时,有

$$A_u = \frac{\dot{U}_o}{\dot{U}_i} = \frac{-\beta R_C}{r_{be}} \quad (8\text{-}20)$$

其放大倍数比接负载 R_L 时高。负载电阻 R_L 越小,电压放大倍数 A_u 越低。此外,电压放大倍数 A_u 还与三极管的 β 和三极管的输入电阻 r_{be} 有关,即与放大电路的静态工作点有关。

2）放大电路输入电阻的计算

一个放大电路的输入端总是与信号源(或前级放大电路)相连,其输出端总是与负载(或后级放大电路)相连。因此,放大电路与信号源和负载之间(或前级放大电路和后级放大电路之间),都是互相联系,互相影响的。

根据共发射极放大电路的微变等效电路(见图 8-11)及输入电阻的定义(见式(8-4)),该放大电路的输入电阻为

$$r_i = \frac{\dot{U}_i}{\dot{I}_i} = R_B /\!/ r_{be} \quad (8\text{-}21)$$

实际上在这类共发射极放大电路中,R_B 的阻值一般在 $100\ \text{k}\Omega$ 的量级,r_{be} 通常为 $1\sim 2\ \text{k}\Omega$,R_B 比 r_{be} 大得多,因此,这一类放大电路的输入电阻 r_i 基本上等于三极管的输入电阻 r_{be},是不高的。

3）放大电路输出电阻的计算

放大电路的输出电阻可在信号源短路($U_i=0$)和输出端负载电阻开路的条件下求得。根据共发射极放大电路的微变等效电路(见图 8-11),当 $\dot U_i=0$ 时,$\dot I_b=0$,$\dot I_c=\beta\dot I_b=0$。共发射极放大电路的输出电阻是从放大电路的输出端看进去的一个电阻,故

$$r_o=R_C \tag{8-22}$$

在这类共发射极放大电路中,R_C 的阻值一般为几千欧,因此共发射极放大电路的输出电阻 r_o 较高。

8.3.2　图解法

对放大电路的动态分析也可以应用图解法,利用三极管的特性曲线在静态分析的基础上,用作图的方法来分析各个电压和电流交流分量之间的传输情况和相互关系。

1. 交流负载线

直流负载线反映静态时电流 I_C 和电压 U_{CE} 的变化关系,由式(8-14)可得直流负载线的斜率为 $-\dfrac{1}{R_C}$。交流负载线反映动态时电流 i_c 和电压 u_{ce} 的变化关系,由于对交流信号耦合电容 C_2 可视为短路,R_C 与 R_L 并联,令 $R_L'=R_C\parallel R_L$,故其斜率为 $-\dfrac{1}{R_L'}$。因为 $R_L'<R_C$,所以交流负载线比直流负载线要陡些。当输入信号为零时,放大电路仍应工作在静态工作点 Q,可见交流负载线也要通过 Q 点。根据上述两点,可作出例 8-1 的放大电路的交流负载线,如图 8-12 所示。

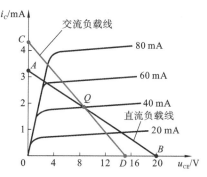

图 8-12　直流负载线和交流负载线

2. 图解分析

共发射极放大电路的信号放大过程如图 8-13 所示,电路中各电压、电流波形均已绘制在图中,由该图可得出以下结论。

(1) 交流信号的传输情况:u_i 通过耦合电容 C_1 传送到三极管的发射结上→输入回路将变化的电压 u_i(即 u_{be})转化成变化的基极电流 i_b→输出回路将变化的 i_b 转化成变化的集电极电流 i_c→经过集电极电阻 R_C,将 i_c 转化成三极管的输出电压 u_{ce}→经过耦合电容 C_2 输出电压 u_o。

(2) 三极管的极间电压和电流都是直流分量和交流分量的叠加,即

$$u_{BE}=U_{BE}+u_{be},\quad i_B=I_B+i_b,\quad i_C=I_C+i_c,\quad u_{CE}=U_{CE}+u_{ce}$$

由于耦合电容 C_2 的隔直流作用,u_{CE} 的直流分量 U_{CE} 不能到达输出端,只有交流分量 u_{ce} 能通过 C_2,构成输出电压 u_o。

(3) 输入信号电压 u_i 和输出电压 u_o 相位相反,两者变化相反。

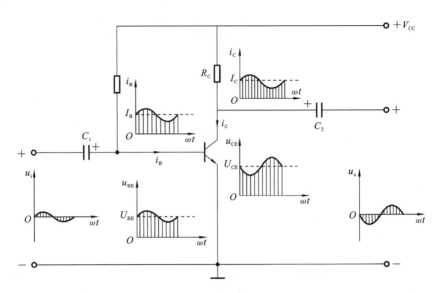

图 8-13　交流放大电路信号放大的过程

（4）根据图 8-14 所示的交流放大电路有输入信号时的图解分析，可计算电压放大倍数（虽然是不精确的），它等于输出正弦电压的幅值与输入正弦电压的幅值之比。R_L 的阻值越小，负载线越陡，电压放大倍数也就下降得越多。

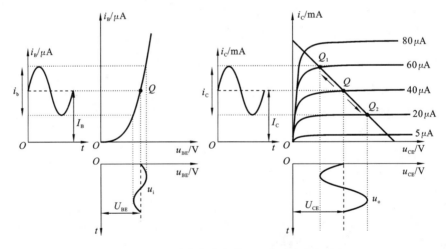

图 8-14　交流放大电路有输入信号时的图解分析

3. 非线性失真

放大电路传输信号有一基本要求，就是输出信号尽可能不失真。所谓失真，是指输出信号的波形不像输入信号的波形。引起失真的原因有多种，其中最基本的原因就是静态工作点 Q 设置得不合适或者信号太大，使放大电路的工作范围超出了三极管特性曲线上的线性范围。这种失真通常称为非线性失真。

在图 8-15 中，当基极电流 i_b 过大时，静态工作点 Q_1 的位置太高，在输入电压 u_i 的正半周，三极管进入饱和区工作，输出电压 u_o 的负半周被削平，严重失真，这时 i_b 可以不失真。这是由于三极管的饱和而引起的失真，故称为饱和失真。

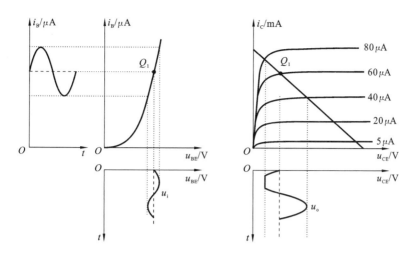

图 8-15 工作点不合适引起输出电压波形饱和失真

在图 8-16 中,当基极电流 i_b 过小时,静态工作点 Q_2 的位置太低,在输入电压 u_i 的负半周,三极管进入截止区工作,输出电压 u_o 的正半周被削平,严重失真。这是由于三极管的截止而引起的失真,故称为截止失真。

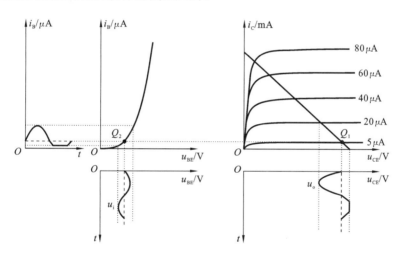

图 8-16 工作点不合适引起输出电压波形截止失真

一般放大电路不允许产生非线性失真,因此,必须要设置一个合适的静态工作点 Q,使动态工作时的三极管工作在特性曲线的线性区。此外,输入信号 u_i 的幅值不能太大,以避免放大电路的工作范围超过特性曲线的线性范围。在小信号放大电路中,此条件一般都能满足。

图解法的主要优点是直观、形象,便于对放大电路工作原理的理解,但作图过程麻烦,容易产生误差,不适用于较为复杂的电路(如多级放大电路和带有反馈的放大电路)。

8.4 静态工作点的稳定

8.3 节讲过,放大电路不允许产生非线性失真,应设置有合适的静态工作点,以保证有较好的放大效果。但由于某些原因，如温度的变化，将使集电极电流的静态值 I_C 发生变化，从而影响静态工作点的稳定性。如果温度升高后偏置电流 I_B 能自动减小以限制 I_C 的增大，静态工作点就能基本不变，达到温度变化时，工作点稳定的目的。

1. 静态工作点稳定的共发射极放大电路

上面所讲的共发射极放大电路(见图 8-2)中，偏置电流为

$$I_B = \frac{U_{CC} - U_{BE}}{R_B} \approx \frac{U_{CC}}{R_B}$$

则当 R_B 选定后，I_B 也就固定不变了。这种电路称为固定偏置放大电路，温度变化时，它的静态工作点不能稳定。

为此，常采用能实现静态工作点稳定的共发射极放大电路，如图 8-17(a)所示的分压式偏置放大电路，其中 R_{B1} 和 R_{B2} 构成偏置电路。由图 8-17(b)所示的直流通路可列出

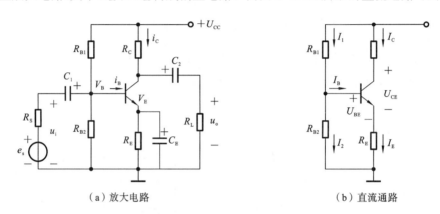

（a）放大电路　　　　　　　　　　（b）直流通路

图 8-17　分压式偏置放大电路

$$I_1 = I_B + I_2$$

若使

$$I_2 \gg I_B \tag{8-23}$$

则

$$I_1 \approx I_2 \approx \frac{U_{CC}}{R_{B1} + R_{B2}}$$

基极电位

$$V_B = R_{B2} I_2 \approx \frac{R_{B2}}{R_{B1} + R_{B2}} U_{CC} \tag{8-24}$$

可认为 V_B 由 R_{B1} 和 R_{B2} 分压决定，与三极管的参数无关，不随温度变化而变化。

引入发射极电阻 R_E 后，由图 8-17(b)可列出

$$U_{BE} = V_B - V_E = V_B - R_E I_E \tag{8-25}$$

若使

$$V_B \gg U_{BE} \tag{8-26}$$

则

$$I_C \approx I_E = \frac{V_B - U_{BE}}{R_E} \approx \frac{V_B}{R_E} \tag{8-27}$$

由于 V_B 不随温度变化,因此也可认为 $I_C \approx I_E$ 不受温度影响。

因此,只要满足式(8-23)和式(8-26)两个条件,V_B 和 I_C 或 I_E 就与三极管的参数几乎无关,不受温度变化的影响,从而使静态工作点能得到基本稳定。对硅管而言,在估算时一般可选取 $I_2 = (5 \sim 10)I_B$ 和 $V_B = (5 \sim 10)U_{BE}$。

2. 静态工作点稳定的共发射极放大电路的静态分析

设电路满足条件 $I_1 \approx I_2 \gg I_B$,则可将 R_{B1} 和 R_{B2} 看作串联。静态工作点可以按照如下思路估算:

$$V_B \approx \frac{R_{B2}}{R_{B1} + R_{B2}} U_{CC} \rightarrow I_C \approx I_E = \frac{V_B - U_{BE}}{R_E} \rightarrow I_B \approx \frac{I_C}{\beta} \rightarrow U_{CE} \approx U_{CC} - (R_C + R_E) I_C$$

从上述分析可以看出,当温度上升引起三极管集电极电流 I_C 增大时,由式(8-25)可得发射极电阻 R_E 上的电压降 $R_E I_E$ 会使发射结电压 U_{BE} 减小,从而使基极电流 I_B 自动减小,从而限制因温度升高而增大的集电极电流 I_C 增大,静态工作点得以稳定。这就是分压式偏置电路静态工作点的稳定过程。简述为:$T(℃) \uparrow \rightarrow I_C \uparrow \rightarrow V_E \uparrow \rightarrow U_{BE} \downarrow (V_B$ 基本不变$) \rightarrow I_B \downarrow \rightarrow I_C \downarrow$。$R_E$ 在小电流情况下为几百欧到几千欧,在大电流情况下为几欧到几十欧。

此外,当发射极电流的交流分量 i_e 流过 R_E 时,也会产生交流电压降,使 u_{be} 减小,从而降低电压放大倍数。为此,可在 R_E 两端并联一个电容值较大的电容 C_E。因为 $X_{CE} \ll R_E$,i_e 基本上只经过电容 C_E,并且产生的交流电压可忽略不计,使交流旁路。C_E 称为交流旁路电容,其值一般为几十微法到几百微法。

3. 静态工作点稳定的共发射极放大电路的动态分析

图 8-18 所示的为静态工作点稳定的共发射极放大电路的微变等效电路。与 R_E 并联的旁路电容 C_E 足够大,对交流信号视为短路。将 R_{B1} 和 R_{B2} 并联看成一个电阻 R_B,则该电路与图 8-11 所示基本共发射极放大电路的等效电路完全相同。图 8-18 所示放大电路的电压放大倍数 A_u、输入电阻 r_i 和输出电阻 r_o 的表达式分别为式(8-20)~式(8-22)。

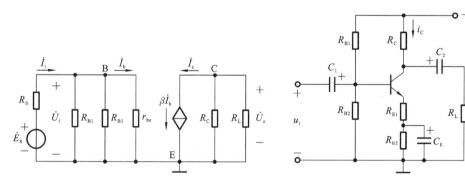

图 8-18 分压式偏置放大电路的微变等效电路　　图 8-19 例 8-2 的图

【**例 8-2**】　在图 8-17 所示的分压式偏置放大电路中,如果 R_E 未全被 C_E 旁路得到图 8-19 所示电路,已知 $U_{CC} = 12$ V,$R_{B1} = 24$ kΩ,$R_{B2} = 12$ kΩ,$R_C = 3$ kΩ,$R_{E1} = 0.4$ kΩ,$R_{E2} = 3$ kΩ,$R_L = 3$ kΩ,$\beta = 40$。(1)估算电路的静态工作点;(2)画出微变等效电路;(3)计算电压放大倍数 A_u、输入电阻 r_i 和输出电阻 r_o。

解 （1）画出直流通路如图 8-20(a)所示，可得

$$V_B \approx \frac{R_{B2}}{R_{B1}+R_{B2}}U_{CC} = \frac{12}{24+12} \times 12 \text{ V} = 4 \text{ V}$$

$$I_C \approx I_E = \frac{V_B - U_{BE}}{R_{E1}+R_{E2}} = \frac{4-0.6}{3.4 \times 10^3} \text{ A} = 1 \text{ mA}$$

$$I_B \approx \frac{I_C}{\beta} = \frac{1}{40} \text{ mA} = 0.025 \text{ mA}$$

$$U_{CE} \approx U_{CC} - (R_C + R_E)I_C = [12 - (3+3.4) \times 10^3 \times 1 \times 10^{-3}] \text{ V} = 5.6 \text{ V}$$

（2）微变等效电路如图 8-20(b)所示。其中用一个电阻 R_B 表示 R_{B1} 和 R_{B2} 并联，即 $R_B = R_{B1} /\!/ R_{B2} = 8 \text{ k}\Omega$。

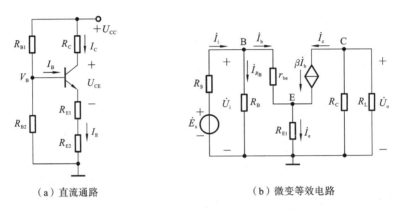

（a）直流通路   （b）微变等效电路

图 8-20 例 8-2 的直流通路和微变等效电路

（3）$r_{be} \approx 200 + (\beta+1)\dfrac{26(\text{mV})}{I_E(\text{mA})} = 200 + (40+1)\dfrac{26(\text{mV})}{1(\text{mA})} = 1.27 \text{ k}\Omega$

由图 8-20 可得

$$\dot{U}_i = r_{be}\dot{I}_b + R_{E1}\dot{I}_e = r_{be}\dot{I}_b + (1+\beta)R_{E1}\dot{I}_b = [r_{be} + (1+\beta)R_{E1}]\dot{I}_b$$

$$\dot{U}_o = -R'_L\dot{I}_c = -\beta R'_L\dot{I}_b$$

其中，

$$R'_L = R_C /\!/ R_L$$

故电压放大倍数为

$$A_u = \frac{\dot{U}_o}{\dot{U}_i} = \frac{-\beta R'_L}{r_{be} + (1+\beta)R_{E1}} = \frac{-40 \times 1.5}{1.27 + (1+40) \times 0.4} = -3.4$$

$$r_i = R_B /\!/ [r_{be} + (1+\beta)R_{E1}] = 5.5 \text{ k}\Omega$$

$$r_o = R_C = 3 \text{ k}\Omega$$

8.5 常用基本放大电路

在生产实践中，放大电路往往不只是需要放大正弦交流信号，还要放大直流信号；同时，也不只是放大电压信号，有时还需要放大电流、功率。放大电路的结构根据完成不同的功能也有所不同，即放大电路有不同的类型。但不论何种类型的放大电路，它们的工作原理、性能指标及分析方法基本上都是相同的。除了以上所分析的共发射极放

大电路之外,还有以下几种常用的类型。

8.5.1　射极输出器

前面所讲的放大电路都是共发射极接法,从集电极输出。本节将介绍的射极输出器是从发射极输出,电路如图 8-21 所示。在接法上是信号的输入回路和输出回路都以集电极为公共端,是一个共集电极电路。

1. 静态分析

用于估算射极输出器静态工作点的直流通路如图 8-22 所示。由图 8-22 可得

$$I_E = I_B + I_C = I_B + \bar{\beta}I_B = (1+\bar{\beta})I_B \tag{8-28}$$

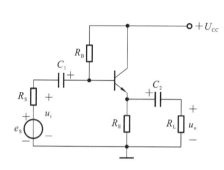

图 8-21　射极输出器

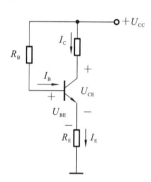

图 8-22　射极输出器的直流通路

列出输入回路的 KVL 方程

$$U_{CC} = I_B R_B + U_{BE} + I_E R_E \tag{8-29}$$

结合式(8-28)和式(8-29)得

$$I_B = \frac{U_{CC} - U_{BE}}{R_B + (1+\bar{\beta})R_E} \tag{8-30}$$

$$U_{CE} = U_{CC} - I_E R_E \tag{8-31}$$

2. 动态分析

画出射极输出器的微变等效电路,如图 8-23所示。

(1) 电压放大倍数

$$\dot{U}_i = r_{be}\dot{I}_b + R'_L\dot{I}_e = r_{be}\dot{I}_b + (1+\beta)R'_L\dot{I}_b$$
$$= [r_{be} + (1+\beta)R'_L]\dot{I}_b$$
$$\dot{U}_o = R'_L\dot{I}_e = (1+\beta)R'_L\dot{I}_b$$

其中,

$$R'_L = R_C /\!/ R_L$$

故电压放大倍数为

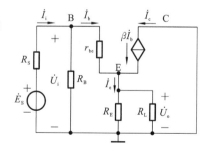

图 8-23　射极输出器的微变等效电路

$$A_u = \frac{\dot{U}_o}{\dot{U}_i} = \frac{(1+\beta)R'_L\dot{I}_b}{[r_{be}+(1+\beta)R'_L]\dot{I}_b} = \frac{(1+\beta)R'_L}{r_{be}+(1+\beta)R'_L} \tag{8-32}$$

由式(8-32)可知:由于 $r_{be} \ll (1+\beta)R'_L$,因此 $A_u \approx 1$,则 $\dot{U}_o \approx \dot{U}_i$。输出电压与输入电压两者同相,且大小基本相等,因而输出端电位跟随着输入端电位的变化而变化,这

是射极输出器的跟随作用,故又称为电压跟随器。A_u 恒小于 1,$\dot{U}_o$ 略小于 $\dot{U}_i$。虽然射极输出器没有电压放大作用,但因 $I_e = (1+\beta)I_b$,故仍具有一定的电流放大和功率放大作用。

(2) 输入电阻。

射极输出器的输入电阻 r_i 可从图 8-23 所示的微变等效电路经过计算得出,即

$$r_i = R_B \mathbin{//} [r_{be} + (1+\beta)R'_L] \tag{8-33}$$

通常 R_B 的阻值很大,一般在几十千欧至几百千欧的量级,同时 $[r_{be} + (1+\beta)R'_L]$ 也比上述的共发射极放大电路的 r_{be} 大得多。因此,射极输出器的输入电阻很高,可达几十千欧到几百千欧。

(3) 输出电阻。

计算射极输出器的输出电阻 r_o 时,将微变等效电路中的信号源短路,保留其内阻 R_S,R_S 与 R_B 并联后的等效电阻为 R'_S(即 $R'_S = R_S \mathbin{//} R_B$)。在输出端将负载电阻 R_L 开路,加一交流电压 $\dot{U}_o$,产生电流 $\dot{I}_o$,如图 8-23 所示。

$$\dot{I}_o = \dot{I}_b + \beta\dot{I}_b + \dot{I}_e = \frac{\dot{U}_o}{r_{be}+R'_S} + \beta\frac{\dot{U}_o}{r_{be}+R'_S} + \frac{\dot{U}_o}{R_E}$$

$$r_o = \frac{\dot{U}_o}{\dot{I}_o} = \frac{1}{\dfrac{1+\beta}{r_{be}+R'_S} + \dfrac{1}{R_E}} = \frac{r_{be}+R'_S}{1+\beta} \mathbin{//} R_E$$

在信号内阻 R_S 很小的情况下,通常满足 $\dfrac{r_{be}+R'_S}{1+\beta} \ll R_E$,故射极输出器的输出电阻为

$$r_o \approx \frac{r_{be}+R'_S}{1+\beta} \tag{8-34}$$

一般射极输出器的输出电阻为几十欧,是很低的,由此也说明它具有恒压输出特性。

综上所述,射极输出器的主要特点是:电压放大倍数接近 1,输出电压跟随输入电压变化而变化,也称电压跟随器;输入电阻高;输出电阻低。所以,射极输出器常被用作多级放大电路的输入级,因为输入电阻高,可以减少对信号源的影响。另外,射极输出器也常用作多级放大电路的输出级,因为输出电阻较低,则当负载接入后或当负载增大时,输出电压的下降就较小,或者说它带负载的能力较强。有时还将射极输出器接在两级共发射极放大电路之间作为中间级,对前级放大电路而言,它的高输入电阻对前级的影响甚小;而对后级放大电路而言,由于它的输出电阻低,正好与输入电阻低的共发射极电路配合。这就是射极输出器的阻抗变换作用。这一级射极输出器称为缓冲级或中间隔离级。

8.5.2 差分放大电路

在放大电路的应用中,大量待放大的输入信号是由各种传感器变换来的变化缓慢的直流信号。能够放大直流信号的电路称为直流放大器。直流放大器不能采用阻容耦合,只能用直接耦合的多级放大电路来放大,即把前一级的输出端直接连到后一级的输入端。图 8-24 所示的电路就是其中一种。

直接耦合放大电路最大的问题是会产生较大的零点漂移(简称零漂)。一个理想的

直接耦合放大电路,当输入信号为零时,其输出电压应保持不变(不一定是零)。但实际上,把一个多级直接耦合放大电路的输入端短接($u_i=0$),测其输出端电压时,可得如图8-25所示的输出波形,它并不保持恒值,而在缓慢地、无规则地变化着,这种现象就称为零点漂移。这是因为直接耦合放大电路各级的直流通路相互关联,若前级由于某种原因使电压电流产生微小变化,这种微小变化就会逐级放大,致使放大器的输出端产生较大的漂移电压。当放大电路输入信号后,这种漂移就伴随着信号共存于放大电路中,两者都在缓慢地变动着,一真一假,互相纠缠在一起,难于分辨。如果当漂移量大到足以和信号量相比时,放大电路就更难工作了。因此,必须查明产生漂移的原因,并采取相应的抑制漂移的措施。

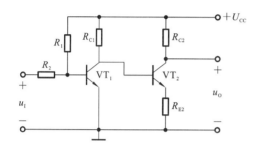

图 8-24　两级直接耦合放大电路

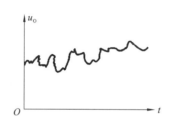

图 8-25　零点漂移现象

　　造成零漂的原因有很多,如电源电压的波动、元件的老化和半导体器件对温度的敏感性等。其中最主要的原因是放大电路中半导体器件的参数受温度影响而变化。这是器件本身固有的性质,是当前克服不了的,所以又将零漂称为温度漂移(温漂)。而在一个多级放大电路的各级半导体器件产生的温漂中,又以第一级的漂移影响最为严重。因为由于直接耦合,第一级的漂移被逐级放大,以致影响整个放大电路的工作。所以,抑制漂移要着重于第一级。

　　抑制温漂的措施有:在电路中引入直流负反馈(例如,静态工作点稳定的放大电路中 R_E 所起的作用),采用温度补偿的方法,利用热敏元件来抵消放大管的变化等。但最有效的方法是采用两只特性相同的管子,使它们的温漂相互抵消,构成差分放大电路。因此,要求较高的多级直接耦合放大电路,特别是集成运放中的第一级广泛采用这种电路。

　　差分放大电路的结构特征是具有对称性,即电路参数应理想对称。图 8-26 所示的是用两个晶体管 VT_1 和 VT_2 组成的双端输入-双端输出差分放大电路,在理想的情况下,VT_1 和 VT_2 的特性及对应电阻元件的参数值在不同温度下完全相同,因而它们的静态工作点也必然相同。为了设置合适的静态工作点,电路采用 $+U_{CC}$ 和 $-U_{EE}$ 两路电源供电(一般取 $U_{CC}=U_{EE}$)。采用双端输入-双端输出方式,信号电压 u_{I1} 和 u_{I2} 由两管基极输入,输出电压 u_o 则取自两管

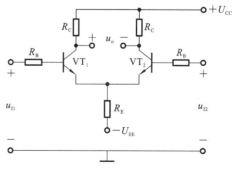

图 8-26　差分放大电路

的集电极之间的电压。

1. 静态分析

1）零点漂移的抑制

在静态时，$u_{I1} = u_{I2} = 0$，即在图 8-26 中将两边输入端短路，由于电路的对称性，两边的集电极电流相等，集电极电位也相等，即

$$I_{C1} = I_{C2}, \quad V_{C1} = V_{C2}$$

故输出电压

$$u_o = V_{C1} - V_{C2} = 0$$

当温度升高时，由于电路参数应理想对称，两管的集电极电流都同等增大，集电极电位都同等下降，两边的变化量相等，即

$$\Delta I_{C1} = \Delta I_{C2} = \Delta I_C, \quad \Delta V_{C1} = \Delta V_{C2} = \Delta V_C$$

虽然每个管子都产生了零点漂移，但是由于两集电极电位的变化是相同的，所以输出电压依然为零，即

$$u_o = V_{C1} - \Delta V_{C1} - (V_{C2} - \Delta V_{C2}) = 0$$

零点漂移完全被抑制了。对称差分放大电路对两管所产生的同向漂移都具有抑制作用，这是它的突出优点。

上面讲到，差分放大电路之所以能抑制零点漂移，是由于电路的对称性。实际上，完全对称的理想情况并不存在，所以单靠提高电路的对称性来抑制零点漂移是有限度的。另外，上述差分电路的每个管的集电极电位的漂移并未受到抑制，如果采用单端输出（输出电压从一个管的集电极与"地"之间取出），漂移就根本无法抑制。为此，在这个电路中引入了发射极电阻 R_E 和负电源 $-U_{EE}$。R_E 的主要作用是限制每个管子的漂移范围，进一步减小零点漂移，稳定电路的静态工作点。$-U_{EE}$ 用来抵偿 R_E 两端的直流电压降，从而获得合适的静态工作点。

2）静态值的计算

由于电路参数应理想对称，只用计算一个管的静态值即可。图 8-27 所示的是图 8-26 所示电路的单管直流通路。

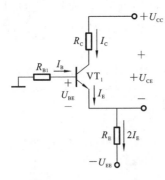

图 8-27 单管直流通路

在静态时，设 $I_{B1} = I_{B2} = I_B$，$I_{C1} = I_{C2} = I_C$，则由基极电路可列出

$$R_B I_B + U_{BE} + 2R_E I_E = U_{EE}$$

上式中 $R_B I_B$ 和 U_{BE} 一般较 $2R_E I_E$ 小得多，故可忽略 $R_B I_B$ 和 U_{BE}，则每管的集电极电流

$$I_C \approx I_E \approx \frac{U_{EE}}{2R_E} \tag{8-35}$$

并由此可得发射极电位

$$V_E = 2R_E I_E - U_{EE} \approx 0$$

每管的基极电流

$$I_B \approx \frac{I_C}{\beta} \approx \frac{U_{EE}}{2\beta R_E} \tag{8-36}$$

每管的集-射极电压

$$U_{CE} \approx U_{CC} - R_C I_C \approx U_{CC} - \frac{R_C U_{EE}}{2R_E}$$ （8-37）

2. 动态分析

差分放大电路有两个输入信号 u_{I1} 和 u_{I2}，当有信号输入时，对称差分放大电路的工作情况可以分为下列三种输入方式来分析。

1）共模输入

两个输入信号电压的大小相等、方向相同，即 $u_{I1} = u_{I2}$，称为共模信号。

在共模输入信号的作用下，对于完全对称的差分放大电路来说，两管的集电极电位变化相同，因而输出电压等于零，所以它对共模信号没有放大能力，即放大倍数为零。

2）差模输入

两个输入信号电压的大小相等、方向相反，即 $u_{I1} = -u_{I2}$，称为差模信号。

设 $u_{I1} > 0, u_{I2} < 0$，则 u_{I1} 使 VT_1 的集电极电流增大了 ΔI_{C1}，VT_1 的集电极电位因而降低了 ΔV_{C1}；而 u_{I2} 却使 VT_2 的集电极电流降低了 ΔI_{C2}，VT_2 的集电极电位因而增高了 ΔV_{C2}，故

$$u_o = V_{C1} - \Delta V_{C1} - (V_{C2} + \Delta V_{C2}) = -2\Delta V_C$$

可见，在差模输入时，差分放大电路的输出电压为两管各自输出电压变化量的两倍。

图 8-28 所示的是单管差模信号通路。由于差模信号使两管的集电极电流一增一减，其变化量相等，通过 R_E 中的电流就近于不变，故 R_E 对差模信号不起作用。

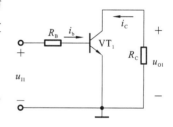

图 8-28　单管差模信号通路

由图 8-28 可得出单管差模电压放大倍数

$$A_{d1} = \frac{u_{o1}}{u_{I1}} = \frac{-\beta i_B R_C}{i_B(R_B + r_{be})} = \frac{-\beta R_C}{R_B + r_{be}}$$ （8-38）

同理可得

$$A_{d2} = \frac{u_{o2}}{u_{I2}} = \frac{-\beta R_C}{R_B + r_{be}} = A_{d1}$$ （8-39）

双端输出电压为

$$u_o = u_{o1} - u_{o2} = A_{d1} u_{I1} - A_{d2} u_{I2} = A_{d1}(u_{I1} - u_{I2})$$

双端输入-双端输出差分放大电路的差模电压放大倍数为

$$A_d = \frac{u_o}{u_{I1} - u_{I2}} = A_{d1} = \frac{-\beta R_C}{R_B + r_{be}}$$ （8-40）

与单管放大电路的电压放大倍数相等。

当在两管的集电极之间接入负载电阻 R_L 时，由于当输入差模信号后，一管的集电极电位降低，另一管增高，在 R_L 的中点相当于交流接"地"，所以每管各带一半负载电阻。其差模电压放大倍数为

$$A_d = \frac{-\beta R_L'}{R_B + r_{be}}$$ （8-41）

其中，

$$R_L' = R_C \mathbin{/\mkern-5mu/} \frac{1}{2} R_L$$

两输入端之间的差模输入电阻为

$$r_i = 2(R_B + r_{be})$$ （8-42）

两集电极之间的差模输出电阻为

$$r_{\text{o}} \approx 2R_{\text{C}} \tag{8-43}$$

3）比较输入

两个输入信号电压既非共模，又非差模，它们的大小、方向任意，称为比较输入，这种输入常作为比较放大来运用，在自动控制系统中较常见。

若 u_{I1} 是给定信号电压（或称基准电压），u_{I2} 是一个缓慢变化的信号（如温度的变化）或是一个反馈信号，则两者在放大电路的输入端进行比较后，得出偏差值 $u_{\text{I1}} - u_{\text{I2}}$，差值电压经放大后输出到负载上，即输出电压为

$$u_{\text{o}} = A_u(u_{\text{I1}} - u_{\text{I2}}) \tag{8-44}$$

称为差分放大电路的原因是，该电路仅对两个输入信号之差 $u_{\text{I1}} - u_{\text{I2}}$ 进行放大，所谓差分就是输入有差别，输出才有变动的意思。输出电压的值仅与偏差值有关，而不需要反映两个信号本身的大小。不仅输出电压的大小与偏差值有关，而且它的极性与偏差值也有关系。例如，在图 8-28 中，如果 u_{I1} 和 u_{I2} 极性相同，当 $u_{\text{I1}} < u_{\text{I2}}$ 时，则 $u_{\text{o}} > 0$；当 $u_{\text{I1}} = u_{\text{I2}}$ 时，则 $u_{\text{o}} = 0$；而当 $u_{\text{I1}} > u_{\text{I2}}$ 时，则 $u_{\text{o}} < 0$，即其极性改变，而极性的改变反映了某个物理量向相反方面变化的情况，如温度的升高和降低。这与式(8-44)一致，式中 A_u 应是负值。

通常，比较输入时，可将输入信号分解为共模信号 u_{Ic} 和一对差模信号 $\pm u_{\text{Id}}$。

$$u_{\text{Ic}} = \frac{u_{\text{I1}} + u_{\text{I2}}}{2} \tag{8-45}$$

$$u_{\text{Id}} = \pm \frac{u_{\text{I1}} - u_{\text{I2}}}{2} \tag{8-46}$$

共模信号为两个输入信号的平均值；差模信号正比于两个输入信号的差。由此可求出输入信号的共模分量和差模分量。

3. 共模抑制比

实际上，差分放大电路很难做到完全对称，对共模分量仍有一定放大能力。共模分量往往是干扰、噪声、温漂等无用信号，而差模分量才是有用的。为了全面衡量差分放大电路放大差模信号和抑制共模信号的能力，通常引用共模抑制比 K_{CMRR} 来表征。其定义为放大电路对差模信号的放大倍数 A_{d} 和对共模信号的放大倍数 A_{c} 之比，即

$$K_{\text{CMRR}} = \frac{A_{\text{d}}}{A_{\text{c}}} \tag{8-47}$$

或用对数形式表示

$$K_{\text{CMRR}} = 20\lg \frac{A_{\text{d}}}{A_{\text{c}}}(\text{dB}) \tag{8-48}$$

共模抑制比是全面反映直流放大电路对放大差模信号和抑制共模信号能力的一个很重要的指标。共模抑制比越大，差分放大电路分辨所需的差模信号的能力越强，而受共模信号的影响越小。对于双端输出差分放大电路，理想情况下，若电路完全对称，则 $A_{\text{c}} = 0$，$K_{\text{CMRR}} \rightarrow \infty$。而实际情况是，电路完全对称并不存在，共模抑制比也不可能趋于无穷大。

从原则上看，提高双端输出差分放大电路共模抑制比的途径是：一方面要使电路参数尽量对称，另一方面则应尽可能地加大共模抑制电阻 R_{E}。对于单端输出的差分放大电路来说，主要的手段只能是加强共模抑制电阻 R_{E} 的作用。

8.5.3 互补对称功率放大电路

在多级放大电路中,输出信号都需要送到负载,去驱动负载装置,如驱使电动机旋转、扬声器发声、仪表指针偏转、继电器动作等。所以多级放大电路除了应有放大倍数较高的电压放大级外,在多级放大电路的末级或末前级一般还要有功率放大级,一个能输出一定信号功率的输出级,用于将前置电压放大级送来的低频信号进行功率放大,去推动负载工作。这种以输出大功率为目的的放大电路称为功率放大电路。

1. 电路结构

功率放大电路是多级放大电路的末级,通常工作在大信号状态,对功率放大电路的基本要求有以下两个。

(1) 在不失真的情况下能输出尽可能大的功率。为了获得较大的输出功率,往往让它工作在极限状态,但要考虑到晶体管的极限参数 P_{CM}、I_{CM} 和 $U_{(BR)CEO}$。

(2) 由于功率较大,就要求提高效率。所谓效率,就是负载得到的交流信号功率与电源供给的直流功率之比值。

一种有效的电路是采用如图 8-29 所示的互补对称功率放大电路,该电路将一个 NPN 管 VT_1 组成的射极输出器和一个 PNP 管 VT_2 组成的射极输出器合并在一起,公用负载电阻和输入端。当输入信号 u_i 在它的正半周时,NPN 管 VT_1 导通,PNP 管 VT_2 截止,负载上的输出波形为正半周;当输入信号 u_i 在它的负半周时,PNP 管 VT_2 导通,NPN 管 VT_1 截止,负载上的输出波形为负半周。在这一电路中,两管上下对称,轮流工作,互相补充,故称互补对称电路。

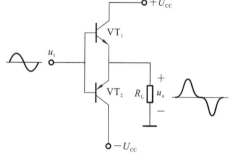

图 8-29 互补对称功率放大电路

2. 主要特点

因为互补对称电路没有偏置电阻 R_B,所以在无输入信号时,$I_B = 0$,$I_C = 0$,管子本身没有损耗,电路的效率高;有输入信号时,两管交替工作,并且管子往往在接近极限状态下工作,输出功率大;由于两管都是射极输出,所以输出电阻低。

另外,由于场效应管可以通过栅-源之间的电压 u_{GS} 来控制漏极电流 i_D,所以用场效应管代替三极管,也可以构成各种类型的放大电路,如共源放大电路(对应于晶体管的共射放大电路)和共漏放大电路(对应于晶体管的共集放大电路)等。又因为场效应管具有输入电阻高的特点,所以由场效应管组成的放大电路多用于多级放大电路的输入级。详细内容请读者参考其他资料。

8.6 实用放大电路结构

实用的放大电路往往需要根据其用途全面考虑各性能指标。例如,要实现一个放大直流微弱电压信号的放大电路,须采用直接耦合形式的多级放大电路,该放大电路至少三级。

因为是直流信号输入,所以要求输入级的零漂小;因为输入信号微弱,且不能提供大的电流,所以要求放大电路的输入电阻大,放大倍数高。因此,输入级主要考虑零漂和输入电阻。如果要求零漂抑制能力强,则必须采用差分放大电路;如果有高的输入电阻,则可以考虑采用场效应管差分放大电路,得到很高的输入电阻,减小对信号源的影响。

因为该电路直接带负载,所以还要求输出电阻小、功率大、效率高。因此,输出级主要考虑输出电阻和输出功率及效率。采用互补功率放大电路,既能满足输出电阻小,又能满足输出功率大、效率高的要求。

中间级则主要考虑提高放大倍数。因此,常用共发射极放大电路作为中间级,中间级可以选择一级,也可以选择多级,这样就可以得到较高的电压放大倍数。

综上所述一个实用的直接耦合多级放大电路框图如图 8-30 所示。

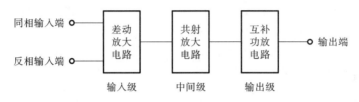

图 8-30　一个实用的放大电路框图

习　题　8

8-1　改变 R_C 和 U_{CC} 对放大电路的直流负载线有什么影响?

习题 8 答案

8-2　什么是静态工作点? 如何设置静态工作点? 如果静态工作点设置不当,则会出现什么问题?

8-3　估算静态工作点时,应根据放大电路的直流通路还是交流通路进行估算? 为什么?

8-4　晶体管用微变等效电路来代替,条件是什么?

8-5　设 I_B 不变,能否通过增大 R_C 来提高放大电路的电压放大倍数? 当 R_C 过大时,对放大电路的工作有何影响?

8-6　通常希望放大电路的输入电阻低一些好,还是高一些好? 输出电阻是希望低一些好,还是高一些好呢? 放大电路的带负载能力是指什么?

8-7　发现输出波形失真,是否说明静态工作点一定不适合?

8-8　对分压式偏置电路而言,为什么只要满足 $I_2 \gg I_B$ 和 $V_B \gg U_{BE}$ 两个条件,静态工作点就能得以基本稳定?

8-9　何谓共集电极电路? 如何看出射极输出器是共集电极电路?

8-10　射极输出器有何特点? 有何用途?

8-11　为什么射极输出器又称为射极跟随器? 跟随什么?

8-12　差分放大电路在结构上有何特点?

8-13　什么是共模信号和差模信号? 差分放大电路对这两种输入信号是如何区别对待的?

8-14 双端输入-双端输出差分放大电路为什么能抑制零点漂移？为什么共模抑制电阻 R_E 能提高抑制零点漂移的效果？是不是 R_E 越大越好？为什么 R_E 不影响差模信号的放大效果？

8-15 三极管放大电路如图 8-31(a)所示，$U_{CC}=12$ V，$R_C=3$ kΩ，$R_B=240$ kΩ，$R_L=6$ kΩ，晶体管的 $\beta=40$，设 $R_{be}=0.8$ kΩ。

（1）试用直流通路估算各静态值 I_B、I_C、U_{CE}；

（2）晶体管的输出特性如图 8-31(b)所示，试用图解法作出放大电路的静态工作点。

（3）利用微变等效电路计算放大电路的电压放大倍数 A_u。

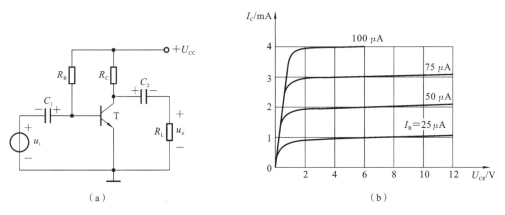

图 8-31 题 8-15 电路

8-16 试判断图 8-32 中各个电路能不能放大交流信号？为什么？

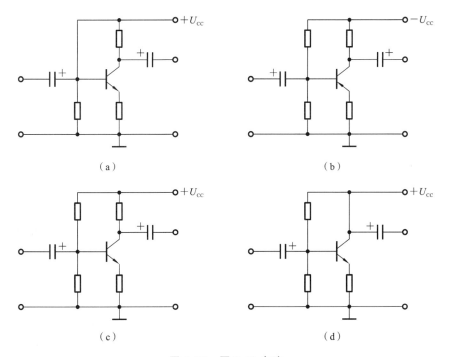

图 8-32 题 8-16 电路

8-17 在图 8-33 所示分压式偏置放大电路中,已知 $U_{CC}=12$ V,$R_C=3$ kΩ,$R_{B1}=1$ kΩ,$R_{B2}=24$ kΩ,$R_L=5$ kΩ,晶体管的 $\beta=50$,并设 $R_S\approx0$。(1)试求静态值 I_B、I_C、U_{CE}。(2)画出微变等效电路。(3)计算晶体管的输入电阻 r_{be}。(4)计算电压放大倍数 A_u。(5)估算放大电路的输入电阻和输出电阻。

8-18 在题 8-17 中,将图 8-33 中的发射极交流旁路电容 C_E 除去。(1)试问静态值有无变化?(2)画出微变等效电路。(3)计算电压放大倍数 A_u。(4)估算放大电路的输入电阻和输出电阻。

8-19 在图 8-34 所示射极输出器中,已知 $R_S=50$ Ω,$R_E=1$ kΩ,$R_{B1}=100$ kΩ,$R_{B2}=30$ kΩ,晶体管的 $\beta=50$,$r_{be}=1$ kΩ。(1)试计算电压放大倍数 A_u。(2)估算放大电路的输入电阻和输出电阻。

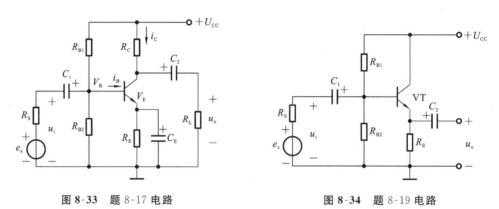

图 8-33　题 8-17 电路　　　　　　　　图 8-34　题 8-19 电路

8-20 在图 8-35 所示两级电压放大电路中,已知 $\beta_1=\beta_2=50$,VT_1 和 VT_2 均为 3DG8D。(1)计算前、后级放大电路的静态值($U_{BE}=0.7$ V);(2)求放大电路的输入电阻和输出电阻;(3)求各级电压放大倍数及总电压放大倍数。

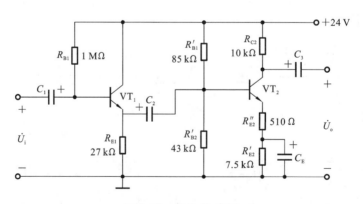

图 8-35　题 8-20 电路

9

集成运算放大器

前两章介绍的是由各种单个元器件连接起来的分立电子电路,集成电路是把整个电路的各个元器件以及相互之间的连接同时制造在一块半导体芯片上,组成一个不可分割的整体。近年来,集成电路正在取代分立电路,它打破了分立元器件和分立电路的设计方法,实现了材料、元器件和电路的统一。集成电路体积更小,重量更轻,功耗更低,价格比较便宜,又由于减少了电路的焊接点而提高了工作的可靠性。所以集成电路自 20 世纪 60 年代初期问世以来,使电子技术得到新的飞跃,进入了微电子学时代,从而促进了各个科学技术领域先进技术的发展。

就导电类型而言,集成电路有双极型、单极型(场效应晶体管)和两者兼容的。就集成度而言,有小规模集成电路 SSI、中规模集成电路 MSI、大规模集成电路 LSI 和超大规模集成电路 VLSI。目前的超大规模集成电路,每块芯片上制有上亿个元器件,而芯片面积只有几十平方毫米。就功能而言,有数字集成电路和模拟集成电路,而模拟集成电路中最主要的代表器件就是运算放大器。运算放大器在早期用于模拟信号的运算,故名运算放大器。随着集成技术的发展,运算放大器的应用已远远超出了模拟运算的范围,广泛应用于信号的处理和测量、信号的产生和转换及自动控制等诸多方面。同时,许多具有特定功能的模拟集成电路也在电子技术领域中得到了广泛的应用。本章主要介绍集成运算放大器。

9.1 集成运算放大器概述

9.1.1 集成运算放大器的组成

集成运算放大器在制作中有以下几个特点。

(1)在集成电路工艺中,难于制造电感元件,也难于制造容量大于 200 pF 的电容,而且性能很不稳定,所以集成电路中要尽量避免使用电容器。因此,运算放大器各级之间都采用直接耦合,基本上不采用电容元件。必须使用电容器的场合,也大多采用外接的办法。

(2)在集成电路中,比较合适的阻值为 100 Ω～30 kΩ。制作高阻值的电阻成本高,占用面积大,且阻值偏差大(10%～20%)。因此,在集成运算放大器中往往用三极管

(或场效应晶体管)恒流源代替电阻。必须用直流高阻值电阻时,也常采用外接方式。

(3) 集成电路中的二极管都采用三极管构造,把发射极、基极、集电极三者适当组配使用。

集成运算放大器的电路常可分为输入级、中间级、输出级和偏置电路四个基本组成部分,如图 9-1 所示。

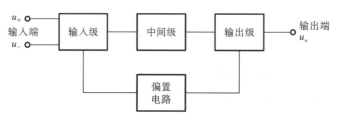

图 9-1　集成运算放大器的组成

输入级是提高运算放大器质量的关键部分,都采用差分放大电路,要求其输入电阻高,静态电流小,差模放大倍数高,抑制零点漂移和共模干扰信号的能力强,它有同相和反相两个输入端。对于差分放大电路,它要求两管的性能应该相同。而集成电路中的各个晶体管是通过同一工艺过程制作在同一硅片上的,容易获得特性相近的差分对管。又由于管子在同一硅片上,温度性能基本保持一致,因此,容易制成温度漂移很小的运算放大器。

中间级用来完成电压放大,要求它的电压放大倍数高,一般由一级或多级共发射极放大电路构成。

输出级直接与负载相接,要求其输出电阻低,有较强的带负载能力,能输出足够大的电压和电流,一般由互补功率放大电路或射极输出器构成。其输出电阻低,能提供较大的输出电压和电流。

偏置电路的作用是,为上述各级电路提供稳定和合适的偏置电流,决定各级的静态工作点,一般由各种恒流源电路构成。

综上所述,集成运算放大器是一种可靠性高、体积小、耗电少、电压放大倍数高、输入电阻大、输出电阻小、共模抑制比高、抗干扰能力强的通用型电子器件。集成运算放大器通常有圆形封装(见图 9-2(a))和双列直插式封装(见图 9-2(b))两种形式。在应用集成运算放大器时,需要知道它的几个引脚的用途以及放大器的主要参数,至于它的内部电路结构如何一般是无关紧要的。F007(CF741)集成运算放大器的引脚图和符号如图 9-3 所示。这种运算放大器通过 7 个引脚与外电路相接。各引脚的功能如下。

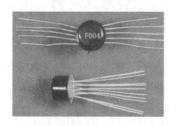

（a）圆形封装

（b）双列直插式封装

图 9-2　集成运算放大器的外形图

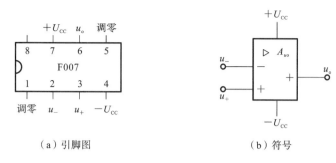

（a）引脚图 （b）符号

图 9-3 集成运算放大器的引脚图和符号

引脚 2 为反相输入端 u_-。由此端接输入信号，则输出信号和输入信号是反相的（或两者极性相反）。

引脚 3 为同相输入端 u_+。由此端接输入信号，则输出信号和输入信号是同相的（或两者极性相同）。

引脚 4 为负电源端 $-U_{CC}$。

引脚 7 为正电源端 $+U_{CC}$。

引脚 6 为输出端 u_o。

引脚 1 和引脚 5 为外接调零电位器（通常为 10 kΩ）的两个端子。

引脚 8 为空脚。

9.1.2 集成运算放大器的主要参数

集成运算放大器的性能可用它的参数来表示。为了合理地选用和正确地使用集成运算放大器，必须了解各主要参数的意义。

（1）开环电压放大倍数 A_{uo}。

开环电压放大倍数 A_{uo} 是指集成运算放大器的输入端和输出端之间，在没有外接反馈电路（开环）时所测出的差模电压放大倍数，称为开环电压放大倍数。A_{uo} 越高，所构成的运算电路越稳定，运算精度也越高。A_{uo} 一般为 $10^4 \sim 10^7$，即开环增益 80～140 dB。

（2）差模输入电阻 r_{id} 与输出电阻 r_o。

差模输入电阻 r_{id} 反映了集成运算放大器输入端向差模输入信号源索取电流的大小，r_{id} 越大越好，一般为 $10^5 \sim 10^{11}$ Ω。输出电阻 r_o 反映了运放带负载能力的大小，r_o 越小越好，通常为几十欧至几百欧。

（3）共模抑制比 K_{CMRR}。

因为集成运算放大器的输入级采用差分放大电路，所以有很高的共模抑制比。K_{CMRR} 一般为 70～130 dB。

（4）最大共模输入电压 U_{ICM}。

集成运算放大器对共模信号具有抑制的性能，但这个性能是在规定的共模电压范围内才具备。如超出最大共模输入电压 U_{ICM}，集成运算放大器的共模抑制性能就大为下降，甚至造成器件损坏。

（5）输入失调电压 U_{IO}。

理想的集成运算放大器，当输入电压 $u_{I1} = u_{I2} = 0$（即把两输入端同时接地）时，输

出电压 $u_o=0$。但在实际的运算放大器中，由于制造中元器件参数的不对称等原因，当输入电压为零时，$u_o\neq0$。因此，如果要使 $u_o=0$，必须在输入端加一个很小的补偿电压，它就是输入失调电压。U_{IO} 一般为几毫伏，其值越小越好。

（6）输入失调电流 I_{IO}。

输入失调电流 I_{IO} 是指输入信号为零时，两个输入端静态基极电流之差，即 $I_{IO}=|I_{B1}-I_{B2}|$。I_{IO} 一般在零点零几到零点几微安，其值越小越好。

（7）输入偏置电流 I_{IB}。

输入偏置电流 I_{IB} 是指输入信号为零时，两个输入端静态基极电流的平均值，即 $I_{IB}=(I_{B1}+I_{B2})/2$。它的大小主要与电路中第一级管子的性能有关。I_{IB} 一般在零点几微安，其值越小越好。

（8）最大输出电压 U_{OM}。

最大输出电压 U_{OM} 是指能使输出电压和输入电压保持不失真关系的最大输出电压。当 F007 集成运算放大器电源电压为 ±15 V 时，最大输出电压 U_{OM} 约为 ±13 V。

以上介绍了集成运算放大器的几个主要参数，还有其他参数（如温度漂移、静态功耗等）这里不一一介绍，需要时可查手册。

9.1.3 理想运算放大器及其分析依据

在分析运算放大器时，一般可将它看成是一个理想运算放大器。理想化的条件主要是：

开环电压放大倍数 $A_{uo}\to\infty$；

差模输入电阻 $r_{id}\to\infty$；

开环输出电阻 $r_o\to0$；

共模抑制比 $K_{CMRR}\to\infty$。

由于实际运算放大器的上述技术指标接近理想化的条件，因此在分析时，用理想运算放大器代替实际放大器所引起的误差并不严重，在工程上是允许的，但这样就使分析过程大大简化。若无特别说明，则后面都是根据运算放大器的理想化条件来进行分析的。

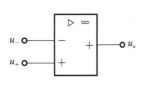

图 9-4 理想运算放大器的图形符号

理想运算放大器的图形符号如图 9-4 所示。它有两个输入端 u_+ 和 u_-，以及一个输出端 u_o。反相输入端标上"－"号，同相输入端和输出端标上"＋"号。"∞"表示开环电压放大倍数的理想化条件。

表示输出电压与输入电压之间关系的特性曲线称为传输特性，运算放大器的传输特性如图 9-5 所示，可以看出该图可分为线性区和饱和区。运算放大器可工作在线性区，也可工作在饱和区。如果直接将输入信号作用于运算放大器的两个输入端，因为 $A_{uo}\to\infty$，必然使运算放大器工作在饱和区。为了使理想的运算放大器工作在线性区，则必须引入深度电压负反馈（见 9.2 节），降低放大倍数。

1. 工作在线性区

运算放大器是一个线性放大器件，当运算放大器工作在线性区时，u_o 和 (u_+-u_-)

是线性关系,即

$$u_o = A_{uo}(u_+ - u_-) \qquad (9\text{-}1)$$

由于运算放大器的开环电压放大倍数 A_{uo} 很高,即使输入毫伏级以下的信号,也足以使输出电压饱和,其饱和值 $+U_{0(\text{sat})}$ 将达到接近正电源电压值或 $-U_{0(\text{sat})}$ 达到接近负电源电压值。因此,要使运算放大器工作在线性区,则必须引入深度电压负反馈,使运算放大器稳定工作。

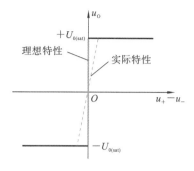

图 9-5　运算放大器的传输特性

运算放大器工作在线性区时,有如下特点。

(1) 由于运算放大器的差模输入电阻 $r_{\text{id}} \to \infty$,故可认为两个输入端的输入电流为零,即

$$i_+ = i_- \approx 0 \qquad (9\text{-}2)$$

称为"虚断"。

(2) 由于输出电压是一个有限值,运算放大器的开环电压放大倍数 $A_{uo} \to \infty$,根据式(9-1)可知

$$u_+ - u_- = \frac{u_o}{A_{uo}} \approx 0$$

$$u_+ \approx u_- \qquad (9\text{-}3)$$

称为"虚短"。

如果反相端有输入,同相端接"地",即 $u_+ = 0$ 时,由式(9-3)可得,$u_- \approx 0$。反相输入端的电位接近于"地"电位,它是一个不接地的"地"电位端,通常称为"虚地"。

2. 工作在饱和区

运算放大器工作在饱和区时,两个输入端的输入电流也可认为等于零,满足式(9-2)。但不满足式(9-1),这时输出电压 u_o 只有两种可能,等于 $+U_{0(\text{sat})}$ 或等于 $-U_{0(\text{sat})}$,且 u_+ 与 u_- 不一定相等。

当 $u_+ > u_-$ 时,$u_o = +U_{0(\text{sat})}$;

当 $u_+ < u_-$ 时,$u_o = -U_{0(\text{sat})}$。

9.2　放大电路中的负反馈

如前所述,运算放大器必须引入深度负反馈才能工作在线性区。因此,在介绍运算放大器的应用之前,先介绍一下有关反馈的概念。

9.2.1　反馈的概念

将电子电路(或某个系统)的输出信号(电压或电流)的一部分或全部通过反馈电路送回到输入端,与输入信号共同控制电路的输出,就称为反馈。

图 9-6(a)所示的是不带反馈的电子电路的方框图,它仅含有一个基本放大电路 A,它可以是单级或多级的,传递信号均如箭头所示方向单方向传递,常称为开环。

图 9-6(b)所示的是带有反馈的电子电路的方框图,它除了有基本放大电路 A,还

有一个反馈电路 F,它是联系放大电路的输出电路和输入电路的环节。基本放大电路 A 和反馈电路 F 构成一个闭合环路,常称为闭环。

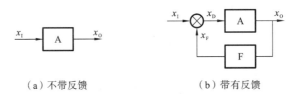

（a）不带反馈　　　　　　　　　　（b）带有反馈

图 9-6　电子电路方框图

图中,用 x 表示信号,它既可表示电压,也可表示电流。信号的传递方向如图中箭头所示,x_I、x_O 和 x_F 分别表示输入、输出和反馈信号。x_I 和 x_F 在输入端比较（"$\otimes$"是比较环节的符号）后,得净输入信号 x_D。它们可以是直流量,也可以是正弦量,正弦量可用相量或正弦波（同相或反相）表示。

若引回的反馈信号 x_F 与输入信号 x_I 比较使净输入信号 x_D 减小,则称这种反馈为负反馈。此时

$$x_D = x_I - x_F \qquad\qquad (9\text{-}4)$$

若引回的反馈信号 x_F 使净输入信号 x_D 增大,则称这种反馈为正反馈。此时

$$x_D = x_I + x_F \qquad\qquad (9\text{-}5)$$

放大电路中一般引入负反馈。

基本放大电路的输出信号 x_O 与净输入信号 x_D 之比称为开环电压放大倍数,用 A 表示,即

$$A = \frac{x_O}{x_D} \qquad\qquad (9\text{-}6)$$

反馈信号 x_F 与输出信号 x_O 之比称为反馈系数,用 F 表示,即

$$F = \frac{x_F}{x_O} \qquad\qquad (9\text{-}7)$$

引入反馈后的输出信号 x_O 与输入信号 x_I 之比称为闭环放大倍数,用 A_F 表示,即

$$A_F = \frac{x_O}{x_I} \qquad\qquad (9\text{-}8)$$

9.2.2　负反馈与正反馈的判别方法

瞬时极性法是判别电路中负反馈与正反馈的基本方法。设接"地"参考点的电位为零,若电路中某点在某瞬时的电位高于零电位,则该点电位的瞬时极性为正（用"$\oplus$"表示）;反之为负（用"$\ominus$"表示）。

在图 9-7(a)所示电路中,R_F 为反馈电阻,跨接在输出端与同相输入端之间。设某一瞬时输入电压 u_I 为正,则反相输入端电位的瞬时极性为"$\oplus$",输出端电位的瞬时极性变为"$\ominus$",输出电压 u_O 经 R_F 和 R_2 分压后在 R_2 上得到反馈电压 u_F,根据图中的参考方向,则同相输入端电位的瞬时极性也为"$\ominus$",则 $u_D = u_I - (-u_F) = u_I + u_F$,净输入电压 u_D 增大了,故为正反馈。或者说,输出端电位的瞬时极性为负,通过反馈降低了同相输入端的电位,从而增大了净输入电压。

在图 9-7(b)所示电路中,R_F 为反馈电阻,跨接在输出端与反相输入端之间。设某一瞬时输入电压 u_1 为正,则同相输入端电位的瞬时极性为"$\oplus$",输出端电位的瞬时极性也为"$\oplus$",输出电压 u_O 经 R_F 和 R_1 分压后在 R_1 上得到反馈电压 u_F,根据图中的参考方向,则反相输入端电位的瞬时极性也为"$\oplus$",则 $u_D = u_1 - u_F$,净输入电压 u_D 减小了,故为负反馈。或者说,输出端电位的瞬时极性为正,通过反馈提高了反相输入端的电位,从而减小了净输入电压。要使运算放大器工作在线性区,必须引入负反馈,使 $u_+ - u_- \approx 0$。

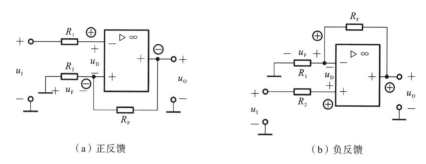

（a）正反馈　　　　　　　　　　　（b）负反馈

图 9-7　正反馈与负反馈的判别

对单级运算放大器电路而言,反馈电路从输出端引回到同相输入端的则为正反馈,反馈电路从输出端引回到反相输入端的为负反馈。

9.2.3　负反馈的类型及判断

反馈电路通常由电阻、电容元件构成,既与输入端相连,又与输出端相连。如果阻容元件的连接方式使得反馈信号中只含直流成分,则称为直流反馈;如果反馈信号中只含交流成分,则称为交流反馈;如果反馈信号中交、直流成分同时存在,则称为交、直流反馈。

根据反馈电路在输出端所采样的信号不同,可以分为电压反馈和电流反馈。若反馈信号取自输出电压,并与之成正比,则称为电压反馈。若反馈信号取自于输出电流(即负载电流),并与之成正比,则称为电流反馈。

根据反馈信号在输入端与输入信号比较形式的不同,可以分为串联反馈和并联反馈。若反馈信号与输入信号在输入端以电压的形式做比较,两者串联,则称为串联反馈;若反馈信号与输入信号在输入端以电流的形式做比较,两者并联,则称为并联反馈。

综上所述,根据反馈电路与基本放大电路在输入端和输出端连接方式的不同,负反馈可分为四种类型:串联电压负反馈、并联电压负反馈、串联电流负反馈、并联电流负反馈。

1. 串联电压负反馈

串联电压负反馈的典型电路如图 9-8 所示。图 9-8 即为 9-7(b),根据上述分析,电路引入负反馈。R_F 和 R_1 构成反馈环节,输入信号 u_1 通过 R_2 加于集成运放同相输入端。输出电压 u_O 通过 R_F 和 R_1 分压,分在 R_1 上的电压即为反馈信号 u_F,即

$$u_F = \frac{R_1}{R_1 + R_F} u_O$$

则反馈信号取自输出电压 u_O，并与之成正比，故称为电压反馈。

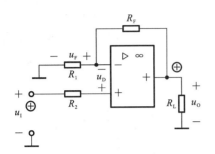

图 9-8 串联电压负反馈电路

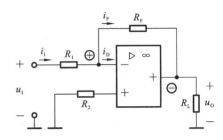

图 9-9 并联电压负反馈电路

反馈信号与输入信号在输入端以电压的形式做比较，两者串联，故称为串联反馈。

2. 并联电压负反馈

并联电压负反馈的典型电路如图 9-9 所示。反馈电路 R_F 一端连接于输出端，一端连接于输入端。输入信号 u_I 通过 R_1 加于集成运放反相输入端。通过 R_F 的电流即为反馈信号 i_F。设某一瞬时输入电压 u_I 为正，则反相输入端电位的瞬时极性为"⊕"，输出端电位的瞬时极性变为"⊖"。此时反相输入端的电位高于输出端的电位，输入电流 i_I 和反馈电流 i_F 的实际方向如图 9-9 所示。净输入电流（差值电流）$i_D = i_I - i_F$，即 i_F 削弱了净输入电流，故为负反馈。

从分析理想运放线性应用的重要结论 $u_+ - u_- \approx 0$，可知反馈电流

$$i_F = \frac{u_- - u_O}{R_F} = -\frac{u_O}{R_F}$$

则反馈信号取自输出电压 u_O，并与之成正比，故称为电压反馈。

反馈信号与输入信号在输入端以电流的形式做比较，两者并联，故称为并联反馈。

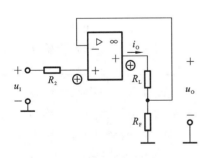

图 9-10 串联电流负反馈电路

3. 串联电流负反馈

串联电流负反馈的典型电路如图 9-10 所示。R_F 和负载电阻 R_L 构成反馈环节，输入信号 u_I 通过 R_2 加于集成运放同相输入端。负载中通过的电流为输出电流 i_O。R_F 上的电压即为反馈信号 u_F。设某一瞬时输入电压 u_I 为正，则同相输入端电位的瞬时极性为"⊕"，输出端电位的瞬时极性也为"⊕"。因此，反馈信号 u_F 也为正，净输入信号 $u_D = u_I - u_F$，即反馈信号 u_F 削弱了净输入信号，故为负反馈。

反馈电压

$$u_F = R_F i_O$$

取自输出电流（即负载电流）i_O，并与之成正比，故称为电流反馈。

反馈信号与输入信号在输入端以电压的形式做比较，两者串联，故称为串联反馈。

4. 并联电流负反馈

并联电流负反馈的典型电路如图 9-11 所示。R_F
和电阻 R 构成反馈环节。输入信号自运算放大器的
反相输入端输入。通过 R_F 的电流即为反馈信号 i_F。
设某一瞬时输入电压 u_I 为正,则反相输入端电位的
瞬时极性为"⊕",输出端电位的瞬时极性变为"⊖",
输出电流 i_O 为负,因此反馈信号 i_F 为正。净输入信
号 $i_D = i_I - i_F$,即 i_F 削弱了净输入电流,故为负反馈。

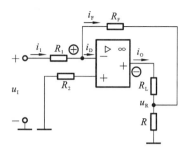

图 9-11　并联电流负反馈电路

反馈电流

$$i_F = -\frac{R}{R_F + R} i_O$$

取自于输出电流(即负载电流)i_O,并与之成正比,则称为电流反馈。

综上所述,从上述四个运算放大器电路可以得出如下结论。

(1)根据瞬时极性法,由单个集成运算放大器组成的本级反馈电路,若反馈电路接
到反相输入端,则为负反馈;若反馈电路接到同相输入端,则为正反馈。

(2)串、并联反馈的判断通常看反馈电路与输入端的连接形式。输入信号和反馈
信号分别加在两个输入端(同相和反相)上的,是串联反馈;加在同一个输入端(同相或
反相)上的,是并联反馈。

(3)电压、电流反馈的判断通常看反馈电路与输出端的连接形式。反馈电路直接
从输出端引出的,是电压反馈;从负载电阻 R_L 的靠近"地"端引出的,是电流反馈。

【例 9-1】　试判断图 9-12(a)和(b)所示电路中 R 所形成的反馈的类型。

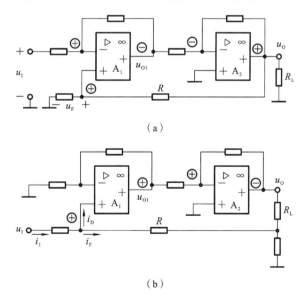

(a)

(b)

图 9-12　例 9-1 的图

解　(1)首先根据输入、输出的极性关系,得出各输入端、输出端的瞬时极性,如图
9-12(a)所示。利用瞬时极性法,可知输入信号和反馈信号的极性相同,使净输入信号
减小,故 R 引入的反馈为负反馈。

输入信号与反馈信号连接于不同的输入端,反馈信号以电压的形式出现,与输入电压比较,所以为串联反馈。

反馈电路连接于输出电压端,反馈信号正比于输出电压,所以为电压反馈。

综上所述,R 引入的反馈为串联电压负反馈。

(2) 首先根据输入、输出的极性关系,得出各输入、输出端的瞬时极性,如图 9-12 (b)所示。利用瞬时极性法,可知输入信号和反馈信号的极性相同,使净输入信号减小,故 R 引入的反馈为负反馈。

反馈电路从 R_L 靠近"地"端引出,反馈信号正比于输出电流,所以为电流反馈。

综上所述,R 引入的反馈为并联电流负反馈。

9.2.4 负反馈对放大电路性能的影响

1. 降低放大倍数

由图 9-6(b)所示的带有反馈的电子电路的方框图和式(9-7)容易得出,引入负反馈后,其闭环电压放大倍数为

$$A_F = \frac{x_O}{x_I} = \frac{x_O}{x_D + x_F} = \frac{\dfrac{x_O}{x_D}}{\dfrac{x_D}{x_D} + \dfrac{x_F}{x_D}} = \frac{A}{1 + AF} \tag{9-9}$$

由式(9-6)和式(9-7)可得

$$AF = \frac{x_F}{x_D} \tag{9-10}$$

由于 x_D 与 x_F 同是电压或电流,且为正值,故 AF 为正实数。因此,由式(9-9)可知,$|A_F| < |A|$,引入负反馈后放大倍数降低了。通常,将 $(1+AF)$ 称为反馈深度,其值越大,负反馈作用越强,$|A_F|$ 也就越小。引入负反馈后,虽然放大倍数降低了,但在很多方面改善了放大电路的工作性能。

2. 提高放大倍数的稳定性

在放大电路中,由于环境温度的变化、管子老化、元器件参数变化、电源电压波动等因素会引起放大倍数的变化,放大倍数的不稳定会影响放大电路的准确性和可靠性。如果这种相对变化较小,则说明其稳定性较高。放大倍数的稳定性通常用它的相对变化率来表示。无反馈时开环放大倍数的相对变化率为 $\dfrac{\mathrm{d}A}{A}$,有反馈时闭环放大倍数的相对变化率为 $\dfrac{\mathrm{d}A_F}{A_F}$,对式(9-9)求导数,可得

$$\frac{\mathrm{d}A_F}{A_F} = \frac{1}{1 + AF} \cdot \frac{\mathrm{d}A}{A} \tag{9-11}$$

式(9-11)表明,引入负反馈后,闭环放大倍数的相对变化率是未引入负反馈时的开环放大倍数的相对变化率的 $\dfrac{1}{1+AF}$。例如,当 $1+AF=100$ 时,若 A 变化了 $\pm10\%$,则 A_F 只变化了 $\pm0.1\%$。反馈越深,放大倍数越稳定。当 $1+AF\gg1$ 时,闭环放大倍数为

$$A_F = \frac{1}{F} \tag{9-12}$$

式(9-12)说明,在深度负反馈的情况下,闭环放大倍数仅与反馈电路的参数有关
(如电阻和 电容)有关,它们基本上不受外界因素变化的影响。

3. 改善非线性失真

由于放大电路中存在非线性元件,工作点选择不合适,或者输入信号过大,都将引
起输出信号产生非线性失真,尤其是输入信号幅度较大时,非线性失真更严重。当引入
负反馈后,可将输出端的失真信号反送到输入端,使净输入信号发生某种程度的失真,
经过放大之后,即可使输出信号的非线性失真得到一定程度的补偿。

设输入信号 u_1 为正弦波,在无反馈时,输出波形产生失真,正半周大而负半周小,
如图 9-13(a)所示。引入负反馈后,由于反馈电路为线性电路,反馈系数 F 为常数,反
馈电路通常由电阻组成,故反馈信号 u_F 是和输出信号 u_O 一样的失真波形,u_F 与输入
信号相减后使净输入信号 u_D 波形变成正半周小而负半周大的失真波形,从而使输出信
号的正、负半周趋于对称,改善了波形失真,如图 9-13(b)所示。从本质上说,负反馈是
利用失真了的波形来改善波形的失真,因此只能减小失真,不能完全消除失真。

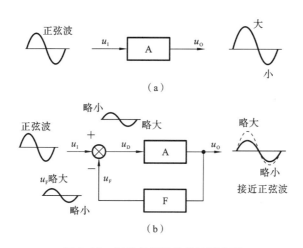

（a）

（b）

图 9-13　利用负反馈改善波形失真

4. 展宽通频带

如前所述,通频带是放大电路的主要技术指标之一,某些放大电路要求有较宽的通
频带。集成运算放大器电路都采用直接耦
合,无耦合电容,故其低频特性良好,展宽
了通频带;引入负反馈是展宽通频带的有
效措施之一。

图 9-14 所示的是集成运算放大器的
幅频特性,由于集成运放是直接耦合的直
流放大器,因此在从零开始的低频段,放大
倍数基本上是常数。无反馈时,在信号
的高频段,由于集成半导体器件极间电容

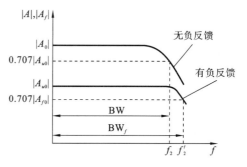

图 9-14　负反馈展宽通频带

的存在,随着频率的增高,开环放大倍数下降较快。当集成运放外部引入负反馈后,由于反馈量正比于输出信号幅度,因此在高频段,当输出信号幅度减小(放大倍数减小)时,负反馈随之减弱,从而使幅频特性趋于平坦,扩展了电路的通频带。

5. 对输入、输出电阻的影响

放大器引入负反馈后,使输入电阻增大还是减小,取决于反馈电路与输入端的连接方式,与串联反馈还是并联反馈有关。串联负反馈使输入电阻增大,并联负反馈使输入电阻减小。

放大器引入负反馈后,使输出电阻增大还是减小,取决于反馈电路与输出端的连接方式,与电压反馈还是电流反馈有关。电压负反馈具有稳定输出电压的功能,当输入一定时,电压负反馈使输出电压趋于恒定,故使输出电阻减小;电流负反馈具有稳定输出电流的功能,当输入一定时,电流负反馈使输出电流趋于恒定,故使输出电阻增大。

负反馈对输入电阻、输出电阻的影响如表 9-1 所示。

表 9-1　四种负反馈对输入、输出电阻的影响

反馈类型	串联电压	串联电流	并联电压	并联电流
输入电阻	增大	增大	减小	减小
输出电阻	减小	增大	减小	增大

9.3　运算放大器在信号运算方面的应用

运算放大器能完成比例、加减、积分与微分等运算,下面一一介绍这几种运放。

9.3.1　比例运算

1. 反相比例运算电路

图 9-15 所示的是反相比例运算电路。输入信号 u_1 经输入端电阻 R_1 送到反相输入端,同相输入端通过电阻 R_2 接地。反馈电阻 R_F 跨接在输出端和反相输入端之间,引入电压并联负反馈。

根据运算放大器工作在线性区时的两个分析,依据式(9-2)和式(9-3)可得

$$i_1 \approx i_F, \quad u_+ \approx u_- = 0$$

由图 9-15 可列出

$$i_1 = \frac{u_1 - u_-}{R_1} = \frac{u_1}{R_1}$$

$$i_F = \frac{u_- - u_O}{R_F} = -\frac{u_O}{R_F}$$

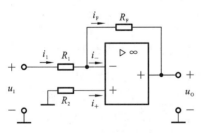

图 9-15　反相比例运算电路

由此得出

$$u_O = -\frac{R_F}{R_1} u_1 \tag{9-13}$$

式(9-13)表明,输出电压 u_O 与输入电压 u_I 是比例运算关系,或者说是比例放大的关系。其闭环放大倍数则为

$$A_{uf} = \frac{u_O}{u_I} = \frac{R_F}{R_1} \qquad (9\text{-}14)$$

式(9-13)还表明,输出电压 u_O 与输入电压 u_I 极性相反,其比值由电阻 R_F 和 R_1 决定。如果 R_F 和 R_1 的阻值足够精确,而且运算放大器的开环电压放大倍数很高,就可以认为输出电压 u_O 与输入电压 u_I 间的关系只取决于 R_F 和 R_1 的比值,与集成运放本身参数无关。

图 9-15 中的 R_2 是一平衡电阻,$R_2 = R_1 /\!/ R_F$,其作用是消除静态基极电流对输出电压的影响。

当 $R_1 = R_F$ 时,由式(9-13)和式(9-14)可得

$$u_O = -u_I$$

$$A_{uf} = \frac{u_O}{u_I} = -1 \qquad (9\text{-}15)$$

这就是反相器。

2. 同相输入

图 9-16 所示的是同相比例运算电路。输入信号 u_I 经输入端电阻 R_2 送到同相输入端,反相输入端通过电阻 R_1 接地。反馈电阻 R_F 跨接在输出端和反相输入端之间,引入电压串联负反馈。

根据运算放大器工作在线性区时的两个分析,依据式(9-2)和式(9-3)可得

$$i_1 \approx i_F, \quad u_+ \approx u_- = u_I$$

由图 9-16 可列出

$$i_1 = -\frac{u_-}{R_1} = -\frac{u_I}{R_1}$$

$$i_F = \frac{u_- - u_O}{R_F} = -\frac{u_I - u_O}{R_F}$$

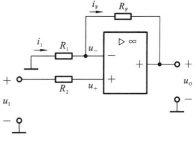

图 9-16　同相比例运算电路

由此得出

$$u_O = \left(1 + \frac{R_F}{R_1}\right) u_I \qquad (9\text{-}16)$$

可见,输出电压 u_O 与输入电压 u_I 也是成比例运算关系,也可认为与运算放大器本身的参数无关,其精度和稳定性都很高。其闭环放大倍数则为

$$A_{uf} = \frac{u_O}{u_I} = 1 + \frac{R_F}{R_1} \qquad (9\text{-}17)$$

式中:A_{uf} 为正值,这表示输出电压 u_O 与输入电压 u_I 极性相同,并且 A_{uf} 总是大于或等于 1,不会小于 1,这点和反相比例运算不同。

当 $R_1 = \infty$(断开)或 $R_F = 0$ 时,则

$$A_{uf} = \frac{u_O}{u_I} = 1 \qquad (9\text{-}18)$$

这就是电压跟随器。

9.3.2　加法运算

图 9-17 所示的是具有三个从反相输入端输入信号的加法运算电路。

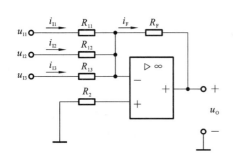

图 9-17　反相加法运算电路

根据运算放大器工作在线性区时的分析，依据式（9-3）可得

$$u_+ \approx u_- = 0$$

根据叠加定理，当 u_{I1} 单独作用时，根据式（9-13）可得输出电压的分电压为

$$u_{O1} = -\frac{R_F}{R_{11}} u_{I1}$$

当 u_{I2} 单独作用时，输出电压的分电压为

$$u_{O2} = -\frac{R_F}{R_{12}} u_{I2}$$

当 u_{I3} 单独作用时，输出电压的分电压为

$$u_{O3} = -\frac{R_F}{R_{13}} u_{I3}$$

因此，当 u_{I1}、u_{I2}、u_{I3} 共同作用时，输出总电压为

$$u_O = -\left(\frac{R_F}{R_{11}} u_{I1} + \frac{R_F}{R_{12}} u_{I2} + \frac{R_F}{R_{13}} u_{I3} \right) \tag{9-19}$$

式（9-19）表示输出电压等于各输入电压按不同比例相加。

当 $R_{11} = R_{12} = R_{13} = R_1$ 时，有

$$u_O = -\frac{R_F}{R_1}(u_{I1} + u_{I2} + u_{I3}) \tag{9-20}$$

即输出电压与各输入电压之和成正比，实现"和放大"。

当 $R_{11} = R_{12} = R_{13} = R_F$ 时，有

$$u_O = -(u_{I1} + u_{I2} + u_{I3}) \tag{9-21}$$

图 9-17 中的 R_2 是一平衡电阻，$R_2 = R_{11} // R_{12} // R_{13} // R_F$。加法运算电路的输入信号也可以从同相端输入，但由于运算关系和平衡电阻的选取比较复杂，并且同相输入时集成运放的两个输入端承受共模电压，它不允许超过集成运放的最大共模输入电压，因此一般较少使用同相输入的加法电路。若要进行同相加法运算，则只需在反相加法电路后再加一级反相器即可。

9.3.3　减法运算

如果两个输入端都有信号输入，则为差分输入，电路实现差分运算。差分运算在测量和控制系统中广泛应用，其运算电路如图 9-18 所示。

根据叠加定理，当 u_{I1} 单独作用时，根据式（9-13）可得输出电压的分电压为

$$u_{O1} = -\frac{R_F}{R_1} u_{I1}$$

当 u_{I2} 单独作用时，根据式（9-16）可得输出电压的分电压为

$$u_{O2} = \left(1 + \frac{R_F}{R_1}\right) u_+ = \left(1 + \frac{R_F}{R_1}\right) \frac{R_3}{R_2 + R_3} u_{I2}$$

因此,当 u_{I1}、u_{I2} 共同作用时,输出总电压为

$$u_O = \left(1 + \frac{R_F}{R_1}\right)\frac{R_3}{R_2 + R_3}u_{I2} - \frac{R_F}{R_1}u_{I1} \qquad (9\text{-}22)$$

当 $R_1 = R_2$,$R_3 = R_F$ 时,有

$$u_O = \frac{R_F}{R_1}(u_{I2} - u_{I1}) \qquad (9\text{-}23)$$

即输出电压与两输入电压之差成正比,称为差分放大电路。

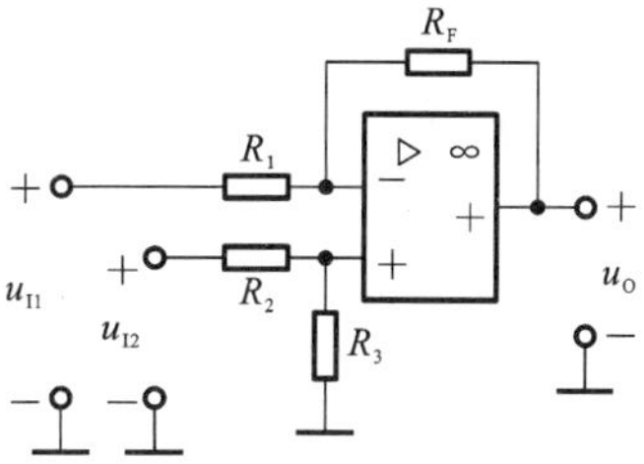

当 $R_1 = R_2 = R_3 = R_F$ 时,有

$$u_O = u_{I2} - u_{I1} \qquad\qquad\qquad (9\text{-}24)$$

此时电路就是减法运算电路。

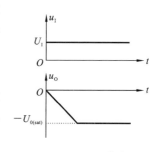

图 9-18 差分减法运算电路

9.3.4 积分运算

若将反相比例运算电路中的反馈元件 R_F 用电容 C_F 代替,就成为积分运算电路,如图 9-19 所示。

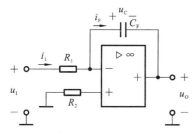

图 9-19 积分运算电路

根据运算放大器工作在线性区时的两个分析,依据式(9-2)和式(9-3)可得

$$i_1 \approx i_F, \quad u_+ \approx u_- = 0$$

由图 9-19 可列出

$$i_1 = i_F = \frac{u_1}{R_1}$$

设电容事先未充电,则

$$u_O = -u_C = -\frac{1}{C_F}\int i_F \, dt = -\frac{1}{R_1 C_F}\int u_1 \, dt$$

$$(9\text{-}25)$$

式(9-25)表明,输出电压 u_O 与输入电压 u_1 的积分成正比,式中的负号表示两者反相。$R_1 C_F$ 称为积分时间常数。

当输入电压 u_1 为阶跃信号,即 $u_1 = U_1$ 时,则

$$u_O = -\frac{1}{R_1 C_F}\int U_1 \, dt = -\frac{U_1}{R_1 C_F}t \qquad (9\text{-}26)$$

由于此时电容器恒流充电,所以输出电压 u_O 随时间线性变化,经过一定时间后,当输出电压达到运放的最大输出电压时,运算放大器进入饱和状态,输出电压保持在负饱和值 $-U_{O(sat)}$。其波形如图 9-20 所示。

在 3.5 节介绍过积分电路,当输入电压一定时,输出电压随着电容元件的充放电而按指数规律变化,其线性度较差。而采用运算放大器组成的积分电路,由于充电电流基本上是恒定的,故输出电压是时间的一次函数,从而提高了它的线性度。

积分电路除用于信号运算外,在控制和测量系统中也

图 9-20 积分运算电路
的阶跃响应

得到广泛应用。

9.3.5 微分运算

微分运算是积分运算的逆运算,只需将反相输入端的电阻和反馈电容调换位置,就成为微分运算电路,如图 9-21 所示。

由图 9-21 可得

$$i_F = i_1 = C_1 \frac{du_C}{dt} = C_1 \frac{du_1}{dt}$$

故

$$u_O = -i_F R_F = -R_F C_1 \frac{du_1}{dt} \tag{9-27}$$

即输出电压 u_O 是输入电压 u_1 的微分。

当输入电压 u_1 为阶跃电压时,输出电压 u_O 为尖脉冲电压,如图 9-22 所示。由于此电路工作时稳定性不高,很少应用。

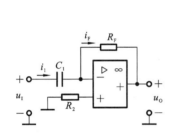

图 9-21 微分运算电路

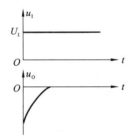

图 9-22 微分运算电路的阶跃响应

9.4 运算放大器在信号处理方面的应用

在自动控制系统中,在信号处理方面常见的有信号滤波、信号采样保持及信号比较等,下面作简单介绍。

9.4.1 有源滤波器

所谓滤波器,就是一种选频电路。它能选出有用的信号,而抑制无用的信号,允许一定频率范围内的信号顺利通过,衰减很小,而阻止或削弱(即滤波)频率范围以外的信号,衰减很大。

根据工作信号的频率范围,滤波器可以分成低通、高通、带通及带阻四类。低通滤波器(LPF)可通过低频信号,阻止高频信号;高通滤波器(HPF)可通过高频信号,阻止低频信号;带通滤波器(BPF)可通过某频率范围的信号,阻止频率低于和高于此范围的信号;带阻滤波器(BEF)可阻止某一频率范围内的信号,通过频率低于和高于此范围的信号。

在 4.7 节曾经介绍过滤波器,它只是由电阻和电容电路组成的,称为无源滤波器。无源滤波器无放大作用,带负载能力差,特性不理想。本节所讲的是将此 RC 电路再接到有源器件运算放大器的同相输入端,这种滤波器称为有源滤波器。与无源滤波器相比较,有源滤波器具有体积小、效率高、频率特性好等一系列优点,因而得到广泛应用。

如图 9-23 所示的滤波器框图中,若滤波器输入为 $\dot{U}_i(j\omega)$,输出为 $\dot{U}_o(j\omega)$,则输出电压与输入电压之比是频率的函数

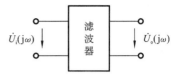

图 9-23 滤波器

$$T(j\omega) = \frac{\dot{U}_o(j\omega)}{\dot{U}_i(j\omega)} \qquad (9\text{-}28)$$

其模值称为滤波器的幅频特性

$$|T(j\omega)| = \left| \frac{\dot{U}_o(j\omega)}{\dot{U}_i(j\omega)} \right| \qquad (9\text{-}29)$$

根据幅频特性就可以判断滤波器的通频带。

1. 有源低通滤波器

图 9-24(a)所示的是有源低通滤波器电路。设输入电压 u_i 为某一频率的正弦电压,则可用相量表示。先由 RC 电路得出

$$\dot{U}_+ = \dot{U}_C = \dot{U}_i \cdot \frac{\dfrac{1}{j\omega C}}{R + \dfrac{1}{j\omega C}} = \dot{U}_i \cdot \frac{1}{1 + j\omega RC}$$

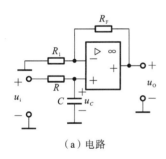

(a)电路

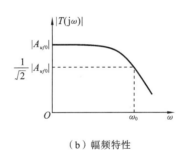

(b)幅频特性

图 9-24 有源低通滤波器

根据同相比例运算电路的输入/输出关系式(9-16),得

$$\dot{U}_o = \left(1 + \frac{R_F}{R_1}\right)\dot{U}_+ = \left(1 + \frac{R_F}{R_1}\right) \cdot \dot{U}_i \cdot \frac{1}{1 + j\omega RC}$$

故

$$\frac{\dot{U}_o}{\dot{U}_i} = \left(1 + \frac{R_F}{R_1}\right) \cdot \frac{1}{1 + j\omega RC} = \left(1 + \frac{R_F}{R_1}\right) \cdot \frac{1}{1 + j\dfrac{\omega}{\omega_0}}$$

式中:$\omega_0 = \dfrac{1}{RC}$,称为截止角频率,则该电路的幅频特性为

$$|T(j\omega)| = \left| \frac{U_o}{U_i} \right| = \left| 1 + \frac{R_F}{R_1} \right| \cdot \frac{1}{\sqrt{1 + \left(\dfrac{\omega}{\omega_0}\right)^2}} = |A_{uf0}| \cdot \frac{1}{\sqrt{1 + \left(\dfrac{\omega}{\omega_0}\right)^2}} \qquad (9\text{-}30)$$

当 $\omega \ll \omega_0$ 时,$|T(j\omega)| = |A_{uf0}|$;

当 $\omega = \omega_0$ 时,$|T(j\omega)| = \dfrac{|A_{uf0}|}{\sqrt{2}}$;

当 $\omega > \omega_0$ 时,$|T(\mathrm{j}\omega)|$ 随 ω 的增大而减小;

当 $\omega \rightarrow \infty$ 时,$|T(\mathrm{j}\omega)| = 0$。

有源低通滤波器的幅频特性如图 9-24(b)所示。由图 9-24(b)可以看出,有源低通滤波器允许通过低频段的信号,阻止高频段的信号。

2. 有源高通滤波器

有源高通滤波器电路如图 9-25(a)所示,即将有源低通滤波器中 RC 电路的 R 和 C 对调。

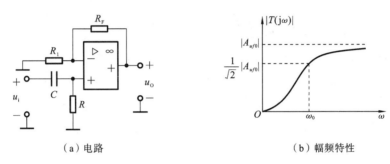

(a)电路   (b)幅频特性

图 9-25 有源高通滤波器

先由 RC 电路得出

$$\dot{U}_+ = \dot{U}_i \cdot \frac{R}{R + \dfrac{1}{\mathrm{j}\omega C}} = \dot{U}_i \cdot \frac{1}{1 + \dfrac{1}{\mathrm{j}\omega RC}}$$

根据同相比例运算电路的输入/输出关系式(9-16),得

$$\dot{U}_o = \left(1 + \frac{R_F}{R_1}\right)\dot{U}_+ = \left(1 + \frac{R_F}{R_1}\right) \cdot \dot{U}_i \cdot \frac{1}{1 + \dfrac{1}{\mathrm{j}\omega RC}}$$

故

$$\frac{\dot{U}_o}{\dot{U}_i} = \left(1 + \frac{R_F}{R_1}\right) \cdot \frac{1}{1 + \dfrac{1}{\mathrm{j}\omega RC}} = \left(1 + \frac{R_F}{R_1}\right) \cdot \frac{1}{1 - \mathrm{j}\dfrac{\omega_0}{\omega}}$$

式中:$\omega_0 = \dfrac{1}{RC}$,称为截止角频率。该电路的幅频特性为

$$|T(\mathrm{j}\omega)| = \left|\frac{U_o}{U_i}\right| = \left|1 + \frac{R_F}{R_1}\right| \cdot \frac{1}{\sqrt{1 + \left(\dfrac{\omega_0}{\omega}\right)^2}} = |A_{uf0}| \cdot \frac{1}{\sqrt{1 + \left(\dfrac{\omega_0}{\omega}\right)^2}} \quad (9\text{-}31)$$

当 $\omega = 0$ 时,$|T(\mathrm{j}\omega)| = 0$;

当 $\omega > 0$ 时,$|T(\mathrm{j}\omega)|$ 随 ω 的增大而增大;

当 $\omega = \omega_0$ 时,$|T(\mathrm{j}\omega)| = \dfrac{|A_{uf0}|}{\sqrt{2}}$;

当 $\omega \rightarrow \infty$ 时,$|T(\mathrm{j}\omega)| = |A_{uf0}|$。

有源低通滤波器的幅频特性如图 9-25(b)所示。由图 9-25(b)可以看出,有源高通滤波器允许通过高频段的信号,阻止低频段的信号。

9.4.2 采样保持电路

在数字电路、计算机及程序控制的数据采集系统中常常用到采样保持电路。采样保持电路的功能是当输入信号变化较快时,输出信号能快速而准确地跟随输入信号的变化进行间隔采样,并且在两次采样的间隔时间内保持上一次采样结束的状态。

图 9-26(a)所示的是一种基本的采样保持电路,电路由模拟开关 S、存储电容元件 C 和由运算放大器构成的跟随器组成。模拟开关 S 一般由场效应晶体管构成。当控制信号为高电平时,开关闭合(即场效应晶体管导通),电路处于采样周期。这时 u_I 对存储电容元件 C 充电,$u_O = u_C = u_I$,输出电压跟随输入电压的变化。当控制电压变为低电平时,开关断开(即场效应晶体管截止),电路处于保持周期。由于电容元件 C 无放电电路,故在下一次采样之前 $u_O = u_C$,将采样到的数值保持一定时间。采样保持电路在数字电路、计算机及程序控制等装置中都得到应用。输入、输出波形如图 9-26(b)所示。

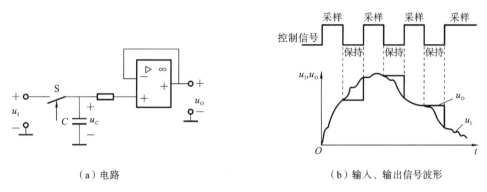

（a）电路　　　　　　　　　　（b）输入、输出信号波形

图 9-26　采样保持电路

9.4.3 电压比较器

1. 基本电压比较器

如果在运算放大器的一个输入端加上输入信号 u_I,另一个输入端加上固定的参考电压 U_R,对运算放大器的两个输入端的信号进行比较,以输出端的正、负来反映比较结果,就构成电压比较器。如图 9-27(a)所示的电压比较器,其输入电压 u_I 加在反相输入端,参考电压 U_R 加在同相输入端。

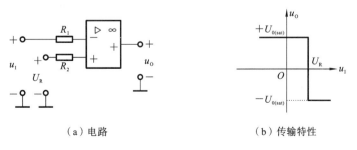

（a）电路　　　　　　　　　　（b）传输特性

图 9-27　电压比较器

当运算放大器工作于开环状态时,由于开环电压放大倍数非常大,即使输入端有一个非常微小的差值信号,也会使输出电压饱和。因此,用作比较器时,运算放大器工作在饱和区,即非线性区,输出不是高电平就是低电平(即为数字信号 1 或 0)。当 $u_1 < U_R$ 时, $u_o = +U_{0(sat)}$;当 $u_1 > U_R$ 时, $u_o = -U_{0(sat)}$ 。电压比较器的传输特性如图 9-27(b)所示。

如果将输入电压 u_1 加在同相输入端,参考电压 U_R 加在反相输入端构成电压比较器,请读者结合上述内容自行分析其传输特性。

当参考电压 $U_R = 0$ 时,即输入电压和零电平比较,称为过零比较器,其电路和传输特性如图 9-28(a)、(b)所示。当输入电压为正弦波电压 u_i 时, u_o 为矩形波电压,其波形如图 9-28(c)所示。

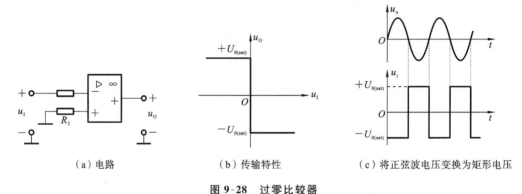

| (a)电路 | (b)传输特性 | (c)将正弦波电压变换为矩形电压 |

图 9-28   过零比较器

2. 有限幅电路的电压比较器

有时为了与输出端数字电路的电平配合,需要将比较器的输出电压限制在某一特定值,因此需要在比较器的输出端接上限幅电路。将一个双向稳压二极管 VD_Z 稳压电路接在比较器的输出端与"地"之间,如图 9-29(a)所示,利用稳压管的稳压功能,作双向限幅用。双向稳压二极管的电压为 $\pm U_Z$ 。电路和传输特性如图 9-29(b)所示。 u_1 与零电平比较,输出电压 u_o 被限制在 $+U_Z$ 和 $-U_Z$ 之间。

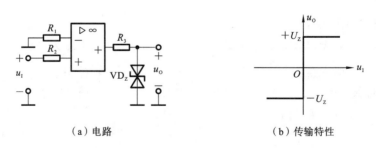

(a)电路   (b)传输特性

图 9-29   有限幅的过零比较器

3. 迟滞电压比较器

迟滞电压比较器使电路在一定的输入电压范围内,输出电压保持原状态不变,其电路如图 9-30(a)所示。该电路的输入电压 u_1 加到运算放大器的反相输入端,通过 R_F 引入串联电压正反馈,当输出电压为正饱和值时, $u_O = +U_Z$,则

$$u_+ = U_Z \cdot \frac{R_2}{R_2 + R_F} = U'_+$$

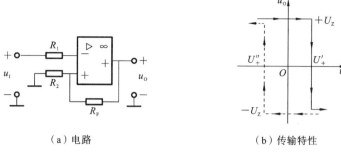

（a）电路 　　　　　　　（b）传输特性

图 9-30　迟滞电压比较器

当输出电压为负饱和值时，$u_O=-U_Z$，则

$$u_+=-U_Z \cdot \frac{R_2}{R_2+R_F}=U''_+$$

设某一瞬间，$u_O=+U_Z$，当输入电压 u_I 增大到 $u_I \geqslant U'_+$ 时，输出电压 u_O 由 $+U_Z$ 转变为 $-U_Z$，发生负向跃变。当 u_I 减小到 $u_I \leqslant U''_+$ 时，输出电压 u_O 又转变为 $+U_Z$，发生正向跃变。由此，得出迟滞电压比较器的传输特性如图 9-30(b)所示。U'_+ 称为上门限电压，U''_+ 称为下门限电压，两者之差 $U'_+ - U''_+$ 称为回差电压，改变 R_2 和 R_F 的阻值就可以方便地改变上、下门限电压和回差电压。

当输入电压 u_I 为正弦波时，随着 u_I 的大小变化，输出电压 u_O 为一矩形波电压，波形如图 9-31 所示。

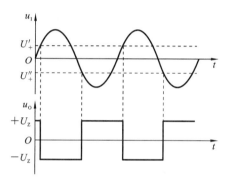

图 9-31　迟滞电压比较器的波形图

迟滞电压比较器由于引入了正反馈，能加速输出电压的转变过程，改善输出波形在跃变时的陡度；由于有回差电压的存在，提高了电路的抗干扰能力。

*9.5　运算放大器在波形产生方面的应用

9.5.1　矩形波发生器

矩形波电压在数字电路常作为信号源或用于模拟电子开关的控制信号。能产生矩形波电压的电路称为矩形波发生器，其电路如图 9-32(a)所示。图中，运算放大器与 R_1、R_2、R_3 组成迟滞电压比较器，VD_Z 为双向稳压二极管，作双向限幅用，使输出电压的幅值被限制在 $+U_Z$ 或 $-U_Z$。基准电压为 u_+，当输出电压为 $+U_Z$ 时，有

$$u_+=U_Z \cdot \frac{R_2}{R_1+R_2}=+U_R$$

当输出电压为 $-U_Z$ 时，有

$$u_+=-U_Z \cdot \frac{R_2}{R_1+R_2}=-U_R$$

R、C 组成电容充、放电电路，u_C 加在比较器的反相输入端，u_C 和 u_+ 相比较从而决定 u_O

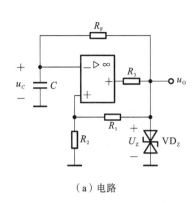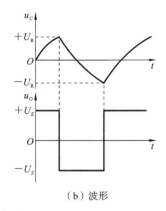

（a）电路　　　　　　　　　　（b）波形

图 9-32　矩形波发生器

的极性。

在电路接通瞬间，电容电压 $u_C = 0$，运算放大器的输出随机处于正饱和值或负饱和值。假设此时输出处于正饱和值，即 $u_O = +U_Z$ 时，比较器的基准电压为 $+U_R$；当 $u_C < +U_R$ 时，u_O 通过 R_F 给电容 C 充电，u_C 按指数规律上升。当 u_C 上升到 $+U_R$ 时，运算放大器的输出 u_O 即由正饱和值 $+U_Z$ 变为负饱和值 $-U_Z$。当 $u_O = -U_Z$ 时，比较器的基准电压为 $-U_R$，电容 C 通过 R_F 放电，u_C 逐渐下降至 0，而后反向充电。当充电到 u_C 等于 $-U_R$ 时，u_O 即由负饱和值 $-U_Z$ 又变为正饱和值 $+U_Z$。如此周期性地变化，在输出端产生矩形波电压，在电容器两端产生三角波电压，u_C 和 u_O 的波形如图 9-32(b) 所示。

当电路中无外加输入电压，但在输出端有一定频率和幅度的信号输出，这种现象就是电路的自激振荡。因为矩形波中含有丰富的谐波成分，所以矩形波发生器也称为多谐振荡器。

9.5.2　三角波发生器

若将上述矩形波发生器的输出作为积分运算电路的输入，积分运算电路一方面进行波形变换，将矩形波电压经积分后变换成三角波电压；另一方面取代图 9-32(a) 中矩形波发生器的 $R_F C$ 回路，并将 R_2 的一端改接到后者的输出端，就构成三角波发生器，其电路如图 9-33(a) 所示。运算放大器 A_1 组成的电路为迟滞电压比较器，A_2 为积分电路。

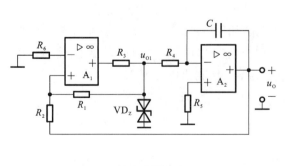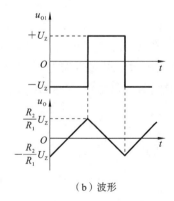

（a）电路　　　　　　　　　　（b）波形

图 9-33　三角波发生器

电路的工作稳定后,当 $u_{O1} = -U_Z$ 时,应用叠加定理可得迟滞电压比较器 A_1 同相输入端的电位为

$$u_{+1} = u_{O1} \cdot \frac{R_2}{R_1 + R_2} + u_O \cdot \frac{R_1}{R_1 + R_2} = (-U_Z) \cdot \frac{R_2}{R_1 + R_2} + u_O \cdot \frac{R_1}{R_1 + R_2}$$

比较器 A_1 反相输入端的电位 $u_{-1} = 0$,即参考电位为 0,要使 u_{O1} 由负饱和值 $-U_Z$ 变为正饱和值 $+U_Z$,只有 $u_{+1} = u_{-1} = 0$,可得

$$u_O = \frac{R_2}{R_1} U_Z$$

即当 u_O 上升到 $\frac{R_2}{R_1} U_Z$ 时,u_{O1} 由 $-U_Z$ 翻转为 $+U_Z$。

当 $u_{+1} > 0$ 时,$u_{O1} = +U_Z$,u_O 线性下降,此时

$$u_{+1} = (+U_Z) \cdot \frac{R_2}{R_1 + R_2} + u_O \cdot \frac{R_1}{R_1 + R_2}$$

当 u_O 下降到使 $u_{+1} = 0$ 时,有

$$u_O = -\frac{R_2}{R_1} U_Z$$

u_{O1} 由 $+U_Z$ 翻转为 $-U_Z$,u_O 线性上升。

如此周期性地变化,A_1 输出的是矩形波电压 u_{O1},A_2 输出的是三角波电压 u_O。所以图 9-33(a)所示的电路也称为矩形波-三角波发生器电路,其工作波形如图 9-33(b)所示。

9.5.3 锯齿波发生器

锯齿波发生器的电路与上述的三角波发生器的电路基本相同,只是积分电路做一下改动,将积分电路反相输入端的电阻 R_4 分为两路,使正、负向积分的时间常数大小不同,故两者积分速率明显不同,这样产生的输出波形就不是三角波而是锯齿波。锯齿波电压在示波器、数字仪表等电子设备中作为扫描之用。锯齿波发生器的电路和波形如图 9-34 所示。

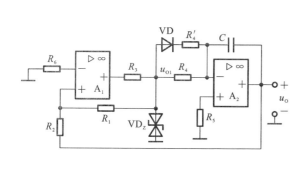

（a）电路

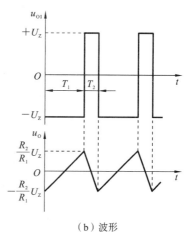

（b）波形

图 9-34 锯齿波发生器

当 $u_{O1} = +U_Z$ 时，二极管 VD 导通，故积分时间常数为 $(R_4' /\!/ R_4)C$，远小于 $u_{O1} = -U_Z$ 时的积分时间常数 R_4C。可见，正、负积分的速率相差很大，所以输出电压 u_O 为锯齿波电压。

9.6 使用运算放大器时的注意事项

运算放大器作为最通用的模拟器件，广泛用于信号调理、ADC 采样前端、电源电路等场合中。随着半导体集成技术的发展，运算放大器的品种越来越多，运算放大器的各项技术指标也在不断改善，应用日益广泛，为了确保运算放大器正常可靠地工作，使用时应注意以下事项。

1. 选用元器件

集成运算放大器按其技术指标可分为通用型、高速型、高阻型、低功耗型、大功率型、高精度型等；按其内部电路可分为双极型（由晶体管组成）和单极型（由场效应晶体管组成）；按每一集成片中运算放大器的数目可分为单运算放大器、双运算放大器和四运算放大器。

通常根据实际要求来选用运算放大器。例如，有些放大器的输入信号微弱，它的第一级应选用高输入电阻、高共模抑制比、高开环电压放大倍数、低失调电压及低温度漂移的运算放大器。选好后，根据引脚图和符号图连接外部电路，包括电源、外接偏置电阻、消振电路及调零电路等。

2. 消振

由于运算放大器内部晶体管的极间电容和其他寄生参数的影响，很容易产生自激振荡，破坏正常工作。为此，在使用时要注意消振。通常是外接 RC 消振电路或消振电容，用它来破坏产生自激振荡的条件。一般建议在运算放大器的电源脚旁边加一个 $0.1~\mu F$ 的去耦电容和一个几十微法的钽电容，或者再串接一个小电感或者磁珠，效果会更好。是否已消振，可将输入端接"地"，用示波器观察输出端有无自激振荡。目前由于集成工艺水平的提高，运算放大器内部已有消振元件，无须外接消振元件。

3. 调零

由于运算放大器的内部参数不可能完全对称，以致当输入信号为零时，仍有输出信号。为此，在使用时要外接调零电路。先消振，再调零，调零时应将电路接成闭环。一种是在无输入时调零，即将两个输入端接"地"，调节调零电位器，使输出电压为零。另一种是在有输入时调零，即按已知输入信号电压计算输出电压，然后将实际值调整到计算值。

4. 保护

运算放大器在使用中常因输入信号过大、电源电压极性接反或过高、输出端直接接"地"或接电源等原因而损坏。因此，为使运算放大器安全工作，可从以下三个方面进行保护。

（1）输入端保护。

当输入端所加的差模或共模电压过高时会损坏输入级的晶体管，为此，在输入端接

入反向并联的二极管,如图 9-35 所示,将输入
电压限制在二极管的正向压降以下。

（2）输出端保护。

为了防止输出电压过大,可利用稳压二极
管来保护,如图 9-36 所示,将两个稳压二极管
反向串联,将输出电压限制在 $U_Z + U_D$ 以内。
U_Z 是稳压二极管的稳定电压,U_D 是它的正向
压降。

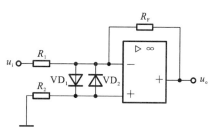

图 9-35　输入保护

（3）电源保护。

为了防止正、负电源接反造成运算放大器损坏,通常接入二极管进行电源保护,如
图 9-37 所示。当电源极性正确时,两只二极管均导通,对电源无影响;当电源接反时,
二极管截止,将电源与运算放大器隔离。

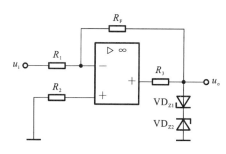

图 9-36　输出保护

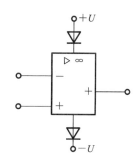

图 9-37　电源保护

习　题　9

习题 9 答案

9-1　什么是理想运算放大器? 理想运算放大器工作在线性区和饱
和区时各有何特点? 分析方法有何不同?

9-2　在图 9-38 所示电路中,若 $u_1 = 1$ V,试求 u_O。

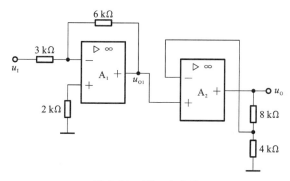

图 9-38　题 9-2 电路

9-3　为了实现下述要求,电路中应该引入哪种类型的负反馈?

（1）要求输出电压 u_o 基本稳定,并能提高输入电阻;

（2）要求输出电流 i_o 基本稳定，并能减小输入电阻；

（3）要求输出电流 i_o 基本稳定，并能提高输入电阻。

9-4　试判别图 9-39 所示放大电路中反馈电阻 R_F 引入的是哪种反馈电路？

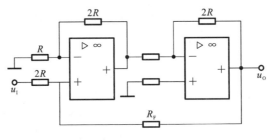

图 9-39　题 9-4 电路

9-5　试判别图 9-40 所示放大电路中从运算放大器 A_2 输出端引至 A_1 输入端的是何种类型的反馈电路？

9-6　有一负反馈放大电路，已知 $A=280$，$F=0.01$。试问：（1）闭环电压放大倍数 A_f 为多少？（2）如果 A 发生 $\pm 15\%$ 的变化，则 A_f 的相对变化为多少？

9-7　在图 9-41 所示的反相比例运算电路中，设 $R_1=15$ kΩ，$R_F=300$ kΩ。试求闭环电压放大倍数 A_f 和平衡电阻 R_2。若 $u_1=8$ mV，则 u_O 为多少？

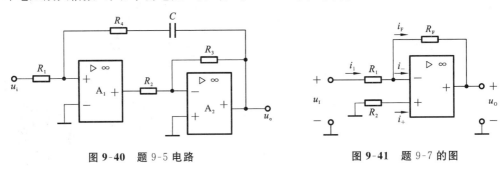

图 9-40　题 9-5 电路　　　　　　　　　图 9-41　题 9-7 的图

9-8　在图 9-42 所示同相比例运算电路中，$R_1=3$ kΩ，$R_F=10$ kΩ，$R_2=3$ kΩ，$R_3=17$ kΩ，$u_1=3$ V，求输出电压 u_O。

9-9　在图 9-43 所示电路中，已知 $u_{I1}=2$ V，$u_{I2}=3$ V，$u_{I3}=4$ V，$u_{I4}=5$ V，$R_1=R_2=3$ kΩ，$R_3=R_4=R_F=1$ kΩ，试计算输出电压 u_O。

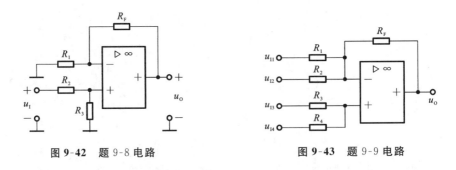

图 9-42　题 9-8 电路　　　　　　　　　图 9-43　题 9-9 电路

9-10　在图 9-44 所示电路中，试计算输出电压 u_O 与输入电压 u_I 之间的运算关系。

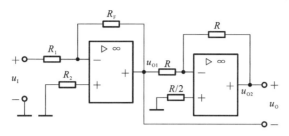

图 9-44 题 9-10 电路

9-11 在图 9-45 所示电路中,试计算输出电压与各输入电压之间的运算关系。

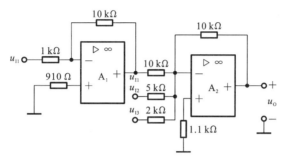

图 9-45 题 9-11 电路

9-12 在图 9-46(a)所示电路中,运算放大器的最大输出电压 $U_{OM} = \pm 10$ V,参考电压 $U_R = 5$ V,输入电压 u_I 如图 9-46(b)所示,试画出输出电压 u_O 的波形。

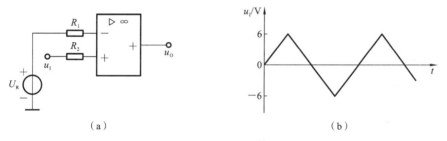

（a） （b）

图 9-46 题 9-12 的图

9-13 在图 9-47(a)所示积分运算电路中,如果 $R_1 = 50$ kΩ,$C_F = 1$ μF,u_1 的波形如图 9-47(b)所示,试画出输出电压 u_O 的波形。设 $u_C(0) = 0$。

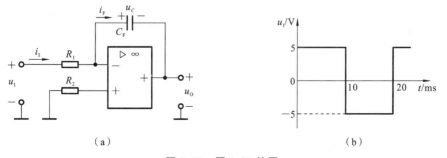

（a） （b）

图 9-47 题 9-13 的图

10

直流稳压电源

在工农业生产和科学实验中,主要采用交流电。但是在某些场合,需要用直流电源供电,如蓄电池的充电、电解、电镀、直流电动机等。此外,在电子线路和自动控制装置中还需要用电压非常稳定的直流电源。为了得到直流电,除了用直流发电机外,目前广泛采用各种半导体直流电源将交流电变换为直流电。图 10-1 是半导体直流电源的原理方框图,图中各环节的功能如下。

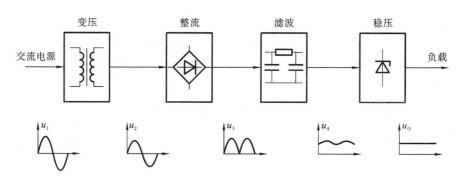

图 10-1 半导体直流电源的原理方框图

变压:将交流电源电压变换为符合整流需要的电压。

整流:利用整流元件(二极管)的单向导电性,将交流电压变换为单向脉动电压。

滤波:减小整流电压的脉动程度,尽可能供给负载平滑的直流电压,以适合负载的需要。

稳压:在交流电源电压波动或负载变动时,使直流输出电压稳定。稳压环节在对直流电压的稳定程度要求不高的电路中可以不要。

本章将对整流、滤波、稳压电路进行分析。

10.1 整流电路

整流电路利用二极管的单向导电性将交流电转换成脉动的直流电。如果整流电路输入单相交流电,称为单相整流电路;如果整流电路输入三相交流电,称为三相整流电路。在整流电路的分析中,常将二极管当作理想元件处理。

10.1.1 单相半波整流电路

单相半波整流电路如图 10-2 所示。它由整流变压器 Tr、整流元件 VD(二极管)及负载电阻 R_L 组成,是最简单的整流电路。设整流变压器二次侧的电压为

$$u = \sqrt{2}U\sin(\omega t)$$

其波形如图 10-3(a)所示。

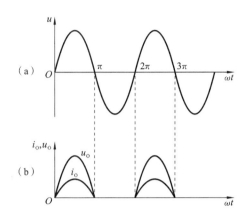

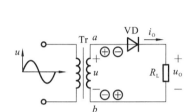

图 10-2 单相半波整流电路   图 10-3 单相半波整流电路的电压与电流的波形

由于二极管 VD 具有单向导电性,只有当它的阳极电位高于阴极电位时才能导通。在变压器二次电压 u 的正半周时,其极性为上正下负(见图 10-2),即 a 点的电位高于 b 点的电位,二极管的阳极电位高于阴极电位,二极管导通。这时负载电阻 R_L 上的电压为 u_o,通过的电流为 i_o。在变压器二次电压 u 的负半周时,其极性为上负下正(见图 10-2),a 点的电位低于 b 点的电位,二极管的阳极电位低于阴极电位,二极管截止,负载电阻 R_L 上没有电压。因此,在负载电阻 R_L 上得到的是半波整流电压 u_o。由于将二极管当作理想元件处理,二极管的正向导通压降近似为零。因此,可以认为 u_o 的这半个波和 u 的正半波是相同的。输出电压、电流波形如图 10-3(b)所示。

由输出波形可以看到,负载上得到的整流电压虽然是单方向的,但其大小是变化的。这种所谓单向脉动电压,常用一个周期的平均值来说明它的大小。单相半波整流电压的平均值为

$$U_o = \frac{1}{2\pi}\int_0^\pi \sqrt{2}U\sin(\omega t)\,\mathrm{d}(\omega t) = \frac{\sqrt{2}U}{\pi} = 0.45U \tag{10-1}$$

整流电流的平均值为

$$I_o = \frac{U_o}{R_L} = 0.45\frac{U}{R_L} \tag{10-2}$$

电路中通过整流二极管的平均电流就是负载电流,即

$$I_D = I_o \tag{10-3}$$

整流二极管截止时所承受的最高反向电压 U_{DRM} 就是变压器二次侧交流电压 u 的最大值 U_m,即

$$U_{DRM} = U_m = \sqrt{2}U \tag{10-4}$$

在选择整流元件时,根据整流二极管的平均电流I_D和整流二极管截止时所承受的最高反向电压U_{DRM},查手册中二极管的参数:最大整流电流I_{OM}和反向工作峰值电压U_{RM},考虑到电网电压的波动范围为$\pm10\%$,应选择整流二极管的两个极限参数为

$$I_{OM}\geqslant1.1I_D \tag{10-5}$$

$$U_{RM}\geqslant1.1U_{DRM} \tag{10-6}$$

这样,就可以选择合适的整流元件。

10.1.2 单相桥式整流电路

单相半波整流的缺点是只利用了电源的半个周期,同时整流电压的脉动较大。为了克服这些缺点,常采用单相桥式整流电路构成全波整流电路。图 10-4(a)所示的为单相桥式整流电路,它是由 4 个整流二极管构成的整流桥及负载电阻 R_L 组成的,图10-4(b)是其简化画法。

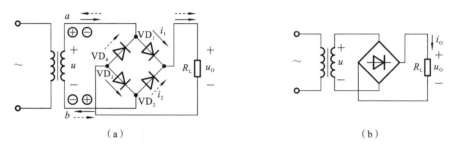

图 10-4 单相桥式整流电路

当变压器二次电压 u 在正半周时,其极性为上正下负(见图 10-4(a)),即 a 点的电位高于 b 点的电位,二极管 VD_1 和 VD_3 承受正向电压导通,VD_2 和 VD_4 承受反向电压截止,电流 i_1 的通路为 $a \rightarrow VD_1 \rightarrow R_L \rightarrow VD_3 \rightarrow b$,如图 10-4(a)中实线箭头所示。这时,负载电阻 R_L 上的电压为 $u_o = u$,得到一个半波电压,如图 10-5(b)中的 $0 \sim \pi$ 段所示。当变压器二次电压 u 在负半周时,其极性为上负下正,即 b 点的电位高于 a 点的电位,二极管 VD_2 和 VD_4 承受正向电压导通,VD_1 和 VD_3 承受反向电压截止,电流 i_2 的通路是 $b \rightarrow VD_2 \rightarrow R_L \rightarrow VD_4 \rightarrow a$,如图 10-4(a)中虚线箭头所示。这时,在负载电阻 R_L 上

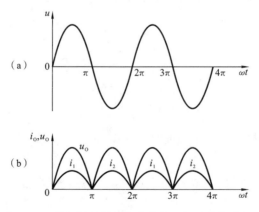

图 10-5 单相桥式整流电路的电压与电流的波形

的电压 $u_o = -u$,得到一个半波电压,如图 10-5(b)中的 $\pi \sim 2\pi$ 段所示。

显然,全波整流电路输出电压的平均值比半波整流时增加了一倍,即

$$U_o = 2 \times 0.45U = 0.9U \tag{10-7}$$

负载电阻中的直流电流也增加了一倍,即

$$I_o = \frac{U_o}{R_L} = 0.9 \frac{U}{R_L} \tag{10-8}$$

因为每两个整流二极管串联导电半周,所以每个整流二极管中流过的平均电流只有负载电流的一半,即

$$I_D = \frac{1}{2} I_o \tag{10-9}$$

从图 10-4 可以看出,当 VD_1 和 VD_3 导通、VD_2 和 VD_4 截止时,如果忽略二极管的正向压降,VD_2 和 VD_4 的阴极电位就等于 a 点的电位,阳极电位就等于 b 点的电位。所以整流二极管所承受的最高反向电压就是电源电压的最大值,即

$$U_{DRM} = U_m = \sqrt{2}U \tag{10-10}$$

这一点与半波整流电路相同。

桥式整流电路中整流元件的选择要求及方法与半波整流电路的一样。

桥式整流电路中的整流二极管目前已做成整流桥模块,就是用集成技术将四个二极管(PN 结)集成在一个硅片上,引出四根线,如图 10-6 所示。

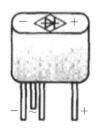 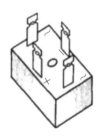

图 10-6　整流桥模块

【例 10-1】　某一负载需要 36 V、2 A 的直流电源供电,如采用单相桥式整流电路,试计算:(1)变压器副边的电压和电流的有效值;(2)流过二极管的电流平均值和二极管承受的最高反向工作电压,并选用何种二极管。

解　(1)变压器副边的电压的有效值为

$$U = \frac{U_o}{0.9} = 1.11U_o = 1.11 \times 36 \text{ V} = 40 \text{ V}$$

变压器副边的电流的有效值为

$$I_D = 1.11I_o = 1.11 \times 2 \text{ A} = 2.22 \text{ A}$$

(2)流过二极管的电流平均值为

$$I_D = \frac{1}{2} I_o = \frac{1}{2} \times 2 \text{ A} = 1 \text{ A}$$

二极管承受的最高反向工作电压为

$$U_{DRM} = \sqrt{2}U = \sqrt{2} \times 40 \text{ V} = 56 \text{ V}$$

可以选择 2CZ12B 二极管,其最大整流电流为 3 A,最大反向电压为 100 V。

10.2 滤波器

整流电路虽然可以把交流电转换为单方向的直流电,但是所得到的输出电压是单向脉动电压,包含了很多脉动成分(交流分量),不能直接用作电子电路的直流电源。在某些设备(如电镀、蓄电池充电等设备)中,这种电压的脉动是允许的。但是在大多数电子设备中,整流电路中都要加接滤波器,利用电容和电感对直流分量和交流分量呈现不同的电抗的特点,滤除整流电路输出电压的交流成分,使其变成比较平滑的电压,以改善其脉动程度。

10.2.1 电容滤波器(C滤波器)

电容滤波器就是在单相桥式整流电路中,与负载并联的一个容量足够大的电容器,如图 10-7 所示,利用电容器的充、放电,以改善输出电压 u_o 的脉动程度。

设变压器副边正弦电压波形如图 10-8(a)所示。当电路不接电容时,输出电压波形如图 10-8(b)中的虚线所示;当电路接入滤波电容时,输出电压即为电容器上的电压 u_C。

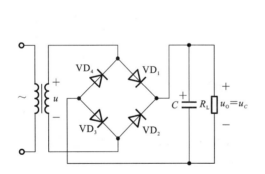

图 10-7 桥式整流电容滤波电路

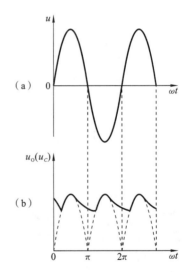

图 10-8 桥式整流电容滤波的波形图

设电容事先未充电。在 u 的正半周,且 $u > u_C$ 时,VD_1 和 VD_3 导通,一方面供电给负载,同时对电容器 C 充电,在忽略二极管正向压降的情况下,$u_o = u$。当电容充到最大值,即 $u_C = U_m$ 后,u_C 和 u 都开始下降,u 按正弦规律下降,当 $u < u_C$ 时,VD_1 和 VD_3 承受反向电压而截止,电容器对负载放电,u_C 按指数规律下降。在 u 的负半周,情况类似,只是当 $|u| > u_C$ 时,VD_2 和 VD_4 导通。经滤波后 u_o 的波形如图 10-8(b)中的实线所示,显然脉冲减小。

从电容滤波器的工作原理来看,放电时间常数 $R_L C$ 越大,脉动就越小。为了得到比较平直的输出电压,一般要求

$$R_{\text{L}}C \geqslant (3 \sim 5)\frac{T}{2} \tag{10-11}$$

式中:T 是交流电压 u 的周期。这时,$U_{\text{o}} \approx 1.2U$。

对于单相桥式整流电路而言,无论有无电容滤波,二极管所承受的最高反向电压都是 $\sqrt{2}U$。

一般电容滤波器用于要求输出电压较高、负载电流较小且变化也较小的场合。

【**例 10-2**】　有一单相桥式电容滤波整流电路(见图 10-7),已知交流电源频率 $f = 50$ Hz,负载电阻 $R_{\text{L}} = 150$ Ω,要求直流输出电压 $U_{\text{o}} = 24$ V,选择整流二极管及滤波电容器。

解　(1) 选择整流二极管。

流过二极管的电流

$$I_{\text{D}} = \frac{1}{2}I_{\text{o}} = \frac{1}{2} \times \frac{U_{\text{o}}}{R_{\text{L}}} = \frac{1}{2} \times \frac{24}{150} \text{ A} = 0.08 \text{ A} = 80 \text{ mA}$$

取 $U_{\text{o}} = 1.2U$,所以变压器二次电压的有效值

$$U = \frac{U_{\text{o}}}{1.2} = \frac{24}{1.2} \text{ V} = 20 \text{ V}$$

二极管所承受的最高反向电压

$$U_{\text{DRM}} = \sqrt{2}U = \sqrt{2} \times 20 \text{ V} = 28.3 \text{ V}$$

因此,可以选用二极管 2CZ52B,其最大整流电流为 100 mA,反向工作峰值电压为 50 V。

(2) 选择滤波电容器。

根据式(10-11),取 $R_{\text{L}}C = 5 \times \dfrac{T}{2}$,所以

$$R_{\text{L}}C = 5 \times \frac{1}{2 \times 50} \text{ s} = 0.05 \text{ s}$$

$$C = \frac{0.05}{R_{\text{L}}} = \frac{0.05}{150} \text{ F} = 333 \times 10^{-6} \text{ F} = 333 \text{ } \mu\text{F}$$

选用 $C = 333 \text{ } \mu\text{F}$,耐压为 50 V 的极性电容器。

10.2.2　电感电容滤波器(LC 滤波器)

为了减小输出电压的脉动程度,在滤波电容之前串接一个铁芯电感线圈,如图10-9所示,就组成电感电容滤波器。

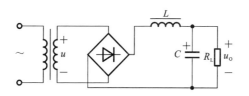

图 10-9　电感电容滤波器

由于通过电感线圈的电流发生变化时,线圈中将产生自感电动势以阻碍电流的变化,因而使负载电流和负载电压的脉动大为减小。频率越高,电感越大,滤波效果越好。

　　电感线圈之所以能滤波也可以这样来理解:因为电感线圈对整流电流的交流分量具有阻抗,谐波频率越高,阻抗越大,所以它可以减弱整流电压中的交流分量,当满足$\omega L \gg R_L$时,整流电压的交流分量大部分降在电感上,而直流分量则大部分降在负载电阻上,则滤波效果越好,而后又经过电容滤波器滤波,再一次滤掉交流分量。这样,便可以得到甚为平直的直流输出电压。但是,由于电感线圈的电感较大(一般在几亨到几十亨的范围内),其匝数较多,电阻也较大,因而其上也有一定的直流电压降,造成输出电压的下降。若忽略电感线圈的电阻和二极管的管压降,则电感滤波器的输出电压为

$$U_o = 0.9U$$

　　具有 LC 滤波器的整流电路带负载能力强,但体积大、成本高,适用于电流较大、要求输出电压脉动很小的场合,用于高频时更为适合。

10.2.3　π形滤波器

　　如果要进一步提高滤波效果,使输出电压的脉动更小,则可以采用多级滤波的方法。图 10-10 所示的为 π 形 LC 滤波器,在 LC 滤波器的前面再并联一个滤波电容C_1,整流电路输出的脉动电压经C_1滤波后,又经过 L 和C_2再次滤波,使它的滤波效果比 LC 滤波器更好。

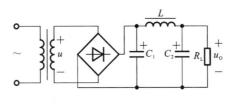

图 10-10　π 形 LC 滤波器

　　由于电感线圈的体积大而笨重,成本又高,所以有时候在负载电流较小,又要求电压脉动很小的场合,用电阻代替 π 形滤波器中的电感线圈,这样便构成 π 形 RC 滤波器,如图 10-11 所示。电阻对于交、直流电流都具有同样的降压作用,但是当它和电容配合之后,就使脉动电压的交流分量较多地降落在电阻两端(因为电容C_2的交流阻抗甚小),而较少地降落在负载上,从而起到滤波作用。R 和C_2越大,滤波效果越好。但 R 太大,会使电阻上的直流电压降增加。

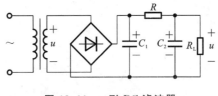

图 10-11　π 形 RC 滤波器

10.3　直流稳压电源

　　经整流和滤波后的电压往往会随交流电源电压的波动和负载的变化而变化。电压

的不稳定有时会产生测量和计算的误差,引起控制装置的工作不稳定,甚至根本无法正常工作。特别是精密电子测量仪器、自动控制、计算装置及晶闸管的触发电路等都要求有很稳定的直流电源供电。为了得到稳定的直流电压,必须在整流滤波后接入稳压电路。

10.3.1　稳压二极管稳压电路

最简单的直流稳压电源是采用稳压二极管和限流电阻来稳定电压的。稳压二极管稳压电路如图 10-12 所示,经过桥式整流电路整流和电容滤波器滤波得到直流电压U_1,再经过限流电阻 R 和稳压二极管 VD_Z 组成的稳压电路接到负载电阻 R_L 上。负载上输出的电压 U_0 就是一个比较稳定的电压。

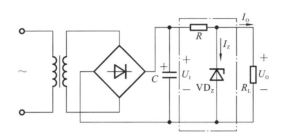

图 10-12　稳压二极管稳压电路

在滤波电路中,引起电压不稳定的原因是交流电源电压的波动和负载电流的变化。下面分析在这两种情况下稳压电路的作用。例如,当交流电源电压增加时,随着整流输出电压U_1的增加,负载电压U_0也要增加。U_0即为稳压二极管两端的反向电压。当负载电压U_0稍有增加时,稳压二极管的电流I_Z就显著增加,因此电阻 R 上的电压降增加,以抵偿U_1的增加,从而使负载电压U_0保持近似不变。相反,当交流电源电压降低时,整流输出电压U_1随着降低,负载电压U_0也要降低,因而稳压二极管电流I_Z显著降低,电阻 R 上的电压降也降低,以抵偿U_1的降低,从而使负载电压U_0保持近似不变。同理,如果当电源电压保持不变,负载电流变化引起负载电压U_0改变时,上述稳压电路仍能起到稳压的作用。例如,当负载电流增大时,电阻 R 上的电压降增大,负载电压U_0因而下降。只要U_0下降一点,稳压二极管电流I_Z就显著减小,通过电阻 R 的电流和电阻上的电压降保持近似不变,因此负载电压U_0也就近似稳定不变。当负载电流减小时,稳压过程相反。

选择稳压二极管参数时,一般取

$$U_0 = U_Z \tag{10-12}$$

$$I_{ZM} = (1.5 \sim 3) I_{OM} \tag{10-13}$$

$$U_1 = (2 \sim 3) U_0 \tag{10-14}$$

10.3.2　串联型稳压电路

上述稳压二极管稳压电路虽然十分简单,稳压效果好,但是也有以下不足之处:由于受稳压二极管最大稳定电流的限制,负载电流变化的范围小,负载电压不可调节且其稳定性不够理想。为了克服稳压二极管稳压电路的这些缺陷,可以采用串联型稳压电路,这也是集成稳压器的基础。

串联型稳压电路如图 10-13 所示,它由下述四部分组成。

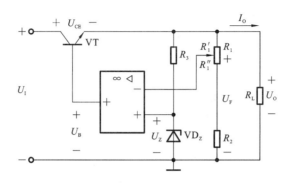

图 10-13 串联型稳压电路

1. 采样环节

由电位器 R_1 和电阻 R_2 组成的分压电路,它将输出电压 U_O 分出一部分作为采样电压 U_F,送到运算放大器的反相输入端,$U_F = U_- = \dfrac{R_1'' + R_2}{R_1 + R_2} U_O$。

2. 基准电压

由稳压二极管 VD_Z 和电阻 R_3 组成的稳压电路,它提供一个稳定的基准电压 U_Z,送到运算放大器的同相输入端,作为调整和比较的标准。

3. 比较放大电路

运算放大器构成比较放大电路,它将 U_Z 和 U_F 之差放大后去控制调整管 VT。

4. 调整环节

由工作在线性放大区的功率管 VT 组成,VT 称为调整管,其基极电压 U_B 即为运算放大器的输出电压,由它来改变调整管的集电极电流 I_C 和管压降 U_{CE},从而达到自动调整稳定输出电压的目的。设由于电源电压或负载电阻的变化而使输出电压 U_O 升高时,采样电压 U_F 随之增大,运放的输出电压 U_B 随着减小,调整管电流 I_C 减小,管压降 U_{CE} 增大,输出电压 $U_O = U_I - U_{CE}$ 随之减小,从而使输出电压 U_O 保持稳定。当输出电压降低时,其稳定过程相反。这个自动调节过程实质上是一负反馈过程,U_F 即为反馈电压。图 10-13 所示电路引入的是串联电压负反馈,故称为串联型稳压电路。

改变电位器就可调节输出电压。根据同相比例运算电路可知

$$U_O \approx U_B = \left(1 + \frac{R_1'}{R_1'' + R_2}\right) U_Z \tag{10-15}$$

10.3.3 集成稳压电路

即使采用运算放大器的串联型稳压电路,仍有不少外接元器件,还要注意共模电压的允许值和输入端的保护,使用复杂。如果将调整管、比较放大环节、基准电源及取样环节和各种保护环节以及连接导线均制作在一块硅片上,就构成集成稳压电路。当前已经广泛应用单片集成稳压电源,它具有体积小、可靠性高、使用灵活、价格低廉等

优点。

本节主要介绍 W78×× 系列(输出固定正电压)、W79×× 系列(输出固定负电压)和 W117/217/317 系列(输出电压可调)三种集成稳压器。它们有三个端子:1 输入(I)、2 输出(O)和 3 地(GND)或调整(ADJ),故称为三端集成稳压器。W78×× 系列集成稳压器的金属、塑料封装外形图和接线图如图 10-14 所示,表 10-1 所示的是 W 系列集成稳压器的引脚排列。

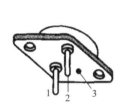
（a）金属封装外形图

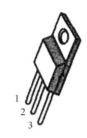
（b）塑料封装外形图

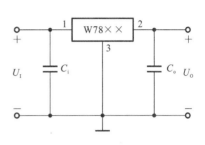
（c）接线图

图 10-14 W78×× 系列集成稳压器

图 10-14(c)所示的是 W78×× 系列(金属封装)三端集成稳压器的接线图,U_I 为整流滤波后的直流电压,使用时只需在其输入端 U_I 和输出端与地端 U_O 之间各并联电容即可。C_i 用以抵消输入端较长接线的电感效应,防止产生自激振荡,接线不长时也可不用,C_i 一般为 $0.1\sim1\ \mu F$,常取 $0.33\ \mu F$。C_o 是为了瞬时增减负载电流时不致引起输出电压有较大的波动,C_o 一般取 $1\ \mu F$。W78×× 系列输出的固定正电压有 5 V、6 V、9 V、12 V、15 V、18 V 和 24 V 七个等级。电流等级有三个:1.5 A(W78××)、0.5 A(W78M××)、0.1 A(W78L××)。输入和输出电压相差不得小于 2 V,一般在 5 V 左右。W79×× 系列输出固定负电压,其参数与 W78×× 系列基本相同。

表 10-1 W 系列集成稳压器的引脚排列

系列 \ 引脚编号	金属封装			塑料封装		
	1	2	3	1	2	3
W78××	I	O	GND	I	GND	O
W79××	GND	O	I	GND	I	O
W117/217/317	ADJ	I	O	ADJ	O	I

下面介绍两个三端集成稳压器的应用电路。

(1) 正、负电压同时输出的电路,如图 10-15 所示。

(2) 输出电压可调的电路,如图 10-16 所示。

因 $U_+ \approx U_-$,于是由基尔霍夫电压定律可得

$$U_O = \left(1 + \frac{R_2}{R_1}\right)U_{××} \tag{10-16}$$

可见,用电位器 R_P 来调整上、下两部分电阻 R_2 与 R_1 的比值,便可调节输出电压

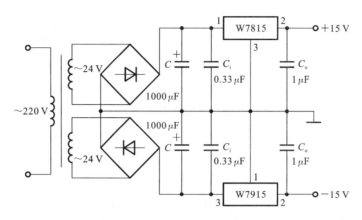

图 10-15 正、负电压同时输出的电路

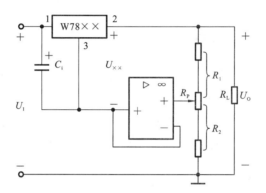

图 10-16 输出电压可调的电路

U_O 的大小。

也可直接选用三端可调集成稳压器 W117/217/317 来调节输出电压,其电路如图10-17所示,U_R 为 1.25 V 的基准电压,R_P 为调节输出电压的电位器,R 一般可取240 Ω。

由于调整端的电流可忽略不计,输出电压为

$$U_O = \left(1 + \frac{R_P}{R}\right) \times 1.25 \text{ V} \tag{10-17}$$

如果 $R_P = 6.8$ kΩ,则U_O 的可调范围为 $1.25 \sim 37$ V。

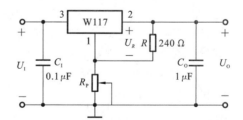

图 10-17 三端可调集成稳压器 W117 的电路图

习 题 10

习题 10 答案

10-1 单相半波整流电容滤波电路中,整流二极管承受的最高反向工作电压是多少? 为什么?

10-2 在图 10-2 所示单相半波整流电路中,已知变压器二次电压的有效值 $U = 36$ V,负载电阻 $R_L = 100$ Ω,试问:(1)输出电压和输出电流的平均值 U_O 和 I_O 各为多少?(2)若电源电压波动 ±10%,二极管承受的最高反向电压为多少?

10-3 在图 10-4 所示单相桥式整流电路中,如果(1) VD_3 接反;(2) VD_3 断开;(3)因过电压 VD_3 被击穿短路,试分别说明上述三种情况下其后果如何?(4)若将四个二极管都接反,又将如何?

10-4 如果要求某一单相桥式整流电路的输出直流电压 U_O 为 40 V,直流电流 I_O 为 1.8 A,试选用合适的二极管。

10-5 有一稳压二极管稳压电路,如图 10-12 所示。负载电阻 R_L 由开路变到 2 kΩ,交流电压经整流滤波后得出 $U_I = 40$ V。今要求输出直流电压 $U_O = 10$ V,试选择稳压二极管 VD_Z。

10-6 现要求负载电压 $U_O = 30$ V,负载电流 $I_O = 145$ mA。采用单相桥式整流电路,带电容滤波器。已知交流频率为 50 Hz,试选用管子型号和滤波电容,并与单相半波整流电路比较,带电容滤波器后,管子承受的最高反向电压是否相同?

10-7 在图 10-11 所示的 π 形 RC 滤波器的整流电路中,已知交流电压 $U = 5$ V,现要求负载电压 $U_O = 5$ V,负载电流 $I_O = 100$ mA,试计算滤波电阻 R。

10-8 简述电源电压上升时,稳压管稳压电路的稳压过程。

10-9 画出桥式整流电容滤波稳压管稳压电路的电路图。若要求负载电压为 10 V,试选择变压器副边电压有效值。

11

逻辑门电路

前面几章讨论的都是电信号在时间或数值上连续变化的模拟信号。后面四章讨论的是数字电路,其中的电信号在时间和数值上都是不连续变化的数字信号(也称脉冲信号)。数字电路和模拟电路都是电子技术的重要基础。

数字电路的广泛应用和高度发展标志着现代电子技术的水准,电子计算机、数字式仪表、数字化通信以及繁多的数字控制装置等都是以数字电路为基础的。

11.1 数字逻辑基础

电子系统中一般均含有模拟和数字两种器件。模拟电路是系统中必需的组成部分。但为便于存储、分析或传输信号,数字电路更具优越性。

11.1.1 数字逻辑和逻辑电平

在数字电路中,常用二进制数来量化连续变化的模拟信号,而二进制数正好是用二值数字逻辑中的数字 0 和 1 来表示的,这样就可借助复杂的数字系统(如计算机)来实现信号的存储、分析和传输。这里的 0 和 1 不是十进制中的数字,而是逻辑 0 和逻辑 1,简称为数字逻辑。

数字逻辑的产生是基于客观世界的许多事物可以用彼此相关又互相对立的两种状态来描述,如是与非、真与假、开与关、低与高等。

在电路中,也可用电子器件的开关特性来实现,由此形成离散信号电压或数字电压。这些数字电压通常用逻辑电平来表示。表 11-1 所示的是电压值与逻辑电平对应关系。

表 11-1 电压值与逻辑电平对应关系

电压/V	十 六 进 制	十 进 制
+5	1	H(高电平)
0	0	L(低电平)

从表 11-1 不难看出,电位的高低用 1 和 0 两种状态来区别。通常规定高电位为 1,低电位为 0,也称为正逻辑系统。

注:逻辑电平不是物理量,而是物理量的相对表示。

11.1.2　脉冲信号

在数字电路中,电压和电流信号是逻辑电平对时间的图形表示,当脉冲是持续时间短暂(可短至几微秒甚至几纳秒)的一种跃变信号时,称之为脉冲信号。图 11-1 所示的是最常见的矩形波和尖顶波。图 11-2 所示的是实际的矩形波。

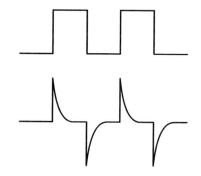

图 11-1　矩形波和尖顶波

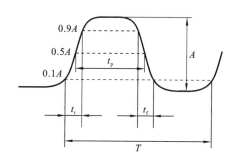

图 11-2　实际的矩形波

如图 11-2 所示,脉冲信号波形参数如下:

(1)脉冲幅值 A——脉冲信号变化的最大值。

(2)脉冲上升时间 t_r——从脉冲幅值的 10% 上升到 90% 所需的时间。

(3)脉冲下降时间 t_f——从脉冲幅值的 90% 下降到 10% 所需的时间。

(4)脉冲宽度 t_p——从上升沿的脉冲幅度的 50% 到下降沿的脉冲幅度的 50% 所需的时间,这段时间也称为脉冲持续时间。

(5)脉冲周期 T——周期性脉冲信号相邻两个上升沿(或下降沿)的脉冲幅度的 10% 两点之间的时间间隔。

(6)脉冲频率 f——单位时间的脉冲数,$f=\dfrac{1}{T}$。

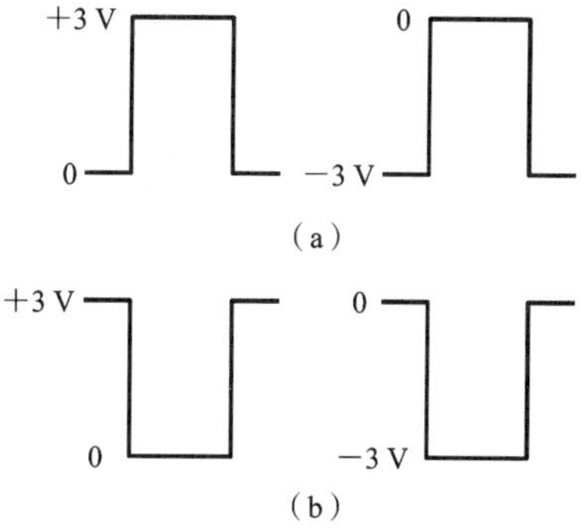

在数字电路中,通常是根据脉冲信号的有无、个数、宽度和频率来进行工作的,所以抗干扰能力较强(干扰往往只影响脉冲幅度),准确度较高。

图 11-3　正脉冲和负脉冲

此外,脉冲信号还有正和负之分。如果脉冲跃变后的值比初始值高,则为正脉冲,如图 11-3(a)所示;反之,则为负脉冲,如图 11-3(b)所示。

11.1.3　数制

数字电路经常遇到计数问题。人们在日常生活中,习惯于用十进制计数,而在计算机中,多采用二进制,有时也采用八进制或十六进制。

1. 十进制

十进制：由 $0,1,2,3,\cdots,9$ 十个数码构成一个十进制数。计数体制中，常用十进制计数。

十进制数计数规则：从低位向高位的进位，"逢十进一"，即 $9+1=10$，右边的"0"为个位，左边的"1"为十位，即 $10=1\times10^1+0\times10^0$。

不同数位有不同数位的"位权"值。整数部分从低位到高位每位的权依次为 10^0，$10^1,10^2,\cdots$；小数部分从高位到低位每位的权依次为 $10^{-1},10^{-2},10^{-3},\cdots$。因此，一个多位数表示的数值等于每一位数码乘以该位的权，然后相加。例如，

$$(245.65)_{10}=2\times10^2+4\times10^1+5\times10^0+6\times10^{-1}+5\times10^{-2}$$

十进制计数的基数（底数）是 10。

2. 二进制

二进制：由 0 和 1 两个数码构成一个二进制数。

二进制数计数规则：从低位向高位的进位，"逢二进一"，即 $1+1=10$（读为"壹零"，不是十进制中的"拾"），右边的"0"表示 2^0 位数，左边的"1"表示 2^1 位数，即 $10=1\times2^1+0\times2^0$。

二进制计数的基数（底数）是 2。

二进制数可转换为十进制数。

【**例 11-1**】 将二进制数 $(100101.01)_2$ 转换为十进制数。

解 $(100101.01)_2=1\times2^5+0\times2^4+0\times2^3+1\times2^2+0\times2^1+1\times2^0+0\times2^{-1}+1$

$$\times2^{-2}$$

$$=(37.25)_{10}$$

3. 八进制

八进制：由 $0,1,2,3,4,5,6,7$ 八个数码构成一个八进制数。

八进制数计数规则：从低位向高位的进位，"逢八进一"。

八进制计数的基数（底数）是 8。

八进制数可转换为十进制数。

【**例 11-2**】 将八进制数 $(10.4)_8$ 转换为十进制数。

解 $(10.4)_8=1\times8^1+0\times8^0+4\times8^{-1}=(8.5)_{10}$

4. 十六进制

十六进制：由 $0\sim9,A(10),B(11),C(12),D(13),E(14),F(15)$ 十六个数码构成一个十六进制数。

十六进制数计数规则：从低位向高位的进位，"逢十六进一"。

十六进制计数的基数（底数）是 16。

十六进制数可转换为十进制数。

【**例 11-3**】 将十六进制数 $(1B.6E)_{16}$ 转换为十进制数。

解 $(1B.6E)_{16}=1\times16^1+11\times16^0+6\times16^{-1}+14\times16^{-2}\approx(27.4)_{10}$

十进制、二进制、八进制、十六进制数的对应关系如表 11-2 所示。

表 11-2 十进制、二进制、八进制、十六进制数的对应关系

十进制	二进制	八进制	十六进制	十进制	二进制	八进制	十六进制
0	0000	0	0	8	1000	10	8
1	0001	1	1	9	1001	11	9
2	0010	2	2	10	1010	12	A
3	0011	3	3	11	1011	13	B
4	0100	4	4	12	1100	14	C
5	0101	5	5	13	1101	15	D
6	0110	6	6	14	1110	16	E
7	0111	7	7	15	1111	17	F

5. 十进制数转换为任意进制数

任意进制数可以转换为十进制数,反过来,十进制数也可以转换为任意进制数。

1) 十-二进制数转换

【例 11-4】 将十进制数 $(27.35)_{10}$ 转换为二进制数。

解 转换需要分成整数和小数两部分进行。

整数部分 $(27)_{10}$ 的转换采用除 2 取余数法,直到商等于零为止,即

$$2 \underline{|27} \quad \cdots\cdots\cdots\cdots 余数\ 1(d_0)$$
$$2 \underline{|13} \quad \cdots\cdots\cdots\cdots 余数\ 1(d_1)$$
$$2 \underline{|6} \quad \cdots\cdots\cdots\cdots 余数\ 0(d_2)$$
$$2 \underline{|3} \quad \cdots\cdots\cdots\cdots 余数\ 1(d_3)$$
$$2 \underline{|1} \quad \cdots\cdots\cdots\cdots 余数\ 1(d_4)$$
$$0$$

小数部分 $(0.35)_{10}$ 的转换采用乘 2 取整数法,直到满足规定的位数为止,即

$$0.35 \times 2 = 0.7 \cdots\cdots\cdots\cdots 整数\ 0(d_{-1})$$
$$0.7 \times 2 = 1.4 \cdots\cdots\cdots\cdots 整数\ 1(d_{-2})$$
$$0.4 \times 2 = 0.8 \cdots\cdots\cdots\cdots 整数\ 0(d_{-3})$$
$$0.8 \times 2 = 1.6 \cdots\cdots\cdots\cdots 整数\ 1(d_{-4})$$
$$0.6 \times 2 = 1.2 \cdots\cdots\cdots\cdots 整数\ 1(d_{-5})$$
$$0.2 \times 2 = 0.4 \cdots\cdots\cdots\cdots 整数\ 0(d_{-6})$$
$$\vdots \qquad\qquad \vdots$$

由两部分转换结果得

$$(27.35)_{10} = (d_4 d_3 d_2 d_1 d_0 . d_{-1} d_{-2} d_{-3} d_{-4} d_{-5} d_{-6})_2 = (11011.010110)_2$$

2) 十-八进制数转换

十进制转换为八进制时,先将十进制数转换为二进制数(方法同上),再将二进制数的整数部分从最低位开始每 3 位划为一组;将小数部分从最高位开始也是每 3 位划为

一组。

【例 11-5】 将十进制数 $(27.35)_{10}$ 转换为八进制数。

解 如例 11-4,先将十进制转换为二进制数,即

$$(27.35)_{10}=(d_4d_3d_2d_1d_0.d_{-1}d_{-2}d_{-3}d_{-4}d_{-5}d_{-6})_2=(11011.010110)_2$$

再将二进制转换为八进制数,即

$$(\ 011\quad 011\quad .\quad 010\quad 110\ )_2$$
$$\downarrow\qquad\downarrow\qquad\quad\downarrow\qquad\downarrow$$
$$(\quad 3\qquad 3\quad .\quad 2\qquad 6\ )_8$$

则 $$(27.35)_{10}=(33.26)_8$$

3）十-十六进制数转换

十进制转换为十六进制时,先将十进制数转换为二进制数（方法同上）,再将二进制每 4 位划为一组。

【例 11-6】 将十进制数 $(27.35)_{10}$ 转换为十六进制数。

解 先将十进制转换为二进制数,即

$$(27.35)_{10}=(d_4d_3d_2d_1d_0.d_{-1}d_{-2}d_{-3}d_{-4}d_{-5}d_{-6})_2=(11011.010110)_2$$

再将二进制转换为十六进制数

$$(\ 0001\quad 1011\quad .\quad 0101\quad 1000\ )_2$$
$$\downarrow\qquad\downarrow\qquad\quad\downarrow\qquad\downarrow$$
$$(\quad 1\qquad B\quad .\quad 5\qquad 8\ )_8$$

则 $$(27.35)_{10}=(1B.58)_{16}$$

6. 二进制算术运算

1）加法运算

$$0+0=0$$
$$0+1=1$$
$$1+0=1$$
$$1+1=0（进位,高位加 1）$$

【例 11-7】 求 $1001+0011$。

解

$$
\begin{array}{cc}
1001 & 9 \\
+0011 & +3 \\
\hline
1100 & 12
\end{array}
$$

2）减法运算

$$1-0=1$$
$$1-1=0$$
$$0-0=0$$
$$0-1=1（借位,高位减 1）$$

【例 11-8】 求 $1001-0011$。

解

$$
\begin{array}{rr}
1001 & 9 \\
\underline{-0011} & \underline{-3} \\
0110 & 6
\end{array}
$$

3）乘法运算

$$
\begin{aligned}
0\times0&=0 \\
0\times1&=0 \\
1\times0&=0 \\
1\times1&=1
\end{aligned}
$$

【例 11-9】　求 1001×0011。

解

$$
\begin{array}{rr}
1001 & 9 \\
\underline{\times0011} & \underline{\times3} \\
1100 & 27 \\
1001 & \\
0000 & \\
\underline{0000} & \\
0011011 &
\end{array}
$$

11.2　基本逻辑门电路

在分析逻辑电路时只用 1 和 0 两种相反的工作状态来代表。例如,开关接通为 1,断开为 0;电灯亮为 1,暗为 0;晶体管截止为 1,饱和为 0;信号的高电位为 1,低电位为 0,等等。1 是 0 的反面,0 也是 1 的反面。

11.2.1　逻辑门电路基本概念

逻辑门电路是一种开关电路,在一定条件下它能允许信号通过。如果条件不满足,则信号就通不过。

逻辑门电路的输入信号与输出信号之间存在一定的逻辑关系。在数字电路中,基本逻辑门电路有与门、或门和非门。

1. 与逻辑

与逻辑:指决定事物结果的条件全部同时满足时,结果才会发生。

在图 11-4(a)中,开关 A 和 B 串联,只有当 A 与 B 同时接通时(条件),电灯才亮(结果)。这两个串联开关所组成的就是一个与门电路,与逻辑关系可用下式表示:

$$A \cdot B = Y$$

2. 或逻辑

或逻辑:指决定事物结果的几个条件中只要有一个或一个以上具备条件时,结果就会发生。

在图 11-4(b)中,开关 A 和 B 并联,当 A 接通或 B 接通,或 A 和 B 同时接通时,电

灯都亮。这两个并联开关所组成的就是一个或门电路,或逻辑关系可用下式表示:

$$A+B=Y$$

3. 非逻辑

非逻辑:指结果与条件相反。

在图 11-4(c)中,开关 A 和电灯并联,当 A 接通时,电灯不亮;当 A 断开时,电灯就亮。这个开关所组成的就是一个非门电路,非逻辑关系可用下式表示:

$$\overline{A}=Y$$

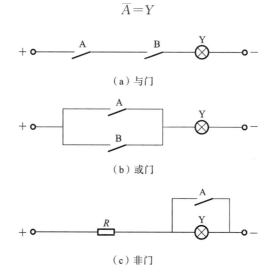

（a）与门

（b）或门

（c）非门

图 11-4　由开关组成的逻辑门电路

11.2.2　基本逻辑门电路

1. 二极管与门电路

图 11-5(a)所示的是二极管与门电路,它有两个输入端 A 和 B,一个输出端 Y。图 11-5(b)和(c)所示的分别为与门电路的逻辑符号和波形图。

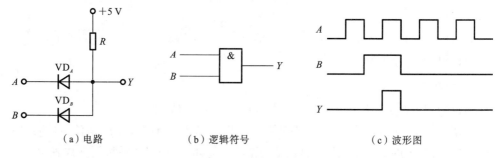

（a）电路　　　　　　　（b）逻辑符号　　　　　　（c）波形图

图 11-5　二极管与门电路

该电路按照输入信号的不同分为下列两种情况:

(1) 若 A 和 B 不全为 1 时,即其中一个输入端如 A 为 0 V,B 为 1 V 时,则 VD_A 优先导通。这时输出端 Y 的电位也在 0 V 附近,因此 Y 为 0。VD_B 因承受反向电压而截止。

(2) 若 A 和 B 全为 1 时,即 A 和 B 都为 +3 V 时,电源 +5 V 的正端经电阻 R 向两个输入端流通电流(电源的负端接"地",图中未标出),VD_A 和 VD_B 两管都导通,输出端 Y 的电位略高于 3 V(因为二极管的正向压降有零点几伏),因此输出变量 Y 为 1。

把上述情况归纳起来,可列出表 11-3。与门输入、输出逻辑状态之间的关系:只有当输入变量全为 1 时,输出变量 Y 才为 1,其逻辑表达式为

$$Y = A \cdot B \tag{11-1}$$

表 11-3　与门逻辑状态表

A	B	Y
0	0	0
0	1	0
1	0	0
1	1	1

2. 二极管或门电路

图 11-6(a)所示的是二极管或门电路。图 11-6(b)和(c)所示的分别为或门电路的逻辑符号和波形图。

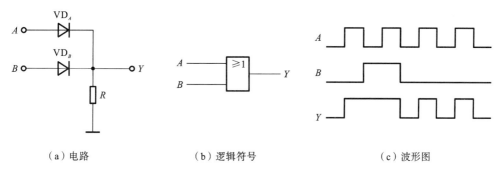

　（a）电路　　　　　　　（b）逻辑符号　　　　　　　（c）波形图

图 11-6　二极管或门电路

该电路按照输入信号的不同分为下列两种情况:

(1) 若 A 和 B 其中一个为 1 时,即其中一个输入端如 A 为 1,B 为 0 时,则 VD_A 优先导通,输出变量 Y 为 1。VD_B 因承受反向电压而截止。

(2) 若 A 和 B 全为 0 时,A 和 B 两个二极管都截止,输出变量 Y 才为 0。

把上述情况归纳起来,可列出表 11-4。或门输入、输出逻辑状态之间的关系:只有当输入变量全为 0 时,输出变量 Y 才为 0,其逻辑表达式为

$$Y = A + B \tag{11-2}$$

表 11-4　或门逻辑状态表

A	B	Y
0	0	0
0	1	1
1	0	1
1	1	1

3. 晶体管非门电路

图 11-7(a)所示的是晶体管非门电路。图 11-7(b)和(c)所示的分别为非门电路的逻辑符号和波形图。

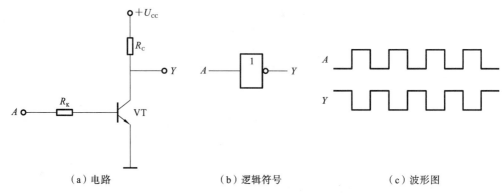

（a）电路　　　　　　（b）逻辑符号　　　　　　（c）波形图

图 11-7　晶体管非门电路

晶体管非门电路不同于放大电路,管子的工作状态或从截止转为饱和,或从饱和转为截止。非门电路只有一个输入端 A。

该电路按照输入信号的不同,可分为以下两种情况:

（1）当 A 为 1(设其电位为 3 V)时,晶体管饱和,其集电极即输出端 Y 为 0(其电位在 0 V 附近);

（2）当 A 为 0 时,晶体管截止,输出端 Y 为 1(其电位近似等于 U_{CC})。

所以非门电路也称为反相器,其逻辑关系式为

$$Y = \overline{A} \tag{11-3}$$

表 11-5 所示的是非门逻辑状态表。

表 11-5　非门逻辑状态表

A	Y
0	1
1	0

11.2.3　常用符号电路

1. 与非门电路

与非门电路的逻辑图、逻辑符号及波形如图 11-8 所示,表 11-6 所示的是其逻辑状

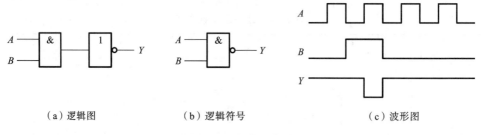

（a）逻辑图　　　　　　（b）逻辑符号　　　　　　（c）波形图

图 11-8　与非门电路

态表。与非门逻辑功能:当输入变量有一个或以上为 0 时,输出为 1;当输入变量全为 1 时,输出为 0;简言之,即有 0 必出 1,全 1 为 0。

与非逻辑关系式为

$$Y = \overline{A \cdot B} \tag{11-4}$$

表 11-6　与非门逻辑状态表

A	B	Y
0	0	1
0	1	1
1	0	1
1	1	0

2. 或非门电路

或非门电路的逻辑图、逻辑符号及波形如图 11-9 所示,表 11-7 所示的是其逻辑状态表。

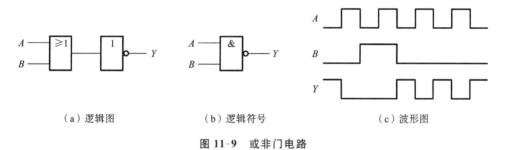

（a）逻辑图　　　　　　（b）逻辑符号　　　　　　（c）波形图

图 11-9　或非门电路

表 11-7　或非门逻辑状态表

A	B	Y
0	0	1
0	1	0
1	0	0
1	1	0

或非门逻辑功能:当输入变量有一个或以上为 1 时,输出为 0;当输入变量全为 0 时,输出为 1;简言之,即有 1 必出 0,全 0 为 1。

或非逻辑关系式为

$$Y = \overline{A + B} \tag{11-5}$$

3. 与或非门电路

与或非门电路的逻辑图和逻辑符号如图 11-10 所示,其逻辑关系式为

$$Y = \overline{A \cdot B + C \cdot D} \tag{11-6}$$

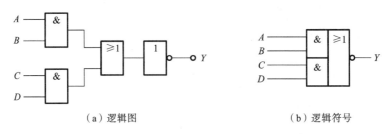

（a）逻辑图　　　　　　　　　　　（b）逻辑符号

图 11-10　与或非门电路

11.3　TTL 门电路

TTL 逻辑门电路由若干个 BJT 和电阻组成。在数字电路中最常用的是与、或、非、与非、或非、与或非等门电路。其中,应用得最普遍的莫过于与非门电路。

11.3.1　TTL 与非门电路

1. 电路构成及工作原理

图 11-11 所示的是与非门电路及其逻辑符号和外形。VT_1 是多发射极晶体管,可把它的集电结看成一个二极管,而把发射结看成与前者背靠背的两个二极管。

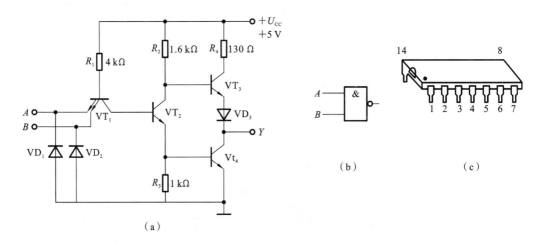

（a）

图 11-11　TTL 与非门电路及其逻辑符号和外形

TTL 门电路的工作原理如下。

1）输入端全为 1 的情况

当输入端 A 和 B 全为 1(约为 3.6 V)时,VT_1 的两个发射结都处于反向偏置,电源通过 R_1 和 VT_1 的集电结向 VT_2 提供足够的基极电流,使 VT_2 饱和导通。VT_2 的发射极电流在 R_3 上产生的电压降又为 VT_4 提供足够的基极电流,使 VT_4 也饱和导通,所以输出端的电位为

$$V_Y = 0.3 \text{ V}$$

即 $Y=0$。

VT_2 的集电极电位为

$$V_{C2}=U_{CE2}+U_{BE4}\approx(0.3+0.7)\ V=1\ V$$

此即 VT_3 的基极电位,它不足以使 VT_3 和 VD_3 导通,所以 VT_3 截止。

由于 VT_3 截止,当接负载后,VT_4 的集电极电流全部由外接负载门灌入,这种电流称为灌电流。

2) 输入端不全为 1 的情况

当输入端 A 或 B 为 0,或 A、B 均为 0(约为 0.3 V)时,则 VT_1 的基极电位 $V_{B1}\approx$ (0.3+0.7) V=1 V,它不足以向 VT_2 提供正向基极电流,所以 VT_2 截止,以致 VT_4 也截止。VT_2 的集电极电位接近于+5 V,VT_3 因而导通,所以输出端的电位为

$$V_Y=5\ V-R_2 I_{B3}-U_{BE3}-U_{VD3}$$

因为 $R_2 I_{B3}$ 很小,可以略去不计,于是

$$V_Y=(5-0.7-0.7)\ V=3.6\ V$$

即 $Y=1$。

由于 VT_4 截止,当接负载后,有电流从 U_{CC} 经 R_4 流向每个负载门,这种电流称为拉电流。

由上述可知,图 11-11 所示的门电路具有与非逻辑功能,即 $Y=\overline{A\cdot B}$。

2. 电压传输特性

电压传输特性:指输出电压 U_O 与输入电压 U_I 之间的关系。电压传输特性是通过实验得出的,即将某一输入端的电压由零逐渐增大,而将其他输入端接在电源正极保持恒定高电位。

如图 11-12 所示,电压传输特性曲线分为 AB、BC、CD、DE 四段。

当输入电压 $0<U_I<0.5$ V 时,相应于图中的 AB 段,输出电压 $U_O\approx3.6$ V,保持高电平;当输入电压 $0.5\ V<U_I<1.3$ V 时,相应于图中的 BC 段,U_O 随 U_I 的增大而线性地减小;当 U_I 增至 1.4 V 左右时,相应于图中的 CD 段,输出管 VT_4 开始导通,输出迅速转为低电平,$U_O\approx0.3$ V;当 $U_I>1.4$ V 时,即 DE 段,输

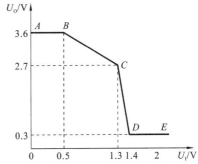

图 11-12　TTL 与非门的电压传输特性

出保持低电平。VT_4 由截止转为导通,或由输出高电平转为低电平时,所对应的输入电压称为阈值电压或门槛电压,用 U_T 表示,在图 11-12 中,U_T 约为 1.4 V。

3. 主要参数

1) 输出高电平电压 U_{OH} 和输出低电平电压 U_{OL}。

输出高电平电压 U_{OH} 是对应于 AB 段的输出电压;输出低电平电压 U_{OL} 是对应于 DE 段的输出电压,它是在额定负载下测出的。对于通用的 TTL 与非门,$U_{OH}\geqslant2.4$ V,$U_{OL}\leqslant0.4$ V。

2) 扇出系数 N_O

扇出系数是指一个与非门能带同类门的最大数目,它表示带负载能力。对于 TTL

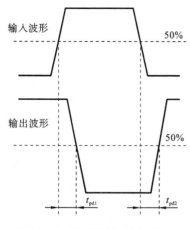

图 11-13 表明延迟时间的输入、输出电压的波形

与非门，$N_O \geq 8$。

3）平均传输延迟时间 t_{pd}

在与非输入端加上一个脉冲电压，输出电压将有一定的时间延迟，如图 11-13 所示。从输入脉冲上升沿的 50% 处起到输出脉冲下降沿的 50% 处的时间称为上升延迟时间 t_{pd1}；从输入脉冲下降沿的 50% 处到输出脉冲上升沿的 50% 处的时间称为下降延迟时间 t_{pd2}。t_{pd1} 与 t_{pd2} 的平均值称为平均传输延迟时间 t_{pd}，此值越小越好。

$$t_{pd} = \frac{t_{pd1} + t_{pd2}}{2}$$

4）输入高电平电流 I_{IH} 和输入低电平电流 I_{IL}

当某一输入端接高电平、其余输入端接低电平时，流入该输入端的电流称为输入高电平电流；而当某一输入端接低电平、其余输入端接高电平时，从该输入端流出的电流称为输入低电平电流。

11.3.2 三态输出与非门电路

三态输出与非门电路与上述的与非门电路不同，它的输出端除出现高电平和低电平外，还可以出现第三种状态——高阻状态。

1. 电路构成及工作原理

图 11-14 所示的是 TTL 三态输出与非门电路及其逻辑符号。它与图 11-11 相比多出了二极管 VD，其中 A 和 B 为输入端，E 是控制端或使能端（是另一与非门的输出端），Y 为输出变量。

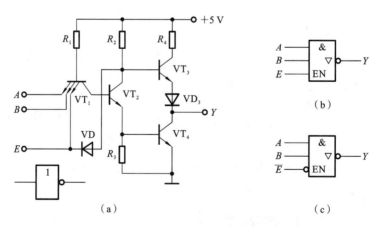

图 11-14 TTL 三态输出与非门电路及其逻辑符号

当 $E=1$ 时，三态门的输出状态取决于输入端 A、B 的状态（同基本与非门电路），实现与非逻辑关系，即 $Y = \overline{A \cdot B}$。此时电路处于正常与非门工作状态。

当 $E=0$（约为 0.3 V）时，VT_1 的基极电位约为 1 V，致使 VT_2 和 VT_4 截止。同时，二极管 VD 将 VT_2 的集电极电位钳位在 1 V，而使 VT_3 也截止。因为这时与输出端相连的两个晶体管 VT_3 和 VT_4 都截止,输出端开路,电路处于高阻状态。逻辑符号如图 11-14(b)所示。图 11-14(c)所示的为低电平有效的三态输出与非门逻辑符号。

从上可知,三态门控制信号 E 有高、低电平有效之分。高电平有效是指当控制信号为高电平时,三态门处于工作状态;反之,三态门处于截止状态。表 11-8 是三态输出与非门的逻辑状态表。

表 11-8　三态输出与非门的逻辑状态表

控制端 E	输　入　端		输出端 Y
	A	B	
1	0	0	1
	0	1	1
	1	0	1
	1	1	0
0	×	×	高阻

注:×表示任意态。

2. 三态门应用

1)构成数据总线

三态门最重要的一个用途是可以实现用一根导线轮流传送几个不同的数据或控制信号,如图 11-15 所示,这根导线称为母线或总线。只要让各门的控制端轮流处于高电平,即任何时间只能有一个三态门处于工作状态,而其余三态门均处于高阻状态,这样,总线就会轮流接收各三态门的输出。这种用总线来传送数据或信号的方法,在计算机中被广泛采用。

2)用于信号双向传输

图 11-16 是数据双向传输示意图。当 $\overline{E}=0$ 时,G_1 有输出,G_2 高阻,信号由 A 传至 B;当 $\overline{E}=1$ 时,G_2 有输出,G_1 高阻,信号由 B 传至 A。

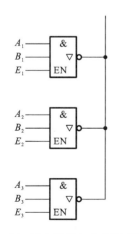

图 11-15　三态输出与非门的应用

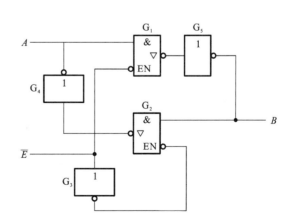

图 11-16　数据双向传输

3)用作多路转换开关

三态门还可用作多路转换开关。

△11.3.3　集电极开路与非门电路

集电极开路与非门（OC门）电路及其逻辑符号如图 11-17 所示，图中将推拉式输出改为三极管 VT_4 的集电极开路输出。工作时，VT_4 的集电极（即输出端）外接电源 U 和电阻 R_L，作为 OC 门的有源负载。

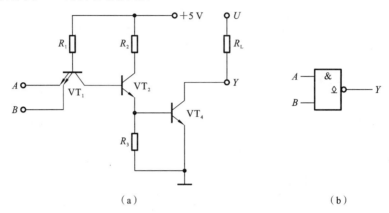

（a）　　　　　　　　　　　　　　　（b）

图 11-17　集电极开路与非门电路及其逻辑符号

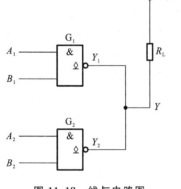

图 11-18　线与电路图

在 OC 门的输出端可以直接接负载，如继电器、指示灯、发光二极管等。

此外，可将几个 OC 门的输出端相连，而后接电源 U 和负载电阻 R_L，如图 11-18 所示。当输入全为高电平，而其他门的输入中都有低电平时，G_1 的输出管 VT_4 饱和导通（$Y_1=0$），其他门的输出管截止（$Y_2=1$）。这时负载电流全部流入 G_1 的输出管，$Y=0$。当每个门的输入中都有低电平时，则每个门的输出管都截止（$Y_1=1，Y_2=1$），$Y=1$。这样，就实现了线与的功能，即将多个输出信号（1 或 0）再按与逻辑输出。

11.4　CMOS 门电路

除了 TTL 集成门电路外，还有 MOS 集成门电路。MOS 集成门电路由绝缘栅场效应管（单极型晶体管）组成，具有制造工艺简单、功耗低、体积小、更易于集成化等一系列优点，但传输速度相对低一些。

MOS 数字集成电路根据所采用 MOS 管的不同，可分为 NMOS 电路、PMOS 电路和 CMOS 电路。其中，CMOS 电路是一种由 NMOS 和 PMOS 构成的互补对称场效应晶体管集成电路，良好的性能使其得到广泛应用。

11.4.1　CMOS 非门电路

CMOS 非门电路又称为 CMOS 反相器，如图 11-19 所示。其中，PMOS 管 T_2 为负载管，NMOS 管 T_1 为驱动管，两管均为增强型，它们一同制作在一块硅片上。两管的栅极相连,由此引出输入端 A;漏极也相连,由此引出输出端 Y。两者连成互补对称的结构。衬底都与各自的源极相连。

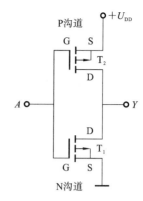

当输入 A 为 0(约为 0 V)时,负载管 T_2 的栅-源极电压的绝对值大于开启电压,T_2 管导通,而驱动管 T_1 的栅-源极电压为 0,T_1 管截止。这时,输出 Y 与电源接通,与地断开,故输出 $Y=1$。

当输入 A 为 1(约为 U_{DD})时,驱动管 T_1 的栅-源极电压大于开启电压,处于导通状态;而负载管 T_2 的栅-源极电压小于开启电压的绝对值,它不能开启,T_2 管处于截止状态。这时,输出 Y 与电源断开,与地接通,故输出 $Y=0$。

图 11-19 CMOS 非门电路

由此可见,该电路实现了非逻辑功能,即 $Y=\overline{A}$。

11.4.2 CMOS 与非门电路

CMOS 与非门电路如图 11-20 所示。其中,驱动管 T_1 和 T_2 为 N 沟道增强型管,两者串联;负载管 T_3 和 T_4 为 P 沟道增强型管,两者并联。负载管整体与驱动管相串联。

当输入有一个或全为 0 时,则串联的驱动管截止,而相应的负载管导通,因此负载管的总电阻很低,驱动管的总电阻却很高。这时,电源电压主要降在串联的驱动管上,故输出 $Y=1$。

当 A、B 两个输入全为 1 时,驱动管 T_1 和 T_2 都导通,电阻很低;而负载管 T_3 和 T_4 不能开启,都处于截止状态,电阻很高。这时,电源电压主要降在负载管上,故输出 $Y=0$。

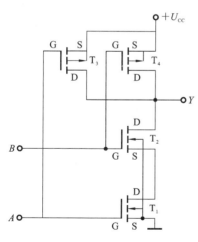

图 11-20 CMOS 与非门电路

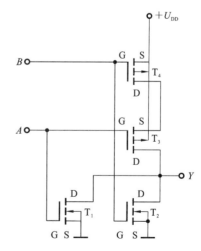

图 11-21 CMOS 或非门电路

由此可见,该电路实现了与非逻辑功能,即 $Y=\overline{AB}$。

11.4.3 CMOS 或非门电路

CMOS 或非门电路如图 11-21 所示。驱动管 T_1 和 T_2 为 N 沟道增强型,两者并联;负载管 T_3 和 T_4 为 P 沟道增强型,两者串联。

当 A、B 两端输入全为 0 时,T_1 和 T_2 管截止,T_3 和 T_4 管导通,输出 $Y=1$。

当 A、B 两个输入至少有一个为 1 时,驱动管至少有一个导通,输出 $Y=0$。

由此可见,该电路实现了或非逻辑功能,即 $Y=\overline{A+B}$。

由上述可知,与非门的输入端越多,串联的驱动管也越多,导通时的总电阻就越大,输出低电平值将会因输入端的增多而提高,所以输入端不能太多。而或非门电路的驱动管是并联的,不存在这个问题。所以在 MOS 电路中,或非门用得较多。

为了便于比较,将常用逻辑门电路列于表 11-9 中。

表 11-9　逻辑门电路

逻辑门	与	或	非	与非	或非
逻辑符号	A & Y B	A ≥1 Y B	A 1 Y	A & Y B	A ≥1 Y B
逻辑式	$Y=A \cdot B$	$Y=A+B$	$Y=\overline{A}$	$Y=\overline{A \cdot B}$	$Y=\overline{A+B}$
A B	Y	Y	Y	Y	Y
0 0	0	0	1	1	1
0 1	0	1	1	1	0
1 0	0	1	0	1	0
1 1	1	1	0	0	0

习　题　11

习题 11 答案

11-1　将二进制数 $(1101.101)_2$ 转换为等值的十进制数。

11-2　将十进制数 $(53)_{10}$ 转换为等值的二进制数。

11-3　试将十进制数 $(215)_{10}$ 转换为二进制、八进制、十六进制数。

11-4　试将十六进制数 $(3E.4)_{16}$ 转换为十进制数和二进制数。

11-5　在图 11-22 所示电路中,二极管的正向压降为 0.7 V。试问:

(1) 当 A 端接 3 V,B 端接 0.3 V 时,输出端的电压为几伏?

(2) 当 A、B 端均接 3 V 时,输出端的电压为几伏?

11-6　试写出图 11-23 所示各组合门电路的逻辑式。

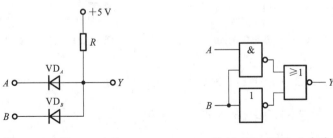

图 11-22　题 11-5 电路 　　　　　　 图 11-23　题 11-6 电路

11-7 试写出图 11-24 所示各组合门电路的逻辑式。

11-8 试写出图 11-25 所示各组合门电路的逻辑式。

11-9 试写出图 11-26 所示电路的逻辑式，并画出输出波形 Y。

11-10 图 11-27(a)所示逻辑电路的输入信号波形如图 11-27(b)所示，试画出输出端 Y 的信号波形。

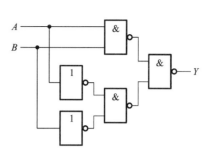

图 11-24 题 11-7 电路

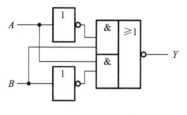

图 11-25 题 11-8 电路

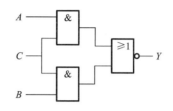

图 11-26 题 11-9 的图

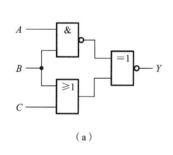

(a)

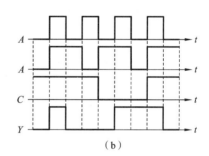

(b)

图 11-27 题 11-10 的图

11-11 在图 11-28(a)所示门电路中，在控制端 $C=1$ 和 $C=0$ 两种情况下，试求输出 Y 的逻辑式和波形，并说明该电路的功能。输入 A 和 B 的波形如图 11-28(b)所示。

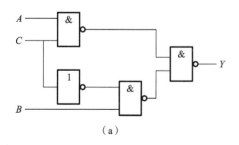

(a)

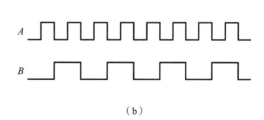

(b)

图 11-28 题 11-11 的图

11-12 在图 11-29 所示电路中，试画出输出信号 Y 的波形。

11-13 试用一片 74LS00 与非门实现 $Y=\overline{\overline{AB}-\overline{CD}}$，画出接线图。

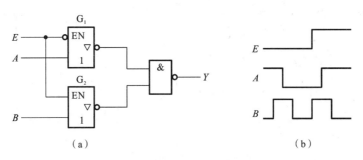

图 **11**-29 题 11-12 的图

12

组合逻辑电路

12.1 逻辑代数

12.1.1 逻辑代数运算法则

逻辑代数或称布尔代数,是研究二值逻辑问题的主要数学工具,也是分析和设计各种逻辑电路的主要数学工具。它和普通代数一样也用字母$(A,B,C,\cdots)$表示变量,但变量的取值只有 0 和 1 两种,即所谓的逻辑 0 和逻辑 1。它们不是数字符号,而是代表两种相反的逻辑状态。

根据三种基本的逻辑运算,可以推导出一些基本公式和定律,形成一套运算规律,如表 12-1 所示。

表 12-1 逻辑代数的基本公式

范围说明	名称	逻辑与(非)	逻辑或
变量与常量的关系	0-1 律	(1) $1 \cdot A = A$	(2) $0 + A = A$
		(3) $0 \cdot A = 0$	(4) $1 + A = 1$
和普通代数相似的定律	交换律	(5) $AB = BA$	(6) $A + B = B + A$
	结合律	(7) $(AB)C = (AC)B$	(8) $(A + B) + C = (A + C) + B$
	分配律	(9) $A(B + C) = AB + AC$	(10) $A + BC = (A + B)(A + C)$
逻辑代数特殊规律	互补律	(11) $A\bar{A} = 0$	(12) $A + \bar{A} = 1$
	重叠律	(13) $AA = A$	(14) $A + A = A$
	还原律	(15) $A = \bar{\bar{A}}$	

吸收律和反演律是逻辑代数中特有的运算规律,应用范围广泛,这里另列出并加以证明。

吸收律:

(16) $A + AB = A$

(17) $A(A + B) = A$

(18) $A + \bar{A}B = A + B$

证 $A+\overline{A}B=(A+\overline{A})(A+B)=A+B$

(19) $A(\overline{A}+B)=A \cdot B$

证 $A(\overline{A}+B)=A \cdot \overline{A}+A \cdot B=A \cdot B$ 反演律(德·摩根定理)

(20) $\overline{AB}=\overline{A}+\overline{B}$

证

A	B	$\overline{A}$	$\overline{B}$	$\overline{AB}$	$\overline{A}+\overline{B}$
0	0	1	1	1	1
1	0	0	1	1	1
0	1	1	0	1	1
1	1	0	0	0	0

(21) $\overline{A+B}=\overline{A}\,\overline{B}$

证

A	B	$\overline{A}$	$\overline{B}$	$\overline{A+B}$	$\overline{A}\overline{B}$
0	0	1	1	1	1
1	0	0	1	0	0
0	1	1	0	0	0
1	1	0	0	0	0

12.1.2 逻辑函数的表示方法

逻辑式中,用字母表示输入和输出变量,字母上面无反号的称为原变量;有反号的称为反变量。逻辑函数常用逻辑状态表、逻辑表达式、逻辑图、波形图和卡诺图几种方法表示,它们之间可以相互转换。

1. 逻辑式

逻辑式是用与、或、非等运算来表达逻辑函数的表达式。

例如,设 A、B、C 是三个输入变量,它们共有八种组合,相应的乘积项也有八个(n个输入变量有 2^n 个最小项):$\overline{A}\overline{B}\overline{C}$、$\overline{A}\overline{B}C$、$\overline{A}B\overline{C}$、$\overline{A}BC$、$A\overline{B}\overline{C}$、$A\overline{B}C$、$AB\overline{C}$、$ABC$。

最小项的特点如下:

(1) 每项都含有三个输入变量,每个变量是它的一个因子。

(2) 每项中每个因子或以原变量(A、B、C)的形式或以反变量($\overline{A}$、$\overline{B}$、$\overline{C}$)的形式出现一次。

这样,这八个乘积项是输入变量 A、B、C 的最小项。

利用逻辑代数的基本公式,可以把任意一个逻辑函数化成一种典型的表达式,这种典型的表达式是一组最小项之和,称为最小项表达式。

例如,

$$Y=BC+CA=BC(A+\overline{A})+CA(B+\overline{B})=ABC+\overline{A}BC+A\overline{B}C+ABC$$
$$=ABC+\overline{A}BC+A\overline{B}C$$

2. 逻辑状态表

逻辑状态表是用输入、输出变量的逻辑状态(1 或 0)以表格形式来表示逻辑函数的,十分直观明了。

1) 由逻辑式列出逻辑状态表

(1) 把逻辑式中输入变量取值的所有组合(有 n 个输入变量时,相应的取值组合有 2^n 个)有序地填入真值表。

(2) 将输入变量取值的所有组合逐一代入逻辑式求出输出结果,并将其对应地填入真值表中,完成转换。

(3) 逻辑式与逻辑图的转换。

用逻辑符号代替逻辑式中的运算符号,并依据运算优先顺序把逻辑符号连接起来,就可以画出逻辑图。

例如,

$$Y = ABC + \overline{A}BC + A\overline{B}C$$

有三个输入变量,八种组合,把各种组合的取值(1 或 0)分别代入逻辑式中进行运算,求出相应的逻辑函数值,即可列出状态表,如表 12-2 所示。

表 12-2　$Y = ABC + \overline{A}BC + A\overline{B}C$ 的逻辑状态表

A	B	C	Y
0	0	0	0
0	0	1	0
0	1	0	0
0	1	1	1
1	0	0	0
1	0	1	1
1	1	0	0
1	1	1	1

2) 由逻辑状态表写出逻辑式

(1) 取 $Y = 1$(或 $Y = 0$)列逻辑式。

(2) 对一种组合而言,输入变量之间是与逻辑关系,对应于 $Y = 1$。如果输入变量为 1,则取其原变量(如 A);如果输入变量为 0,则取其反变量(如 $\overline{A}$)。而后取乘积项。

(3) 各种组合之间,是或逻辑关系,故取以上乘积项之和。

3. 逻辑图

一般由逻辑式画出逻辑图。逻辑乘用与门实现,逻辑加用或门实现,求反用非门实现。式 $Y = \overline{A}\overline{B}C + \overline{A}B\overline{C} + A\overline{B}\overline{C} + ABC$ 就可用三个与非门、四个与门和一个或门来实现,如图 12-1 所示。

表示一个逻辑函数的逻辑式不是唯一的,所以逻辑图也不是唯一的。但是由最小项组成的与或逻辑式则是唯一的,而逻辑状态表是用最小项表示的,因此也是唯一的。

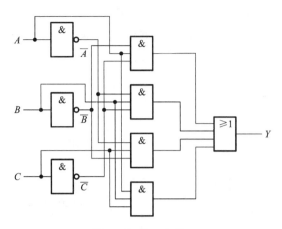

图 12-1 $Y=\overline{A}\overline{B}C+\overline{A}B\overline{C}+A\overline{B}\overline{C}+ABC$ 的逻辑图

12.1.3 逻辑函数的化简

逻辑函数最终要由逻辑电路来实现,同一种逻辑功能可以用多种不同的逻辑电路实现。对逻辑函数进行化简,求得最简逻辑表达式,可以使实现逻辑函数的逻辑电路得到简化。这既有利于节省元器件,降低成本,也有利于降低元器件的故障率,提高电路的可靠性;同时简化电路,使元器件之间的连线减少,给制作带来了方便。

逻辑函数常用的化简方法有逻辑代数法和卡诺图法两种。

1. 逻辑代数运算法

1)并项法

应用 $A+\overline{A}=1$,将两项合并为一项,并可消去一个或两个变量。例如,
$$Y=ABC+A\overline{B}C+A\overline{B}\,\overline{C}+AB\overline{C}=AC(B+\overline{B}\,)+A\,\overline{C}(B+\overline{B})$$
$$=AC+A\,\overline{C}=A$$

2)配项法

应用 $B=B(A+\overline{A})$,将$(A+\overline{A})$与某乘积项相乘,而后展开、合并化简。例如,
$$Y=AB+\overline{A}\,\overline{C}+B\overline{C}=AB+\overline{A}\,\overline{C}+B\overline{C}(A+\overline{A})$$
$$=AB+AB\overline{C}+\overline{A}\,\overline{C}+\overline{A}B\overline{C}=AB+\overline{A}\,\overline{C}$$

3)加项法

应用 $A+A=A$,在逻辑式中加相同的项,而后合并化简。例如,
$$Y=ABC+\overline{A}BC+A\overline{B}C=ABC+\overline{A}BC+A\overline{B}C+ABC$$
$$=BC(A+\overline{A})+AC(B+\overline{B})=BC+AC$$

4)吸收法

应用 $A+AB=A$,消去多余因子。例如,
$$Y=\overline{B}C+A\overline{B}C(D+E)=\overline{B}C$$

【例 12-1】 应用逻辑代数运算法则化简下列逻辑式
$$Y=ABC+ABD+\overline{A}B\overline{C}+CD+B\overline{D}$$

解 简化得
$$Y=ABC+\overline{A}B\overline{C}+CD+B(\overline{D}+DA)$$

由法则 18　$A+\bar{A}B=A+B$ 得 $\bar{D}+DA=\bar{D}+A$，所以

$$Y=ABC+\bar{A}B\bar{C}+CD+B\bar{D}+AB$$
$$=AB(1+C)+\bar{A}B\bar{C}+CD+B\bar{D}$$

由法则 4　$1+A=1$ 得 $1+C=1$，所以

$$Y=AB+\bar{A}B\bar{C}+CD+B\bar{D}=B(A+\bar{A}\bar{C})+CD+B\bar{D}$$

由法则 18 得 $A+\bar{A}\bar{C}=A+\bar{C}$，所以

$$Y=B(A+\bar{A}\bar{C})+CD+B\bar{D}=AB+B(\bar{C}+\bar{D})+CD$$

由法则 20　$\bar{A}+\bar{B}=\overline{AB}$ 得 $\bar{C}+\bar{D}=\overline{CD}$，所以

$$Y=AB+B\overline{CD}+CD$$

由法则 18 得 $CD+\overline{CD}B=CD+B$，所以

$$Y=AB+CD+B=B(1+A)+CD=B+CD$$

【例 12-2】　应用逻辑代数运算法则化简下列逻辑式

$$Y=A\bar{B}+AC+B\bar{C}$$

解　简化得

$$Y=A\bar{B}+AC+B\bar{C}=A(\bar{B}+C)+B\bar{C}（因\overline{AB}=\bar{A}+\bar{B}）$$
$$=A\cdot\overline{B\bar{C}}+B\bar{C}（因 A+\bar{A}B=A+B）=A+B\bar{C}$$

【例 12-3】　试证明 $AB\overline{CD}+ABD+BC\bar{D}+ABC+BD+B\bar{C}=B$

证　　$AB\overline{CD}+ABD+BC\bar{D}+ABC+BD+B\bar{C}$

$$=ABC(1+\bar{D})+BD(1+A)+BC\bar{D}+B\bar{C}$$
$$=ABC+BD+BC\bar{D}+B\bar{C}=B(AC+D+C\bar{D}+\bar{C})$$
$$=B(AC+D+C+\bar{C})　（因 D+C\bar{D}=D+C）$$
$$=B(AC+D+1)$$
$$=B$$

2. 应用卡诺图化简

1）卡诺图

卡诺图：指与变量的最小项对应的按一定规则排列的方格图，每一小方格填入一个最小项。n 个变量有 2^n 种组合，最小项就有 2^n 个，卡诺图也相应有 2^n 个小方格。

图 12-2 所示的分别为二变量、三变量和四变量卡诺图。在卡诺图的行和列分别标出变量及其状态。变量状态的次序是 00,01,11,10，而不是二进制递增的次序 00,01,10,11。这样排列是为了使任意两个相邻最小项之间只有一个变量改变。小方格也可用二进制数对应于十进制数编号，如图中的四变量卡诺图，也就是变量的最小项可用 $m_0,m_1,m_2,\cdots$ 来编号。

2）应用卡诺图化简

应用卡诺图化简逻辑函数时，应遵循以下原则：

（1）先将逻辑式中的最小项（或逻辑状态表中取值为 1 的最小项）分别用 1 填入相应的小方格内。如果逻辑式中的最小项不全，则填写 0 或空着不填。如果逻辑式不是由最小项构成，一般应先化为最小项。

（2）将取值为 1 的相邻小方格圈成矩形或方形，相邻小方格包括最上行与最下行及最左列与最右列同列或同行两端的两个小方格。

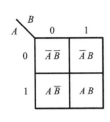

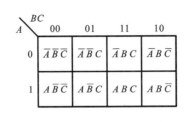

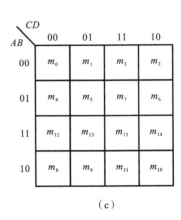

(a)

(b)

(c)

图 12-2 卡诺图

（3）圈的个数应最少，圈内小方格个数应尽可能多。每圈一个新的圈时，必须包含至少一个在已圈过的圈中未出现过的最小项，否则重复而得不到最简式。圈内小方格的个数应为 $2^n(n=0,1,2,3,\cdots)$，即 $1,2,4,8,\cdots$，不允许 $3,6,10,12$ 等。

每一个取值为 1 的小方格可被圈多次，但不能遗漏。最小圈可只含一个小方格，不能化简。

（4）相邻的两项可合并为一项，并消去一个因子；相邻的四项可合并为一项，并消去两个因子；类推，相邻的 2^n 项可合并为一项，并消去 n 个因子。

将合并的结果相加，即为所求的最简与或式。

【例 12-4】 将 $Y=\overline{A}\,\overline{B}\,\overline{C}+\overline{A}\,\overline{B}C+\overline{A}BC+A\,\overline{B}\,\overline{C}$ 用卡诺图表示并化简。

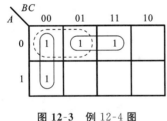

图 12-3 例 12-4 图

解 卡诺图如图 12-3 所示。根据图中三个圈可得出

$$Y=\overline{B}\,\overline{C}+\overline{A}C+\overline{A}\,\overline{B}$$

但上式并非最简式，因为

$$Y=\overline{B}\,\overline{C}+\overline{A}C+\overline{A}\,\overline{B}=\overline{B}\,\overline{C}+\overline{A}C+\overline{A}\,\overline{B}(C+\overline{C})$$
$$=\overline{B}\,\overline{C}+\overline{A}C+\overline{A}\,\overline{B}C+\overline{A}\,\overline{B}\,\overline{C}$$
$$=\overline{B}\,\overline{C}(1+\overline{A})+\overline{A}C(1+\overline{B})=\overline{B}\,\overline{C}+\overline{A}C$$

上式才是最简的。问题在于圈法不对。如果先圈两个实线圈，所有的 1 都被圈过，再圈虚线圈，必然多出一项 $\overline{A}\,\overline{B}$。因此，每圈一个圈，不但要有未圈过的 1，而且圈数要尽可能少，以避免出现多余项。

【例 12-5】 将 $Y=ABC+AB\overline{C}+\overline{A}BC+A\overline{B}\,\overline{C}$ 用卡诺图表示并化简。

解 卡诺图如图 12-4 所示。将相邻的两个 1 圈在一起，共可圈成三个圈。三个圈的最小项分别为

$$ABC+AB\overline{C}=AB(C+\overline{C})=AB$$
$$ABC+\overline{A}BC=BC(A+\overline{A})=BC$$
$$ABC+A\overline{B}\,\overline{C}=CA(B+\overline{B})=CA$$

于是得出化简后的逻辑式为

$$Y=AB+BC+CA$$

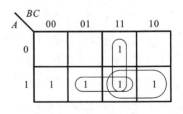

图 12-4 例 12-5 卡诺图

【**例 12-6**】　应用卡诺图化简 $Y=\overline{A}\,\overline{B}C\overline{D}+\overline{A}\,\overline{B}\,\overline{C}\,\overline{D}+A\overline{B}\,\overline{C}\,\overline{D}+A\overline{B}C\overline{D}$。

解　卡诺图如图 12-5 所示。可将最上行两角的 1 圈在一起,将最下行两角的 1 圈在一起,则得出

$$Y=\overline{A}\,\overline{B}\,\overline{D}+A\overline{B}\,\overline{D}=\overline{B}\,\overline{D}(A+\overline{A})=\overline{B}\,\overline{D}$$

也可将四个 1 圈在一起,其相同变量为 $\overline{B}\,\overline{D}$,故直接得出

$$Y=\overline{B}\,\overline{D}$$

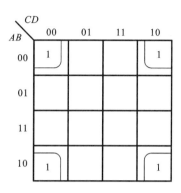

图 12-5　例 12-6 卡诺图

12.2　组合逻辑电路

根据需要将基本逻辑门电路组合,可构成具有特定功能的组合逻辑电路。

组合逻辑电路的特点是:其输出状态只取决于当前的输入状态,而与原输出状态无关。

本节介绍组合逻辑电路的分析与设计方法。

12.2.1　组合逻辑电路的分析

组合逻辑电路分析的任务是根据给定的逻辑电路图确定其逻辑功能。

分析组合逻辑电路的步骤大致如下:

已知逻辑图→写逻辑式→运用逻辑代数化简或变换→列逻辑状态表→分析逻辑功能。

【**例 12-7**】　分析图 12-6 所示的逻辑图。

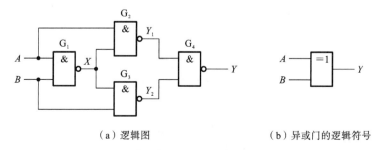

（a）逻辑图　　　　　　　　（b）异或门的逻辑符号

图 12-6　例 12-7 图

解 (1) 由逻辑图写出逻辑式。

从输入端到输出端,依次写出各个门的逻辑式,最后写出输出变量 Y 的逻辑式:

G₁ 门 $$X = \overline{AB}$$

G₂ 门 $$Y_1 = \overline{AX} = \overline{A \cdot \overline{AB}}$$

G₃ 门 $$Y_2 = \overline{BX} = \overline{B \cdot \overline{AB}}$$

G₄ 门 $$Y = \overline{Y_1 Y_2} = \overline{\overline{A \cdot \overline{AB}} \cdot \overline{B \cdot \overline{AB}}} = \overline{\overline{A \cdot \overline{AB}}} + \overline{\overline{B \cdot \overline{AB}}}$$
$$= A \cdot \overline{AB} + B \cdot \overline{AB} = A(\overline{A} + \overline{B}) + B(\overline{A} + \overline{B})$$
$$= A\overline{A} + A\overline{B} + B\overline{A} + B\overline{B} = A\overline{B} + B\overline{A}$$

(2) 由逻辑式列出逻辑状态表(见表 12-3)。

表 12-3 异或门逻辑状态表

A	B	Y
0	0	0
0	1	1
1	0	1
1	1	0

(3) 分析逻辑功能。

当输入端 A 和 B 不是同为 1 或 0 时,输出为 1;否则,输出为 0。这种电路称为异或门电路,其逻辑符号如图 12-6(b)所示。逻辑式也可写成

$$Y = A\overline{B} + B\overline{A} = A \oplus B$$

如果在图 12-6(a)的最后一级门之后再加一级非门,则输出的表达式为

$$Y = \overline{A\overline{B} + \overline{A}B}$$

即异或逻辑的非,经化简为

$$Y = \overline{A}\overline{B} + AB = A \odot B$$

此逻辑函数描述的是同或逻辑关系。实现同或逻辑运算的组合电路叫同或门电路。

12.2.2 组合逻辑电路的设计

根据实际的逻辑问题设计出能实现该逻辑要求的电路,这是组合逻辑电路设计的任务。设计由小规模集成电路构成的组合逻辑时,强调的基本原则是能够获得最简电路,即所用的门电路最少以及每个门的输入端数最少。

设计组合逻辑电路的步骤如下:

(1) 根据逻辑要求列逻辑状态表。

一般首先根据事件的因果关系确定输入、输出变量,进而对输入、输出进行逻辑赋值,即用 0、1 表示输入、输出各自的两种不同状态;再根据输入、输出之间的逻辑关系列出真值表。

(2) 由逻辑状态表写出输出函数逻辑表达式。

(3) 运用逻辑代数化简、变换输出函数逻辑表达式。

(4) 根据逻辑表达式画出逻辑图。

【**例 12-8**】 试设计一个三人(A、B、C)无弃权表决电路,采用多数表决方式表决。每人有一按键,如果赞成,就按下按键,表示 1;如果不赞成,不按按键,表示 0。表决结果用指示灯来表示,如果两个人以上(含两人)赞成,则指示灯亮,$Y=1$;否则不通过,则灯不亮,$Y=0$。画出逻辑图后,再用与非门实现。

解 在解决一个实际的逻辑问题时,首先必须设定各种事物不同状态的逻辑值,以便于填写真值表。

(1) 由题意列出逻辑状态表。

共有八种组合,$Y=1$ 的只有四种。逻辑状态表如表 12-4 所示。

表 12-4 例 12-8 的逻辑状态表

A	B	C	Y
0	0	0	0
0	0	1	0
0	1	0	0
0	1	1	1
1	0	0	0
1	0	1	1
1	1	0	1
1	1	1	1

(2) 由逻辑状态表写出逻辑式

$$Y = AB\overline{C} + A\overline{B}C + \overline{A}BC + ABC$$

(3) 变换和化简逻辑式。

对上式应用逻辑代数运算法则进行变换和化简:

$$Y = AB\overline{C} + A\overline{B}C + \overline{A}BC + ABC + ABC + ABC$$
$$= AB(C+\overline{C}) + BC(A+\overline{A}) + CA(B+\overline{B}) = AB + BC + CA$$

(4) 由逻辑式画出逻辑图。

由上式画出的逻辑图如图 12-7 所示。

(5) 要求用与非门实现,化简结果为与非-与非形式。

$$Y = AB + BC + CA = \overline{\overline{AB + BC + CA}} = \overline{\overline{AB} \cdot \overline{BC} \cdot \overline{CA}}$$

由上式画出的逻辑图如图 12-8 所示。

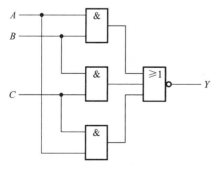

图 12-7 例 12-8 与或门

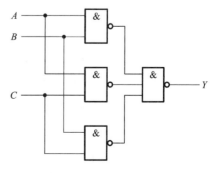

图 12-8 例 12-8 与非门

【**例 12-9**】 某雷达站有三部雷达,它们运转时必须满足的条件为任何时间必须有且仅有雷达运行,如不满足上述条件,就输出报警信号。试设计此报警电路。

解 设三部雷达的状态为输入变量,分别用 A、B、C 表示,规定雷达运转为 1,停转为 0;报警信号为输出变量,用 Y 表示,$Y=0$ 表示正常状态,$Y=1$ 为报警状态。

根据题意列出逻辑状态表,如表 12-5 所示。

表 12-5　例 12-9 的逻辑状态表

A	B	C	Y
0	0	0	1
0	0	1	0
0	1	0	0
0	1	1	1
1	0	0	0
1	0	1	1
1	1	0	1
1	1	1	1

由表 12-5 可写出逻辑式为

$$Y=\overline{A}\,\overline{B}\,\overline{C}+\overline{A}BC+A\overline{B}C+AB\overline{C}+ABC=\overline{A}\,\overline{B}\,\overline{C}+BC+AB+AC$$

由上式画出逻辑电路图如图 12-9 所示。

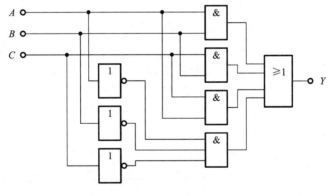

图 12-9　例 12-9 图

12.3　加法器

在数字系统,尤其是在计算机的数字系统中,二进制的减、乘、除运算都可以转换成加法运算进行,因此二进制加法器是计算机的基本部件之一。

加法器分为半加器和全加器,在本节中依次介绍。

12.3.1　半加器

只能对 1 位二进制数做算术加运算,可向高位进位,但不能输入低位的进位值的运算电路称为半加器。按照两数相加的物理概念,即

$$A+B\rightarrow 半加和$$
$$0+0=0$$
$$0+1=1$$
$$1+0=1$$
$$1+1=10$$

可得出半加器的逻辑状态表,如表12-6所示。

表 12-6 半加器逻辑状态表

A	B	S	C
0	0	0	0
0	1	1	0
1	0	1	0
1	1	0	1

其中,A 和 B 是相加的两个数,S 是半加和数,C 是进位数。

由逻辑状态表可写出逻辑式

$$S=A\bar{B}+B\bar{A}=A\oplus B \tag{12-1}$$
$$C=AB \tag{12-2}$$

由逻辑式就可画出逻辑图,如图12-10(a)所示,由一个异或门和一个与门组成。半加器是一种组合逻辑电路,其逻辑符号如图12-10(b)所示。

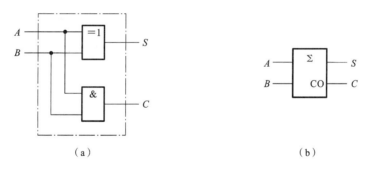

（a） （b）

图 12-10 半加器逻辑图及其逻辑符号

12.3.2 全加器

两个1位二进制数相加运算,若考虑来自低位的进位,则称为全加运算。设被加数 A_i 和加数 B_i,C_{i-1} 表示自相邻低位送来的进位数。这三个数相加,得出 S_i 本位和数(全加和数),以及 C_i 向相邻高位的进位数。根据二进制加法法则,列出全加器的逻辑状态表,如表12-7所示。

表 12-7 全加器逻辑状态表

A_i	B_i	C_{i-1}	S_i	C_i
0	0	0	0	0
0	0	1	1	0

A_i	B_i	C_{i-1}	S_i	C_i
0	1	0	1	0
0	1	1	0	1
1	0	0	1	0
1	0	1	0	1
1	1	0	0	1
1	1	1	1	1

由表 12-7 可写出全加和数 S_i 和进位数 C_i 的逻辑式

$$
\begin{aligned}
S_i &= \overline{A_i}\overline{B_i}C_{i-1} + \overline{A_i}B_i\,\overline{C_{i-1}} + A_i\overline{B_i}\,\overline{C_{i-1}} + A_iB_iC_{i-1} \\
&= \overline{A_i}(B_i \oplus C_{i-1}) + A_i(\overline{B_i \oplus C_{i-1}}) \\
&= A_i \oplus B_i \oplus C_{i-1}
\end{aligned}
\tag{12-3}
$$

$$
\begin{aligned}
C_i &= \overline{A_i}B_iC_{i-1} + A_i\overline{B_i}C_{i-1} + A_iB_i\,\overline{C_{i-1}} + A_iB_iC_{i-1} \\
&= A_iB_i + A_iC_{i-1} + B_iC_{i-1}
\end{aligned}
\tag{12-4}
$$

由上两式可画出全加器的逻辑图,如图 12-11(a)所示。其逻辑符号如图 12-11(b)所示。

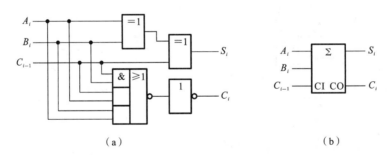

（a）　　　　　　　　　　　　　　　（b）

图 12-11　全加器逻辑图及其逻辑符号

【**例 12-10**】　用四个 1 位全加器组成一个逻辑电路以实现两个 4 位二进制数 $A_3A_2A_1A_0$ 与 $B_3B_2B_1B_0$ 的加法运算。

解　逻辑电路如图 12-12 所示,其中,S_0、S_1、S_2、S_3 是各位的本位和,C_3 是最高位的进位。由于最低位没有低位进位,因此将最低位 CI 接地。

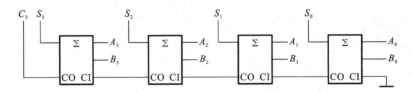

图 12-12　例 12-10 的逻辑图

这种全加器的任意 1 位的加法运算,都必须等到低位加法完成后送来进位时才能进行。这种进位方式称为串行进位,但和数是并行相加。这种串行加法器的缺点是运算速度慢,但其电路比较简单,因此在对运算速度要求不高的设备中,仍不失为一种可取的全加器。常用的集成加法器有双两位串行进位加法器 74LS183、4 位串行进位加法器 T692、4 位超前进位加法器 74LS283。图 12-13 是 74LS283 的引脚排列图。

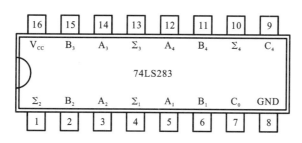

图 12-13　74LS283 的引脚排列图

12.4　编码器

用数字或某种文字和符号来表示某一对象或信号的过程,称为编码。

在数字电路中,一般用的是二进制编码。二进制只有 0 和 1 两个数码,可以把若干个 0 和 1 按一定规律编排起来组成不同的代码(二进制数)来表示某一对象或信号。实现编码的逻辑电路称为编码器。

12.4.1　二进制编码器

二进制编码器是将某种信号编成二进制代码的电路。

1 位二进制代码有 0 和 1 两种代码组合,可以表示两个信号;2 位二进制代码有 00、01、10、11 四种代码组合,可以表示四个信号。n 位二进制代码有 2^n 种,可以表示 2^n 个信号。

【例 12-11】　设计一个编码器,满足以下要求:

(1) 将 I_0、I_1、I_2、I_3、I_4、I_5、I_6、I_7 八个输入信号编成对应的二进制代码而输出;

(2) 编码器每次只能对一个信号进行编码,不允许两个或两个以上的信号同时有效。

(3) 设输入信号高电平有效。

解　(1) 确定二进制代码的位数。

因为输入有八个信号,所以输出的是 3 位（$2^n=8,n=3$）二进制代码。

这种编码器通常称为 8 线-3 线编码器。

(2) 列编码表。

编码表是把待编码的八个信号和对应的二进制代码列成的表格。表 12-8 所示的为 3 位二进制编码器的编码表。

表 12-8   3 位二进制编码器的编码表

输　　入	输　　出		
	Y_2	Y_1	Y_0
I_0	0	0	0
I_1	0	0	1
I_2	0	1	0
I_3	0	1	1
I_4	1	0	0
I_5	1	0	1
I_6	1	1	0
I_7	1	1	1

（3）由编码表写出逻辑式

$$Y_2 = I_4 + I_5 + I_6 + I_7 = \overline{\overline{I_4 + I_5 + I_6 + I_7}} = \overline{\overline{I_4} \cdot \overline{I_5} \cdot \overline{I_6} \cdot \overline{I_7}}$$

$$Y_1 = I_2 + I_3 + I_6 + I_7 = \overline{\overline{I_2 + I_3 + I_6 + I_7}} = \overline{\overline{I_2} \cdot \overline{I_3} \cdot \overline{I_6} \cdot \overline{I_7}}$$

$$Y_0 = I_1 + I_3 + I_5 + I_7 = \overline{\overline{I_1 + I_3 + I_5 + I_7}} = \overline{\overline{I_1} \cdot \overline{I_3} \cdot \overline{I_5} \cdot \overline{I_7}}$$

（4）由逻辑式画出逻辑图

逻辑图如图 12-14 所示。输入信号一般不允许出现两个或两个以上同时输入。例如，当 $I_1 = 1$，其余为 0 时，则输出为 001；当 $I_6 = 1$，其余为 0 时，则输出为 110。二进制代码 001 和 110 分别表示输入信号 I_1 和 I_6。当 $I_1 \sim I_6$ 均为 0 时，输出为 000，即表示 I_0。

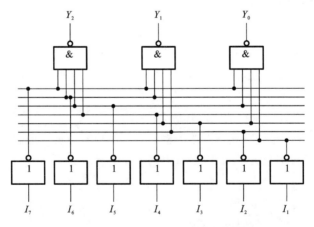

图 12-14   3 位二进制编码器的逻辑图

12.4.2   二-十进制编码器

1. 8421 编码

二-十进制编码器是将十进制的十个数码 0，1，2，3，4，5，6，7，8，9 编成二进制代码的电路。输入的是 0～9 十个数码，输出的是对应的二进制代码。这二进制代码又称二-十进制代码,简称 BCD 码。

4 位二进制代码共有十六种状态,其中任何十种状态都可表示 0～9 十个数码,BCD 码种类很多,其中最常用的是 8421BCD 码。

下面分析编码的过程。

(1) 确定二进制代码的位数。因为是 10 个输入,而 3 位二进制代码只有八种组合,所以输出 4 位($2^n > 10$,取 $n=4$)二进制代码。

(2) 列编码表。编码表上把待编号的 10 个信号与相应的二进制代码列成表格,即在 4 位二进制代码的十六种状态中取出前面十种状态,表示 0～9 十个数码,后面六种状态去掉,如表 12-9 所示。

表 12-9　8421 码编码表

输　　入	输　　出			
十进制数	Y_3	Y_2	Y_1	Y_0
$0(I_0)$	0	0	0	0
$1(I_1)$	0	0	0	1
$2(I_2)$	0	0	1	0
$3(I_3)$	0	0	1	1
$4(I_4)$	0	1	0	0
$5(I_5)$	0	1	0	1
$6(I_6)$	0	1	1	0
$7(I_7)$	0	1	1	1
$8(I_8)$	1	0	0	0
$9(I_9)$	1	0	0	1

二进制代码各位的 1 所代表的十进制数从高位到低位依次为 8、4、2、1,称之为"权",然后把每个数码乘以各位的"权",相加,即得出该二进制代码所表示的 1 位十进制数。例如,"1001"这个二进制代码就是表示

$$1 \times 8 + 0 \times 4 + 0 \times 2 + 1 \times 1 = 8 + 0 + 0 + 1 = 9$$

2. 二-十进制优先编码器

实际应用中常常出现多个输入端上同时有信号的情况。例如,计算机有多个输入设备,可能多台设备同时向主机发出中断请求,希望输入数据。这就要求主机能自动识别这些请求信号的优先级别,按次序进行编码,也就是采用优先编码器。表 12-10 所示的为 74LS147 型优先编码器的功能表。由表 12-10 可见,74LS147 有九个输入变量 $\bar{I}_1 \sim \bar{I}_9$,四个输出变量 $\bar{Y}_0 \sim \bar{Y}_3$,它们都是反变量,即输入的反变量对低电平有效,输出的反变量组成反码,对应于 0～9 十个十进制数码。例如,表中第一行,所有输入端无信号,输出的不是与十进制数码 0 对应的二进制数 0000,而是其反码 1111。输入信号的优先次序为 $\bar{I}_9 \sim \bar{I}_1$。当 $\bar{I}_9 = 0$ 时,无论其他输入端是 0 或 1(表中×表示任意态),输出端只对 $\bar{I}_9$ 编码,输出为 0110(原码为 1001)。当 $\bar{I}_9 = 1$,$\bar{I}_8 = 0$ 时,无论其他输入端为何值,输出端只对 $\bar{I}_8$ 编码,输出为 0111(原码为 1000)。其他依此类推。

表 12-10　74LS147 型优先编码器的功能表

输　入									输　出			
$\overline{I_9}$	$\overline{I_8}$	$\overline{I_7}$	$\overline{I_6}$	$\overline{I_5}$	$\overline{I_4}$	$\overline{I_3}$	$\overline{I_2}$	$\overline{I_1}$	$\overline{Y_3}$	$\overline{Y_2}$	$\overline{Y_1}$	$\overline{Y_0}$
1	1	1	1	1	1	1	1	1	1	1	1	1
0	×	×	×	×	×	×	×	×	0	1	1	0
1	0	×	×	×	×	×	×	×	0	1	1	1
1	1	0	×	×	×	×	×	×	1	0	0	0
1	1	1	0	×	×	×	×	×	1	0	0	1
1	1	1	1	0	×	×	×	×	1	0	1	0
1	1	1	1	1	0	×	×	×	1	0	1	1
1	1	1	1	1	1	0	×	×	1	1	0	0
1	1	1	1	1	1	1	0	×	1	1	0	1
1	1	1	1	1	1	1	1	0	1	1	1	0

12.5　译码器和数码显示

译码是编码的逆过程。编码是将某种信号或十进制的十个数码（输入）编成二进制代码（输出）。译码是将二进制代码（输入）按其编码时的原意译成对应的信号或十进制数码（输出）。常用的译码器有二进制译码器和显示译码器。

12.5.1　二进制译码器

二进制译码器的输入是 n 位二进制代码，对应有 2^n 种代码组合，每组输入代码对应一个输出端，所以 n 位二进制译码器有 2^n 个输出端。设输入代码的位数为 n，则称该二进制译码器为 n 线-2^n 线译码器。二进制译码器有 3 线-8 线译码器、2 线-4 线译码器和 4 线-16 线译码器。

下面分别以 74LS139（2 线-4 线译码器）、74LS138（3 线-8 线译码器）为例，介绍译码器及其应用。

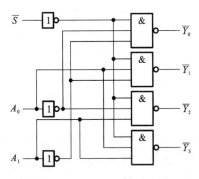

图 12-15　74LS139 逻辑图

1. 74LS139 译码器

74LS139 译码器有 2 个输入代码，4 个输出信号，其逻辑图如图 12-15 所示。

1）列出逻辑表达式

其中 A_0、A_1 是输入端，$\overline{Y_0} \sim \overline{Y_3}$ 是输出端。$\overline{S}$ 是使能端，低电平有效。由逻辑图可以写出逻辑表达式：

$$\overline{Y_0} = \overline{\overline{S}\,\overline{A_1}\,\overline{A_0}} \quad \overline{Y_1} = \overline{\overline{S}\,\overline{A_1}\,A_0}$$
$$\overline{Y_2} = \overline{\overline{S}\,A_1\,\overline{A_0}} \quad \overline{Y_3} = \overline{\overline{S}\,A_1\,A_0}$$

由逻辑表达式可以看出，当 $\overline{S}=0$ 时，可以译码，根据输入的地址码选中一个输出端，被选中的输出端输出为 0；当 $\overline{S}=1$ 时，无论 A_0 和 A_1 是 0 或 1，禁止译码，输出全为 1。

2）列出状态表

状态表如表 12-11 所示。

表 12-11　74LS139 型译码器的功能表

输　　　入			输　　　出			
$\overline{S}$	A_1	A_0	$\overline{Y}_3$	$\overline{Y}_2$	$\overline{Y}_1$	$\overline{Y}_0$
1	×	×	1	1	1	1
0	0	0	1	1	1	0
0	0	1	1	1	0	1
0	1	0	1	0	1	1
0	1	1	0	1	1	1

由逻辑表可以看出，对应于每一组输入二进制代码，四个输出信号只有一个为 0，其余为 1。

2．74LS138 译码器

74LS138 译码器有 3 个输入代码，8 个输出信号，其引脚图如图 12-16 所示。

1）列出译码器的状态表

设输入 3 位二进制代码分别为 ABC，输出 8 个信号低电平有效，设为 $\overline{Y}_0 \sim \overline{Y}_7$。每个输出代表输入的一种组合，并设 $ABC=000$ 时，$\overline{Y}_0=0$，

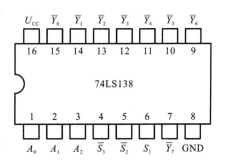

图 12-16　74LS138 引脚排列图

其余输出为 1；$ABC=001$ 时，$\overline{Y}_1=0$，其余输出为 1；…；$ABC=111$ 时，$\overline{Y}_7=0$，其余输出为 1，则列出的状态表如表 12-12 所示。

表 12-12　74LS138 型 3 位二进制译码器的功能表

使能	控　　制		输　　入			输　　出							
S_1	$\overline{S}_2$	$\overline{S}_3$	A	B	C	$\overline{Y}_0$	$\overline{Y}_1$	$\overline{Y}_2$	$\overline{Y}_3$	$\overline{Y}_4$	$\overline{Y}_5$	$\overline{Y}_6$	$\overline{Y}_7$
0	×	×											
×	1	×	×	×	×	1	1	1	1	1	1	1	1
×	×	1											
1	0	0	0	0	0	0	1	1	1	1	1	1	1
1	0	0	0	0	1	1	0	1	1	1	1	1	1
1	0	0	0	1	0	1	1	0	1	1	1	1	1
1	0	0	0	1	1	1	1	1	0	1	1	1	1
1	0	0	1	0	0	1	1	1	1	0	1	1	1
1	0	0	1	0	1	1	1	1	1	1	0	1	1
1	0	0	1	1	0	1	1	1	1	1	1	0	1
1	0	0	1	1	1	1	1	1	1	1	1	1	0

注：×表示任意态。

从表 12-12 可以看出，74LS138 译码器有一个使能端 S_1 和两个控制端 $\overline{S_2}$、$\overline{S_3}$。S_1 高电平有效，$S_1=1$ 时，可以译码；$S_1=0$ 时，禁止译码，输出全为 1。$\overline{S_2}$ 和 $\overline{S_3}$ 低电平有效，若均为 0，可以译码；若其中有 1 或全 1，则禁止译码，输出也全为 1。

2）由状态表写出逻辑式

$$\overline{Y}_0=\overline{\overline{A}\,\overline{B}\,\overline{C}} \qquad \overline{Y}_1=\overline{\overline{A}\,\overline{B}C}$$

$$\overline{Y}_2=\overline{\overline{A}B\overline{C}} \qquad \overline{Y}_3=\overline{\overline{A}BC}$$

$$\overline{Y}_4=\overline{A\overline{B}\,\overline{C}} \qquad \overline{Y}_5=\overline{A\overline{B}C}$$

$$\overline{Y}_6=\overline{AB\overline{C}} \qquad \overline{Y}_7=\overline{ABC}$$

3）由逻辑式画出逻辑图

逻辑图如图 12-17 所示。

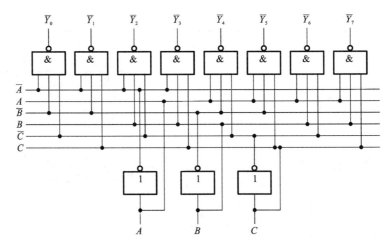

图 12-17 3 位二进制译码器

【**例 12-12**】 用 74LS138 实现 $Y=\overline{A}BC+A\overline{B}C+AB\overline{C}+ABC$。

解 根据表 12-12，可以得出给定逻辑式的 4 个最小项与译码器的输出间的对应关系为

$$\overline{Y_3}=\overline{\overline{A}BC}, \quad \overline{Y_5}=\overline{A\overline{B}C}$$

$$\overline{Y_6}=\overline{AB\overline{C}}, \quad \overline{Y_7}=\overline{ABC}$$

则

$$Y=\overline{A}BC+A\overline{B}C+AB\overline{C}+ABC=Y_3+Y_5+Y_6+Y_7$$

$$=\overline{\overline{Y_3}+\overline{Y_5}+\overline{Y_6}+\overline{Y_7}}=\overline{\overline{Y_3}\,\overline{Y_5}\,\overline{Y_6}\,\overline{Y_7}}$$

因此，可以用 74LS138 和 1 个四输入的与非门实现，如图 12-18 所示。

12.5.2 二-十进制显示译码器

在数字系统中，为了便于监视系统的工作情况，或者便于读取测量和运算的结果，常常需要将数字量用十进制数码显示出来，这就需要数码显示电路。

数码显示电路由显示译码器、驱动器和显示器组成。常用的显示器有液晶显示器、辉光数码管、荧光数码管和半导体数码管等。下面介绍半导体数码管。

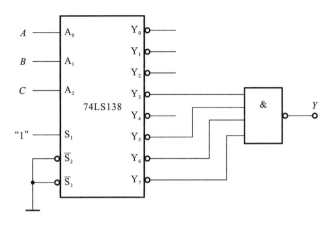

图 12-18 例 12-18 逻辑图

1. 半导体数码管

半导体数码管（或称 LED 数码管）的基本单元是发光二极管 LED,它将十进制数码分成七个字段:a、b、c、d、e、f、g,每段为一发光二极管,其字形结构如图 12-19(b)所示。选择不同字段发光,可显示出不同的字形。例如,当 a、b、c、d、e、f 六个字段全亮时,显示出"0";当 a、b、c 段亮时,显示出"7"。

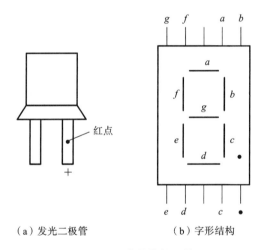

（a）发光二极管　　　　（b）字形结构

图 12-19　半导体数码管

半导体数码管中七个发光二极管有共阴极和共阳极两种接法,如图 12-20 所示。图 12-20(a)所示的是将发光二极管阴极接地,阳极某一字段接高电平时发光;图 12-20(b)所示的是将发光二极管阳极接地,阴极某一字段接低电平时发光。使用时每个管要串联限流电阻。

2. 七段显示译码器

七段显示译码器的功能是把"8421"二-十进制代码译成用显示器件显示出的十进制数。如果是 74LS247 型译码器,输出低电平有效,则应采用共阳极数码管,七段显示译码器的功能表如表 12-13 所示;如果是 74LS248 型译码器,输出高电平有效,则应采用共阴极数码管,输出状态应和表 12-13 所示的相反,即 1 和 0 对换。

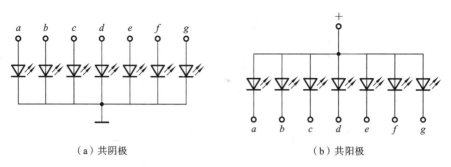

（a）共阴极　　　　　　　　　（b）共阳极

图 12-20　半导体数码管两种接法

表 12-13　74LS247 型七段译码器的功能表

功能十进制数	输入							输出							显示
	$\overline{LT}$	$\overline{RBI}$	$\overline{BI}$	A_3	A_2	A_1	A_0	$\bar{a}$	$\bar{b}$	$\bar{c}$	$\bar{d}$	$\bar{e}$	$\bar{f}$	$\bar{g}$	
试灯	0	×	1	×	×	×	×	0	0	0	0	0	0	0	8
灭灯	×	×	0	×	×	×	×	1	1	1	1	1	1	1	全灭
灭 0	1	0	1	0	0	0	0	1	1	1	1	1	1	1	灭 0
0	1	1	1	0	0	0	0	0	0	0	0	0	0	1	0
1	1	×	1	0	0	0	1	1	0	0	1	1	1	1	1
2	1	×	1	0	0	1	0	0	0	1	0	0	1	0	2
3	1	×	1	0	0	1	1	0	0	0	0	1	1	0	3
4	1	×	1	0	1	0	0	1	0	0	1	1	0	0	4
5	1	×	1	0	1	0	1	0	1	0	0	1	0	0	5
6	1	×	1	0	1	1	0	0	1	0	0	0	0	0	6
7	1	×	1	0	1	1	1	0	0	0	1	1	1	1	7
8	1	×	1	1	0	0	0	0	0	0	0	0	0	0	8
9	1	×	1	1	0	0	1	0	0	0	0	1	0	0	9

　　表 12-13 所示的是 74LS247 型译码器的功能表,图 12-21 所示的是它的引脚排列图。它有四个输入端 A_0、A_1、A_2、A_3 和七个输出端 $\bar{a}\sim\bar{g}$（低电平有效）,后者接数码管七段。此外,还有三个输入控制端,其功能如下。

　　(1) 试灯输入端 LT 用来检验数码管的七段是否正常工作。当 $\overline{BI}=1$,$\overline{LT}=0$ 时,无论 A_0、A_1、A_2、A_3 为何状态,输出 $\bar{a}\sim\bar{g}$ 均为 0,数码管七段全亮,显示"8"字。

　　(2) 当灭灯输入端 $\overline{BI}=0$,无论其他输入信号为何状态,输出 $\bar{a}\sim\bar{g}$ 均为 1,七段全灭,无显示。

(3) 灭 0 输入端 $\overline{RBI}$,当 $\overline{LT}=1$,$\overline{BI}=1$, $\overline{RBI}=0$,只有当 $A_3A_2A_1A_0=0000$ 时,输出 $\overline{a}\sim\overline{g}$ 均为 1,不显示"0"字;这时,如果 $\overline{RBI}=1$,则译码器正常输出,显示"0"。当 $A_3A_2A_1A_0$ 为其他组合时,不论 $\overline{RBI}$ 为 0 或 1,译码器均可正常输出。此输入控制信号常用来消除无效 0。例如,可消除 000.001 前两个 0,则显示出"0.001"。

上述三个输入控制端均为低电平有效,在正常工作时均接高电平。

图 12-22 所示的是 74LS247 型译码器和共阳极 BS204 型半导体数码管的连接图。

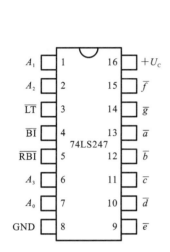

图 **12-21**　74LS247 型译码器的引脚排列图

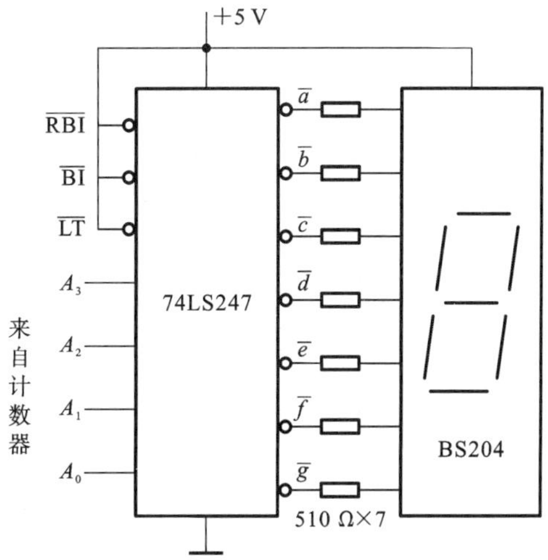

图 **12-22**　七段译码器和数码管的连接图

12.6　数据分配器和数据选择器

数据分配器和数据选择器都是数字电路中的多路开关。数据分配器是将一路输入信号数据分配到多路输出;数据选择器是从多路输入数据中选择一路输出。

12.6.1　数据分配器

图 12-23 中,将译码器的两个控制端 $\overline{S}_2$ 和 $\overline{S}_3$ 相连作为分配器的数据输入端 D;使能端 S_1 接高电平;译码器的输入端 A、B、C 作为分配器的地址输入端,根据它们的八种组合将数据 D 分配给八个输出端。数据分配器由译码器改接而成,不单独生产。例如,可将 74LS138 型 3 线-8 线译码器改接成 8 路数据分配器。

根据表 12-12 可知,当 $ABC=000$ 时,输入数据 D 分配到 $\overline{Y}_0$ 端;当 $ABC=001$ 时,就分配到 $\overline{Y}_1$ 端。

若 D 端输入的是时钟脉冲,则可将该时钟脉冲分配到 $\overline{Y}_0\sim\overline{Y}_7$ 的某一个输出端,从而构成时钟脉冲分配器。

12.6.2　数据选择器

数据选择器的功能就是能从多个输入数据中选择一个作为输出。图 12-24 是

74LS153 型 4 选 1 数据选择器的一个逻辑图。图中，$D_3 \sim D_0$ 是 4 个数据输入端；A_1 和 A_0 是地址输入端；$\overline{S}$ 是使能端，低电平有效；Y 是输出端。

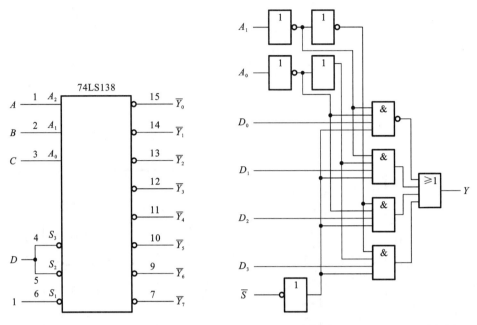

图 12-23 将 74LS138 型译码器改接为 8 路分配器　　**图 12-24** 74LS153 型 4 选 1 数据选择器

由逻辑图可写出逻辑式

$$Y = D_0 \overline{A_1}\,\overline{A_0} S + D_1 \overline{A_1} A_0 S + D_2 A_1 \overline{A_0} S + D_3 A_1 A_0 S$$

由逻辑式列出选择器的功能表，如表 12-14 所示。

表 12-14 74LS153 型数据选择器的功能表

输　　　入			输　　出
$\overline{S}$	A_1	A_0	Y
1	$\times$	$\times$	0
0	0	0	D_0
0	0	1	D_1
0	1	0	D_2
0	1	1	D_3

当 $\overline{S}=1$ 时，$Y=0$，禁止选择；当 $\overline{S}=0$ 时，正常工作。

有 4 个输入端，就需要 2 个地址输入端，因为它们有 4 种组合；如果有 8 个输入端，就需要 3 个地址输入端。

图 12-25 所示的是用两块 74LS151 型 8 选 1 数据选择器构成的具有 16 选 1 功能的数据选择器。当 $\overline{S}=0$ 时，第一块工作；$\overline{S}=1$ 时，第二块工作。其他自行分析。表 12-15 所示的是 74LS151 型数据选择器的功能表。

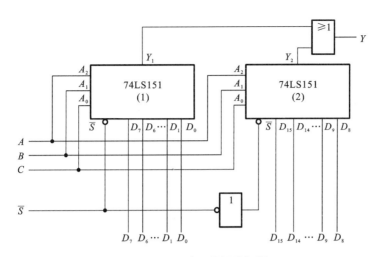

图 12-25　16 选 1 数据选择器

表 12-15　74LS151 型数据选择器的功能表

输　入				输　出
地址			使能	
A_2	A_1	A_0	$\overline{S}$	Y
×	×	×	1	0
0	0	0	0	D_0
0	0	1	0	D_1
0	1	0	0	D_2
0	1	1	0	D_3
1	0	0	0	D_4
1	0	1	0	D_5
1	1	0	0	D_6
1	1	1	0	D_7

习　题　12

习题 12 答案

12-1　化简表达式 $F = ABC + \overline{A}BC$。

12-2　化简表达式 $F = A\overline{B} + B + BCD$。

12-3　化简表达式 $F = AB + \overline{A}\,\overline{C} + B\overline{C}$。

12-4　试用公式法化简 $Y = \overline{A}BC + A\overline{B}C + AB\overline{C} + ABC$，并画出逻辑电路图。

12-5　试用公式法化简下列逻辑函数：

(1) $Y_1 = A\overline{B} + BC + \overline{B}C + \overline{A}B$；

(2) $Y_2 = ABC + ABD + \overline{A}B\overline{C} + CD + B\overline{D}$。

12-6 应用逻辑代数运算法则推证下列各式：

(1) $ABC+\overline{A}+\overline{B}+\overline{C}=1$；

(2) $\overline{A}\overline{B}+A\overline{B}+\overline{A}B=\overline{A}+\overline{B}$；

(3) $AB+\overline{A}\overline{B}=\overline{\overline{A}B+A\overline{B}}$；

(4) $A(\overline{A}+B)+B(B+C)+B=B$；

(5) $\overline{(\overline{A}+B)+(A+\overline{B})}+\overline{(\overline{A}B)(A\overline{B})}=1$。

12-7 应用逻辑代数运算法则化简下列各式：

(1) $Y=AB+\overline{A}\overline{B}+A\overline{B}$；

(2) $Y=ABC+\overline{A}B+AB\overline{C}$；

(3) $Y=\overline{\overline{(A+B)}+AB}$；

(4) $Y=(AB+A\overline{B}+\overline{A}B)(A+B+D+\overline{A}\overline{B}\overline{D})$；

(5) $Y=ABC+\overline{A}+\overline{B}+\overline{C}+D$。

12-8 根据下列各逻辑式，画出逻辑图。

(1) $Y=AB+BC$；

(2) $Y=(A+B)(A+C)$；

(3) $Y=A(B+C)+BC$。

12-9 将与或表达式 $F=AB+CD$ 变成与非-与非表达式。

12-10 将与非-与非表达式 $F=\overline{\overline{AB}\,\overline{BC}}$ 变成与或表达式。

12-11 用与非门和非门实现以下逻辑关系，画出逻辑图。

(1) $Y=AB+\overline{A}C$；

(2) $Y=A+B+\overline{C}$；

(3) $Y=\overline{A}\overline{B}+(A+B)\overline{C}$；

(4) $Y=A\overline{B}+A\overline{C}+\overline{A}BC$。

12-12 应用卡诺图化简逻辑函数。

(1) $Y=\overline{A}\overline{B}\overline{C}\overline{D}+\overline{A}\ \overline{B}CD+A\overline{B}\ \overline{C}\ \overline{D}+A\overline{B}\ \overline{C}\ \overline{D}+AB+\overline{A}BD$，卡诺图如图 12-26 所示。

(2) $Y=\overline{A}+\overline{A}B+BC\overline{D}+B\overline{D}$，卡诺图如图 12-27 所示。

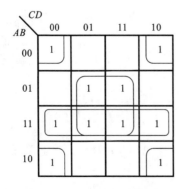

图 12-26 题 12-12 卡诺图 1

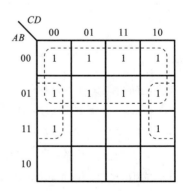

图 12-27 题 12-12 卡诺图 2

(3) $Y=\overline{A}\overline{B}C+\overline{A}BC+A\overline{B}\overline{C}+A\overline{B}C+ABC+AB\overline{C}$，卡诺图如图 12-28 所示。

(4) $Y=AB+\overline{A}BC+\overline{A}B\overline{C}$，卡诺图如图 12-29 所示。

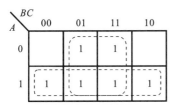

图 **12-28**　题 12-12 **卡诺**图 3

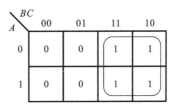

图 **12-29**　题 12-12 **卡诺**图 4

(5) $Y=A\overline{B}\overline{C}\overline{D}+\overline{A}BC\overline{D}+\overline{A}BCD+A\overline{B}C\overline{D}$，卡诺图如图 12-30 所示。

(6) $Y=A\overline{C}+\overline{A}C+B\overline{C}+\overline{B}C$，卡诺图如图 12-31 所示。

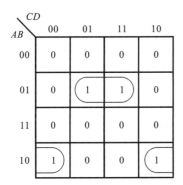

图 **12-30**　题 12-12 **卡诺**图 5

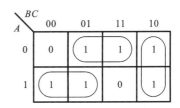

图 **12-31**　题 12-12 **卡诺**图 6

(7) $Y=A\overline{B}+B\overline{C}\overline{D}+ABD+\overline{A}BC\overline{D}$，卡诺图如图 12-32 所示。

(8) $Y=A+\overline{A}B+\overline{A}\overline{B}C+\overline{A}\overline{B}\overline{C}D$，卡诺图如图 12-33 所示。

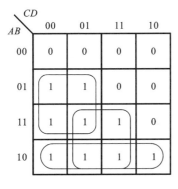

图 **12-32**　题 12-12 **卡诺**图 7

图 **12-33**　题 12-12 **卡诺**图 8

12-13　分析图 12-34 所示逻辑图的逻辑功能。

12-14　某一组合逻辑电路如图 12-35 所示，试分析其逻辑功能。

12-15　证明：图 12-36(a)和(b)所示电路具有相同的逻辑功能。

12-16　列出逻辑状态表分析图 12-37 所示电路的逻辑功能。

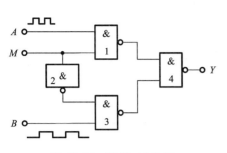

图 12-34 题 12-13 电路

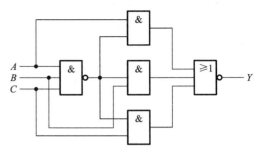

图 12-35 题 12-14 图

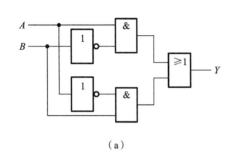

（a）

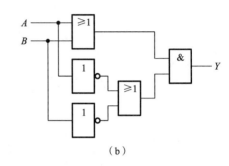

（b）

图 12-36 题 12-15 电路

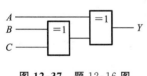

图 12-37 题 12-16 图

12-17 设计一个列车发车信号控制电路。列车分高铁、动车和快车,发车优先顺序为:高铁、动车、快车。电路在同一时间内只给具有优先权的一种列车发出开车信号。要求用与非门实现。

12-18 本题为医院优先照顾重患者的呼唤电路。设医院某科有 1、2、3、4 四间病室,患者按病情由重至轻依次住进 1~4 号病室。为了优先照顾重患者,设计如下呼唤电路,即在每室分别装有 A、B、C、D 四个呼唤按钮,按下为 1。值班室里对应的四个指示灯为 L_1、L_2、L_3、L_4,灯亮为 1。现要求 1 号病室的按钮 A 按下时,无论其他病室的按钮是否按下,只有 L_1 灯亮;当 1 号病室未按按钮,而 2 号病室的按钮 B 按下时,无论 3、4 号病室的按钮是否按下,只有 L_2 灯亮;当 1、2 号病室均未按按钮,而 3 号病室的按钮 C 按下时,无论 4 号病室的按钮是否按下,只有 L_3 灯亮;只有在 1、2、3 号病室的按钮均未按下,而只按下 4 号病室的按钮 D 时,L_4 灯才亮。试画出满足上述要求的逻辑图。

12-19 某工厂有 A、B、C 三个车间和一个自备电站,站内有两台发电机 G_1 和 G_2。G_1 的容量是 G_2 的两倍。如果一个车间开工,只需 G_2 运行即可满足要求;如果两个车间开工,只需 G_1 运行;如果三个车间同时开工,则 G_1 和 G_2 均需运行。试画出控制 G_1 和 G_2 运行的逻辑图。

12-20 旅客列车分特快、普快和普慢,并依此为优先通行次序。某站在同一时间只能有一趟列车从车站开出,即只能给出一个开车信号,试画出满足上述要求的逻辑电路。设 A、B、C 分别代表特快、普快、普慢,开车信号分别为 Y_A、Y_B、Y_C。

12-21 甲、乙两校举行联欢会,入场券分红、黄两种,甲校学生持红票入场,乙校学生持黄票入场。会场入口处设一自动检票机:符合条件者可放行,否则不准入场。试画出此检票机的放行逻辑电路。

12-22 某同学参加四门课程考试,规定如下:

(1) 课程 A 及格得 1 分,不及格得 0 分。

(2) 课程 B 及格得 2 分,不及格得 0 分。

(3) 课程 C 及格得 4 分,不及格得 0 分。

(4) 课程 D 及格得 5 分,不及格得 0 分。

若总得分大于 8 分(含 8 分),就可结业。试用与非门画出实现上述要求的逻辑电路。

12-23 试用两片 T692 型全加器实现 8 位二进制加法运算。

12-24 仿照全加器画出 1 位二进制数的全减器:输入被减数为 A,减数为 B,低位来的借位数为 C,全减差为 D,向高位的借位数为 C_1。

12-25 试设计一个 4 线-2 线二进制编码器,输入信号为 $\bar{I_3}$、$\bar{I_2}$、$\bar{I_1}$、$\bar{I_0}$,低电平有效。输出的二进制代码用 Y_1、Y_0 表示。

12-26 试用 74LS138 型译码器实现 $Y = \bar{A}\bar{B}C + \bar{A}BC + AB$ 的逻辑函数。

12-27 试设计一个用 74LS138 型译码器监测信号灯工作状态的电路。信号灯有红(A)、黄(B)、绿(C)三种,正常工作时,只能是红或绿或红黄或绿黄灯亮,其他情况视为故障,电路报警,报警输出为 1。

12-28 用 74LS151 型 8 选 1 数据选择器实现逻辑函数式 $Y = AB + BC + CA$。

12-29 用 74LS151 型 8 选 1 数据选择器(见表 12-16 的功能表)实现 $Y = A\bar{B} + AC$。

表 12-16 74LS151 型 8 选 1 数据选择器的功能表

输　　入				输　　出
地　　址			使能	
A_2	A_1	A_0	$\bar{S}$	Y
$\times$	$\times$	$\times$	1	0
0	0	0	0	D_0
0	0	1	0	D_1
0	1	0	0	D_2
0	1	1	0	D_3
1	0	0	0	D_4
1	0	0	0	D_5
1	1	0	0	D_6
1	1	1	0	D_7

13

触发器和时序逻辑电路

数字逻辑电路可分为两大类：组合逻辑电路和时序逻辑电路。

组合逻辑电路：它的输出变量状态完全由当时的输入变量的组合状态来决定，而与电路的原来状态无关，也就是组合电路不具有记忆功能。但在数字系统中，为了能实现按一定程序进行运算，需要记忆功能。

时序逻辑电路：它的输出状态不仅取决于当时的输入状态，而且还与电路的原来状态有关，也就是时序电路具有记忆功能。

本章将讨论触发器及由其组成的时序逻辑电路。组合电路和时序电路是数字电路的两大类门电路，是组合电路的基本单元；触发器是时序电路的基本单元。

13.1 双稳态触发器

触发器按其稳定工作状态的个数可分为双稳态触发器、单稳态触发器和无稳态触发器（又称多谐振荡器）等。

双稳态触发器是一种具有记忆功能的逻辑单元电路，它能储存 1 位二进制码。双稳态触发器有 0 和 1 两种稳定的输出状态，在一定条件下，能根据输入信号将触发器置成 0 态或 1 态。

双稳态触发器按逻辑功能可分为 RS 触发器、JK 触发器、D 触发器和 T 触发器等；按其结构可分为主从型触发器和维持阻塞型触发器等。

13.1.1 RS 触发器

1. 基本 RS 触发器

如图 13-1(a)所示，基本 RS 触发器是由两个与非门 G_1 和 G_2 交叉连接而组成的。

图 13-1(a)中 Q 和 $\overline{Q}$ 为两个互补的输出端，即 $Q=1,\overline{Q}=0$，称置位状态（1 态）；反之，如果 $Q=0,\overline{Q}=1$，则称复位状态（0 态）。

$\overline{R_D}$ 和 $\overline{S_D}$ 为两个输入端，$\overline{R_D}$ 称为直接复位端（或直接置 0 端），$\overline{S_D}$ 称为直接置位端（或直接置 1 端）。$\overline{R_D}$ 和 $\overline{S_D}$ 平时固定接高电位，即处于 1 态；加负脉冲信号后，由 1 态变为 0 态。

图 13-1(b)所示的为基本 RS 触发器的逻辑符号，用负脉冲置 0 或置 1，即低电平

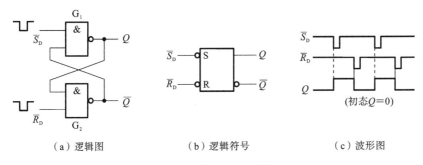

| （a）逻辑图 | （b）逻辑符号 | （c）波形图 |

图 13-1   基本 RS 触发器

有效,故用$\overline{R_D}$和$\overline{S_D}$表示。

图 13-1(c)所示的为初态 $Q=0$ 时的波形图(也称时序图)。

表 13-1 是基本 RS 触发器的逻辑功能表。表中的Q_n是时钟没到之前触发器的状态(称为原态),Q_{n+1}是时钟作用之后触发器的状态(称为次态)。

表 13-1   基本 RS 触发器的逻辑功能表

$\overline{R_D}$	$\overline{S_D}$	Q_{n+1}	说明
1	1	Q_n	记忆功能
0	1	0	复位(置 0)
1	0	1	置位(置 1)
0	0	$\overline{R_D}$、$\overline{S_D}$同时由 0 变为 1 时,状态不定	应禁止出现此状态

(1) $\overline{R_D}=0,\overline{S_D}=1$。

G_2 门$\overline{R_D}$加负脉冲后,$\overline{R_D}=0$,按与非逻辑关系"有 0 出 1",故 $\overline{Q}=1$;反馈到 G_1 门,按"全 1 出 0",故 $Q=0$;再反馈到 G_2 门,即使负脉冲消失,$\overline{R_D}=1$,按"有 0 出 1",仍然$\overline{Q}=1$。因此,不论触发器原态为 0 或 1,经触发后它翻转为 0 或保持 0 态。

(2) $\overline{R_D}=1,\overline{S_D}=0$。

G_1 门$\overline{S_D}$端加负脉冲后,即$\overline{S_D}=0$,故 $Q=1$,反馈到 G_2 门,其两个输入端全为 1,故$\overline{Q}=0$。因此,在$\overline{S_D}$端加负脉冲后,Q 端由 0 翻转为 1。如果设触发器的初始状态为 1态,则输出保持 1 态不变。

(3) $\overline{R_D}=1,\overline{S_D}=1$。

当$\overline{R_D}=1,\overline{S_D}=1$ 时,$\overline{R_D}$端和$\overline{S_D}$端均未加负脉冲,触发器保持原态不变。

(4) $\overline{R_D}=0,\overline{S_D}=0$。

当$\overline{R_D}$和$\overline{S_D}$两端同时加负脉冲时,则 G_1 门和 G_2 门输出端都为 1,这就达不到 Q 和$\overline{Q}$ 的状态应该相反的逻辑要求。$\overline{R_D}$和$\overline{S_D}$端的负脉冲消失后,触发器将由各种偶然因素决定其最终状态。因此,这种情况在使用中应禁止出现,一旦使用中无法避免这种输入状态,应改用其他类型的触发器。

基本 RS 触发器也可用或非门组成,如图 13-2(a)所示。

与前者不同的是,它用正脉冲来置 0 或置 1,即高电平有效,故用 R_D 和 S_D 表示,如图 13-2(b)所示。它的逻辑功能表如表 13-2 所示,可与图 13-2(c)所示的波形图对照分析,并与表 13-1 比较。

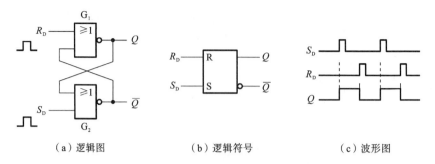

（a）逻辑图　　　　　　　　（b）逻辑符号　　　　　　　　（c）波形图

图 13-2　由或非门组成的基本 RS 触发器

表 13-2　由或非门组成的基本 RS 触发器的逻辑功能表

R_D	S_D	Q_{n+1}	说明
0	0	Q_n	记忆功能
1	0	0	复位（置 0）
0	1	1	置位（置 1）
1	1	R_D、S_D 同时由 1 变为 0 时,状态不定	应禁止出现此状态

2. 可控 RS 触发器

基本 RS 触发器的触发翻转过程直接由输入信号控制,而实际上,常要求系统中的各触发器在规定的时刻按各自输入信号所决定的状态同步触发翻转,这个时刻可由外加时钟脉冲 CP(clock pulse)来决定。受时钟脉冲控制的触发器称为可控触发器或钟控触发器。

图 13-3(a)是可控 RS 触发器的逻辑图,其中,与非门 G_1 和 G_2 组成基本 RS 触发器,与非门 G_3 和 G_4 组成引导电路。Q 和 $\overline{Q}$ 是触发器的输出端,CP 是时钟脉冲输入端。R 和 S 是置 0 和置 1 信号输入端,$\overline{R_D}$ 和 $\overline{S_D}$ 用于预置触发器的初始状态,工作过程中处于高电平,对电路的工作(触发器状态)无影响。

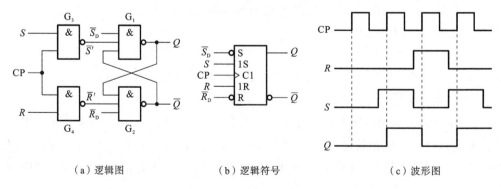

（a）逻辑图　　　　　　　　（b）逻辑符号　　　　　　　　（c）波形图

图 13-3　可控 RS 触发器

可控 RS 触发器有两种稳定的输出状态,其状态的翻转不仅取决于输入信号 R 和 S 的状态,还要受时钟 CP 的控制。当时钟信号到来之前,即 CP＝0 时,与非门 G_3 和 G_4

的输出均为 1,使基本 RS 触发器的输入全为 1 而保持原输出状态不变。此时,不论输入端 R 和 S 的电平如何变化,输出也不可能翻转。只有当时钟信号到来,即 CP＝1 时,触发器的状态才有可能翻转。

表 13-3 是可控 RS 触发器的逻辑功能表。

表 13-3　可控 RS 触发器的逻辑功能表

R	S	Q_{n+1}	说明
0	0	Q_n	保持功能
0	1	1	置位(置1)
1	0	0	复位(置0)
1	1	R、S 同时由 0 变为 1 时,状态不定	应禁止出现此状态

(1) $R=0$,$S=1$。

$S=1$,当 CP 到来时,与非门 G_3 输入全 1 而输出 0,即 $\overline{S'}=0$。此时不论 G_1 的其他输入端是什么状态,其必然输出 1,即 $Q=1$;$R=0$ 使门 G_4 输出 1,此时与非门 G_2 输入全 1 而输出 0,即 $\overline{R'}=1$,这个 0 状态接到与非门 G_1 的输入以确保 $Q=1$。当时钟信号消失,即 CP＝0 时,与非门 G_3 和 G_4 的输出均为 1,使基本 RS 触发器的输入全为 1 而保持 $Q=1$ 的状态不变。

(2) $R=1$,$S=0$。

$R=1$,当 CP 到来时,与非门 G_4 输入全 1 而输出 0,此时与非门 G_2 必输出 1,即 $\overline{Q}=1$,$Q=0$;$S=0$,当 CP＝1 时,与非门 G_3 输出 1。此时与非门 G_1 输入全 1 而输出 0,这个 0 状态接到与非门 G_2 的输入以确保 $\overline{Q}=1$。当时钟信号消失,即 CP＝0 时,与非门 G_3 和 G_4 的输出均为 1,使基本 RS 触发器的输入全为 1 而保持 $Q=0$ 的状态不变。

(3) $R=0$,$S=0$。

显然,这时 $\overline{R'}=1$,$\overline{S'}=1$,无论有无 CP 到来,触发器保持原态不变。

(4) $R=1$,$S=1$。

这时,$\overline{R'}=0$,$\overline{S'}=0$,Q 的状态不确定。

综上所述,可控 RS 触发器具有置 0、置 1 和保持原状态不变的功能。与基本 RS 触发器不同的是,其状态的翻转时间要受时钟的控制。

【例 13-1】 可控 RS 触发器输入信号 R 与 S 的波形如图 13-4 所示。画出在时钟脉冲 C 作用下触发器输出端 Q 的波形(设 Q 的初始状态为 0 态)。

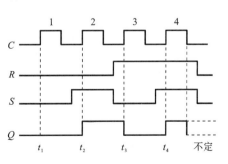

图 13-4　例 13-1 波形图

解 在 t_1 时刻,C 从 0 变为 1,此时因 $R=0$,$S=0$,触发器保持原状态不变,即 Q 仍为 0。在 t_2 时刻,C 又从 0 变为 1,此时 $S=1$,$R=0$,于是 Q 由 0 变为 1。在 t_3 时刻,$S=0$,$R=1$,所以 Q 又从 1 变为 0。在 t_4 时刻,也就是第四个时钟脉冲的上升沿到来时,C 又从 0 到 1,此时 $R=S=1$,使得在 $C=1$ 的整个期间,触发器的两个输出端 Q 和 $\overline{Q}$ 都被强制为高电平 1。当 C 从 1 变为 0 后,其输出状态无法事先确定,即 Q 端的值可能是 0,也可能是 1,Q 端的值也同样无法事先确定。由以上分析可得出 Q 的波形。

13.1.2 JK 触发器

JK 触发器是一种功能最齐全的触发器,有多种结构形式,但无论是哪种结构,与 RS 触发器相比,其共同的特征是消除了输入信号之间的约束关系,从而极大地提高了使用的灵活性。

常用的 JK 触发器由两个可控 RS 触发器串联而成。前级触发器 FF_1 称为主触发器,后级触发器 FF_2 称为从触发器。时钟脉冲直接控制主触发器翻转,又经过非门反相后控制从触发器翻转,这就是"主从型"名称的由来。图 13-5(a)是主从型 JK 触发器的逻辑图,J 和 K 是信号输入端,它们分别与 Q 和 $\overline{Q}$ 构成与逻辑关系,成为主触发器的 S 端和 R 端,即

$$S = J\overline{Q}, \quad R = KQ$$

从触发器的 S 和 R 端即为主触发器的输出端 Q' 和 $\overline{Q'}$。

主从型 JK 触发器的逻辑符号和工作的波形图分别如图 13-5(b)、(d)所示。

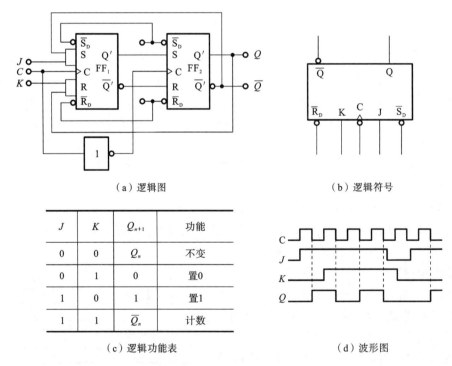

（a）逻辑图　　　　　　　　　　　（b）逻辑符号

J	K	Q_{n+1}	功能
0	0	Q_n	不变
0	1	0	置0
1	0	1	置1
1	1	$\overline{Q_n}$	计数

（c）逻辑功能表　　　　　　　　　　（d）波形图

图 13-5　主从型 JK 触发器

下面分四种情况来分析主从型 JK 触发器的逻辑功能。

图 13-5(c)是 JK 触发器的逻辑功能表。由表可知 JK 触发器的逻辑功能如下。

(1) $J = 0, K = 0$。

设触发器的初始状态为 0。当 CP=1 时,由于主触发器的 $S = 0, R = 0$,它的状态保

持不变。当 CP 下跳时,由于从触发器的 $S=0,R=1$,也保持原态不变。如果初始状态为 1,亦如此。

(2) $J=0,K=1$。

时钟脉冲消失后触发器的状态取决于 J 的状态,即下一个状态一定是 0 态。

(3) $J=1,K=0$。

时钟脉冲消失后触发器的状态取决于 J 的状态,即下一个状态一定是 1 态。

(4) $J=1,K=1$。

设时钟脉冲到来之前(CP=0)触发器的初始状态为 0,这时主触发器的 $S=J\bar{Q}=1,R=KQ=0$,当时钟脉冲到来后(CP=1),主触发器即翻转为 1 态。当 CP 从 1 下跳为 0 时,非门输出为 1,由于这时从触发器的 $S=1,R=0$,它也翻转为 1 态。主、从触发器状态一致。反之,设触发器的初始状态为 1,可以同样分析,主、从触发器都翻转为 0 态。即 JK 触发器在 $J=K=1$ 的情况下,来一个时钟脉冲,就使它翻转一次,此时触发器具有计数功能。

主从型 JK 触发器在 CP=1 时,主触发器需要保持 CP 上升沿作用后的状态不变;由于主从型触发器具有在 CP 从 1 下跳到 0 时触发的特点,即在时钟脉冲下降沿触发,故在 CP 输入端靠近方框处有一小圆圈"o"。而可控 RS 触发器在时钟脉冲上升沿触发。

【例 13-2】 图 13-6(a)所示波形为主从 JK 触发器输入端的状态波形(S_D、R_D 不用,保持"1"状态),试画出输出端 Q 的状态波形,已知触发器的初始状态为 $Q_0=1$。

解 根据 JK 触发器的功能特点,可画出输出端 Q 的波形,如图 13-6(b)所示。

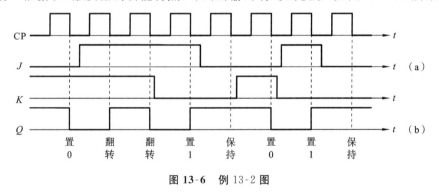

图 13-6 例 13-2 图

13.1.3 D 触发器

D 触发器的结构很多,国内生产的主要是维持阻塞型 D 触发器,它是一种边沿触发器。D 触发器的逻辑符号如图 13-7 所示,它只有一个同步输入端 D,图形符号中 CP 端不标注小圆圈,表明触发器在时钟脉冲上升沿触发。D 触发器的输出取决于时钟脉冲到来之前时 D 的状态,其逻辑功能如表 13-4 所示。其逻辑功能可用方程 $Q_{n+1}=D$ 表示。

图 13-7 所示的是 D 触发器的逻辑符号,Q 和 $\bar{Q}$ 是输出端,CP 是时钟脉冲输入端,符号"〉"表示触发器是边沿触发器,没有小圆圈表示触发器在时钟脉冲的上升沿触发。D 是信号输入端。$\overline{S_D}$ 和 $\overline{R_D}$ 是直接置 1 端和直接置 0 端,其作用和使用方法与可控 RS 触发器一样。

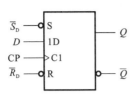

图 13-7 D 触发器的逻辑符号

表 13-4 D 触发器逻辑功能表

D	Q_{n+1}
0	0
1	1

图 13-8 所示的是 D 触发器的工作波形图。Q 的初始状态是 1，时钟脉冲没到之前，令 $\overline{S_D}=1$，在 $\overline{R_D}$ 端加负脉冲使触发器复位。图中，触发器状态的翻转都发生在时钟脉冲的上升沿时刻，若要判断时钟脉冲作用之后触发器的状态，只需注意 CP 上升沿前一瞬间输入端 D 的状态，与其他时刻的 D 状态无关。

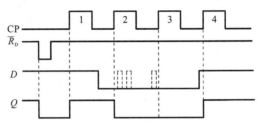

图 13-8 D 触发器的工作波形图

D 触发器常用于计数功能。如图 13-9 所示，将 D 触发器的输入端 D 与 $\overline{Q}$ 端连接起来，即 $D=\overline{Q}$，CP 上升沿到来时有效，其输入/输出波形如图 13-10 所示。

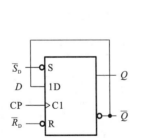

图 13-9 D 触发器的逻辑电路图

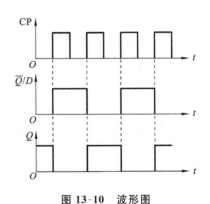

图 13-10 波形图

13.1.4 触发器逻辑功能的转换

根据实际需要，可将某种逻辑功能的触发器经过改接或附加一些门电路后，转换为另一种触发器。下面举例说明。

1. 将 JK 触发器转换为 D 触发器

JK 触发器有 J、K 两个数据输入端，实际应用中，有时只需要一个输入端。这时可将 JK 触发器的 J 端输入信号经非门接到 K 端，并将 J 端改称为 D，这时就将 JK 触发器转换成了 D 触发器，如图 13-11(a)所示。

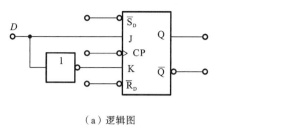

	D_n	D_{n+1}
	0	0
	1	1

（a）逻辑图   （b）触发器状态

图 13-11 用 JK 触发器构成的 D 触发器

当 $D=1$（即 $J=1,K=0$）时,根据 JK 触发器的逻辑功能,在 CP 脉冲下降沿作用下,JK 触发器置 1;当 $D=0$（即 $J=0,K=1$）时,在 CP 脉冲下降沿作用下,JK 触发器置 0。

2. 将 JK 触发器转换为 T 触发器

如图 13-12 所示,将 J、K 端连在一起,称为 T 端。当 $T=0$ 时,时钟脉冲作用后触发器状态不变;当 $T=1$ 时,触发器具有计数逻辑功能,即 $Q_{n+1}=\overline{Q_n}$,其逻辑状态如表 13-5 所示。

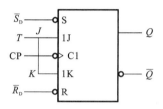

图13-12 将 JK 触发器转换为 T 触发器

表 13-5 T 触发器的逻辑状态表

T	Q_{n+1}	说明
0	Q_n	保持
1	$\overline{Q_n}$	计数

3. 将 D 触发器转换为 T 和 T′ 触发器

图 13-13（a）和（b）所示的分别为用 D 触发器构成的 T 和 T′ 触发器的逻辑电路,它的逻辑功能是每来一个时钟脉冲,翻转一次,即 $Q_{n+1}=\overline{Q_n}$,具有计数功能。对于图 13-13（a）,将 $D=T\oplus Q_n$ 代入 D 触发器的特性方程,得

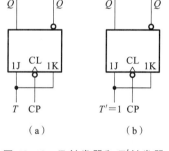

（a）   （b）

图 13-13 T 触发器和 T′ 触发器

$$Q_{n+1}=D=T\overline{Q_n}+\overline{T}Q_n$$
$$=T\oplus Q_n（\text{CP 上升沿到来后有效}）$$

对于图 13-13（b）,将 $D=\overline{Q_n}$ 代入 D 触发器的特性方程,得

$$Q_{n+1}=D=\overline{Q_n}（\text{CP 上升沿到来后有效}）$$

此方程即为 T′ 触发器的特征方程。

13.2 时序逻辑电路的分析

时序逻辑电路的特点是在任一时刻的输出不仅与该时刻的输入有关,还与电路原来的状态有关,它的分析就是根据已知的电路求其逻辑功能。

【例 13-3】 分析图 13-14 所示同步时序逻辑电路的逻辑功能。图中,X 为输入变量，Z 为输出变量。

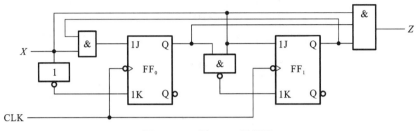

图 13-14　例 13-3 逻辑图

解　(1) 写出各触发器驱动方程和电路输出方程。

驱动方程

$$J_0 = X Q_1^n, \quad K_0 = \overline{X}; \quad J_1 = X, \quad K_1 = \overline{X} + \overline{Q_0^n}$$

输出方程

$$Z = X Q_0^n Q_1^n$$

(2) 写出电路状态方程

$$Q_0^{n+1} = J_0 \, \overline{Q_0^n} + \overline{K_0} Q_0^n = X Q_1^n \, \overline{Q_0^n} + X Q_0^n$$

$$Q_1^{n+1} = J_1 \, \overline{Q_1^n} + \overline{K_1} Q_1^n = X \, \overline{Q_1^n} + \overline{\overline{X} + \overline{Q_1^n}} Q_1^n$$

整理得

$$Q_0^{n+1} = X(Q_0^n + Q_1^n), \quad Q_1^{n+1} = X(Q_0^n + \overline{Q_1^n})$$

(3) 列出状态表。由状态方程和输出方程，可列出状态表，如表 13-6 所示。

表 13-6　例 13-3 状态表

X	Q_1^n	Q_0^n	Q_1^{n+1}	Q_0^{n+1}	Z
0	0	0	0	0	0
0	0	1	0	0	0
0	1	0	0	0	0
0	1	1	0	0	0
1	0	0	1	0	0
1	0	1	1	1	0
1	1	0	0	1	0
1	1	1	1	1	1

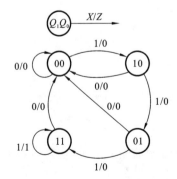

图 13-15　例 13-3 状态图

(4) 画状态图。由状态表画出状态图，如图 13-15 所示。

(5) 功能说明。由状态图可知，该电路是用来检测输入序列是否为 1111 的检测电路。每当检测到输入序列为连续四个或者四个以上的 1 时，电路的输出 Z 为 1。

【例 13-4】　试分析图 13-16 所示脉冲型异步时序电路的逻辑功能。

解　由图 13-16 可见，该电路由三个 JK 触发器

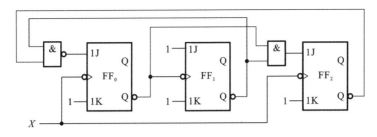

图 13-16 例 13-4 逻辑图

组成,没有统一的时钟脉冲,FF_0 和 FF_2 的时钟由输入脉冲 X 控制,FF_1 的时钟由 FF_0 输出的下降边沿控制,所以属于脉冲型异步时序电路。

(1) 写出驱动方程和输出方程。由于电路没有专设输出端,故不必写输出方程,而仅写出驱动方程:

$$J_0 = \overline{\overline{Q_2^n} \, \overline{Q_1^n}} = Q_2^n + Q_1^n, \quad K_0 = 1; \quad J_1 = K_1 = 1; \quad J_2 = \overline{Q_1^n Q_0^n}, \quad K_2 = 1$$

上述表达式表明,只有在 CLK 有效(即 CLK=1)时,触发器才根据驱动信号(J、K 或 D)及原状态转换成对应的新状态。而当 CLK 无效(即 CLK=0)时,触发器维持原状态不变。需要说明的是,这里所谓的 CLK=1 有效,并不是指触发器 CLK 脉冲输入端的电压值为 1,而是指出现有效的脉冲边沿。在本例中,触发器为下降沿有效,故当时钟信号出现 1→0 跳变时,记为 CLK=1,否则记为 CLK=0。

(2) 确定各级触发器的 CLK 信号表达式。当触发器使用外部输入脉冲作为时钟时,由于时钟信号始终有效,故 CLK=1。当 CLK 由内部电路产生时,则必须分析 CLK 端的信号变化规律,求得有效时钟表达式。

由图 13-16 可以看出,FF_0 和 FF_2 的时钟直接由外来输入脉冲 X 提供,X 作用时,始终有效,故不必在状态方程中反映,则

$$Q_0^{n+1} = J_0 \, \overline{Q_0^n} + \overline{K_0} Q_0^n = (Q_2^n + Q_1^n) \overline{Q_0^n}$$

$$Q_2^{n+1} = J_2 \, \overline{Q_2^n} + \overline{K_2} Q_2^n = \overline{Q_1^n Q_0^n Q_2^n}$$

为求 CLK_1 的表达式,可根据上述两个状态方程,把 Q_0^{n+1} 和 Q_2^{n+1} 的值先填入状态表,如表 13-7 所示。

由于 FF_1 的时钟是由 FF_0 的 $\overline{Q_0}$ 端提供的,即当 $\overline{Q_0}$ 出现 1→0(或 Q_0 出现 0→1)跳变时,$CLK_1 = 1$。由表 13-7 可以看出,Q_0^n 为 0,而 Q_0^{n+1} 为 1 共有三处,分别对应于 $Q_2^n Q_1^n Q_0^n$ 为 010、100 和 110,即

$$CLK_1 = \overline{Q_2^n} Q_1^n \, \overline{Q_0^n} + Q_2^n \, \overline{Q_1^n} \, \overline{Q_0^n} + Q_2^n Q_1^n \, \overline{Q_0^n} = \sum m(6,4,2)$$

化简上式,可得

$$CLK_1 = Q_2^n \, \overline{Q_0^n} + Q_1^n \, \overline{Q_0^n}$$

由 CLK_1 时钟表达式,可得 FF_1 的状态方程:

$$Q_1^{n+1} = (J_1 \, \overline{Q_1^n} + \overline{K_1} Q_1^n) CLK_1 + Q_1^n \, \overline{CLK_1}$$

$$= \overline{Q_1^n} (Q_2^n \, \overline{Q_0^n} + Q_1^n \, \overline{Q_0^n}) + Q_1^n (\overline{Q_2^n \, \overline{Q_0^n} + Q_1^n \, \overline{Q_0^n}})$$

$$= Q_2^n \, \overline{Q_1^n} \overline{Q_0^n} + Q_1^n Q_0^n$$

在状态表中输入 Q_1^{n+1} 的值,得到本例完整的状态表,如表 13-7 所示。

表 13-7　例 13-4 状态表

Q_2^n	Q_1^n	Q_0^n	Q_2^{n+1}	Q_1^{n+1}	Q_0^{n+1}	CLK_1
0	0	0	1	0	0	0
0	0	1	0	0	0	0
0	1	0	0	0	1	1
0	1	1	0	1	0	0
1	0	0	0	1	1	0
1	0	1	0	0	0	0
1	1	0	0	0	1	1
1	1	1	0	1	0	0

（3）画出状态图，如图 13-17 所示。由状态图可见，这是一个能自动启动的异步五进制减法计数器。

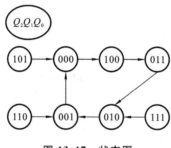

图 13-17　状态图

注意：分析脉冲型异步时序电路，也可采用画波形图的方法。

13.3　寄存器

寄存器由具有记忆功能的双稳态触发器组成。在数字电路中，常使用寄存器来暂时存放运算数据、运算结果或指令等。一个触发器只能存放 1 位二进制数，欲存放 N 位二进制数，需要用 N 个触发器组成的寄存器。寄存器分为数码寄存器和移位寄存器。两者的区别是：后者不仅有寄存数码的功能，而且有使数码移位（左移或右移）的功能。

而寄存器存入和取出数据的方式有并行和串行两种。并行方式是指多位数码的存入和取出同时完成；串行方式是指多位数码的存入和取出通过移位方式完成。

13.3.1　数码寄存器

这种寄存器只有寄存数码和清除原有数码的功能。图 13-18 所示的为用 D 触发器组成的寄存 4 位二进制数的数码寄存器，数码 $d_3 \sim d_0$ 依次接到触发器 $FF_3 \sim FF_0$ 的数据输入端。

当时钟脉冲 CP＝1 时，$d_3 \sim d_0$ 以反量形式寄存在 4 个 D 触发器 $FF_3 \sim FF_0$ 的 $\overline{Q}$ 端。输出端是 4 个三态非门，如果要取出时，可使三态门的输出控制信号 OE＝1，$d_3 \sim$

d_0 便可从三态门的 $Q_3 \sim Q_0$ 端输出。注意,工作之初先清零。

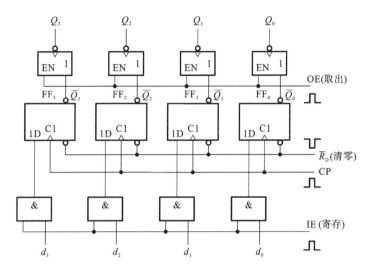

图 13-18 4 位数码寄存器

13.3.2 移位寄存器

移位寄存器不但可以存放数据,而且在时钟脉冲的控制下,寄存器中存放的数据可以一致向右或向左移动,每输入一个移位脉冲,寄存器的全部数码就可以在移位脉冲的控制下依次进行移位。移位寄存器可以用 D 触发器组成,也可以用 JK 触发器组成。移位寄存器按移位功能可分为单向移位寄存器和双向移位寄存器两类。

1. 单向移位寄存器

如图 13-19 所示,D 为数据输入端,$FF_0 \sim FF_3$ 为 4 个触发器,每个触发器的输入、输出依次相连,$Q_3 \sim Q_0$ 为数据输出端,CP 为移位脉冲控制端,$\overline{R_D}$ 为清零端。表 13-8 为移位寄存器的状态表。

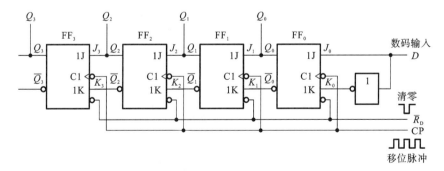

图 13-19 单相移位寄存器

为简便分析,假设:

(1) 通过 $\overline{R_D}$ 端清零信号将 4 个触发器全部清零,而我们准备存储的数码为 1011,首先,$D=1$,第一个移位脉冲上升沿到来时,触发器 FF_0 置 1,则 $Q_0=1$,其他触发器仍然保持 0 态;

表 13-8 移位寄存器的状态表

移位脉冲数	寄存器中的数码				移位过程
	Q_3	Q_2	Q_1	Q_0	
0	0	0	0	0	清零
1	0	0	0	1	左移 1 位
2	0	0	1	0	左移 2 位
3	0	1	0	1	左移 3 位
4	1	0	1	1	左移 4 位

（2）接着，$D=0$，第二个移位脉冲上升沿到来时，触发器 FF_1 置 1，FF_0 置 0，则 $Q_1=1$，$Q_0=0$；

（3）再接着，$D=1$，第三个移位脉冲上升沿到来时，触发器 FF_2 置 1，FF_1 置 0，FF_0 置 1，则 $Q_2=1$，$Q_1=0$，$Q_0=1$；

（4）最后一个数据，$D=1$，第四个移位脉冲上升沿到来时，触发器 FF_3 置 1，FF_2 置 0，FF_1 置 1，FF_0 置 1，则 $Q_3=1$，$Q_2=0$，$Q_1=1$，$Q_0=1$；

（5）在第四个移位脉冲过后，完成了存数过程，这时，从 4 个触发器的 Q 端可以得到并行输出的信号。即经过 4 个脉冲后，1011 这 4 位数码可以从 Q_3 依次经历一遍，此为串行输出。

* 2. 双向移位寄存器

双向移位寄存器的逻辑图如图 13-20 所示。它由 4 个 D 触发器和若干个起控制作用的逻辑门组成，其中，触发器用以实现数码寄存，逻辑门用以控制信号输入和移位。图 13-20 中 B 为左右移位控制信号。当 $B=1$ 时，与门 G_1、G_3、G_5、G_7 被打开，使高位触发器的输出端 $\overline{Q}$ 的信号经相应的与门及非门反相后，送入低位触发器的输入端 D，而最高位触发器 FF_3 从右移输入端 SR 接收新的输入信号。FF_3 中原来所存数码移

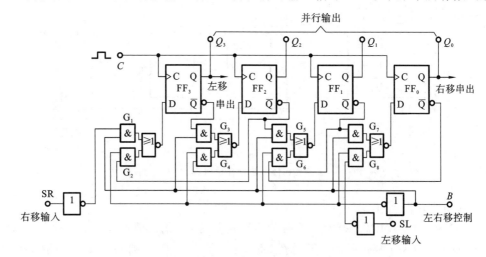

图 13-20 双向移位寄存器的逻辑图

入 FF_2 中,而 FF_2 所存数码移入 FF_1 中,$FF1$ 的数码移入 FF_0 中,这就实现了右移位。通过类似的分析可知:当 $B=0$ 时,可实现左移位。该寄存器还具有多种输出方式:从 $Q_3 \sim Q_0$ 并行输出;从 Q_0 右移串行输出;从 Q_3 左移串行输出,等等。

图 13-21 所示的是 74LS194 型双向移位寄存器的引脚排列和逻辑符号。各引脚的功能如下。

$\overline{R_D}$(1 脚):数据清零端(低电平有效);

$D_0 \sim D_3$(3 脚~6 脚):并行数据输入端;

$Q_0 \sim Q_3$(12 脚~15 脚):并行数据输出端;

D_{SR}(2 脚):右移串行数据输入端;

D_{SL}(7 脚):左移串行数据输入端;

S_0、S_1(9 脚、10 脚):工作方式控制端;

CP(11 脚):时钟脉冲输入端。

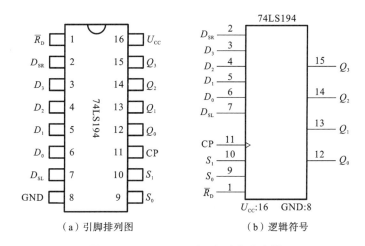

（a）引脚排列图　　　（b）逻辑符号

图 13-21　74LS194 型双向移位寄存器

表 13-9 所示的是 74LS194 型移位寄存器的功能表。

表 13-9　74LS194 型移位寄存器的功能表

输入										输出			
$\overline{R_D}$	CP	S_1	S_0	D_{SL}	D_{SR}	D_3	D_2	D_1	D_0	Q_3	Q_2	Q_1	Q_0
0	×	×	×	×	×			×		0	0	0	0
1	0	×	×	×	×			×		Q_{3n}	Q_{2n}	Q_{1n}	Q_{0n}
1	↑	1	1	×	×	d_3	d_2	d_1	d_0	d_3	d_2	d_1	d_0
1	↑	0	1	×	d			×		d	Q_{3n}	Q_{2n}	Q_{1n}
1	↑	1	0	d	×			×		Q_{2n}	Q_{1n}	Q_{0n}	d
1	×	0	0	×	×			×		Q_{3n}	Q_{2n}	Q_{1n}	Q_{0n}

从表 13-9 可知,74LS194 型移位寄存器具有清零、并行输入、串行输入、数据右移和左移等功能。

3. 应用举例

图 13-22 所示的是 74LS194 的应用实例。当开关 S 打在上方时, 74LS194 工作于

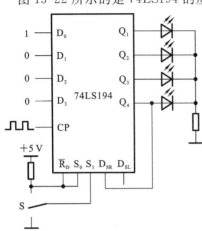

并行置入状态, 令 $Q_0Q_1Q_2Q_3 = D_1D_2D_3D_4 = 1000$; 当开关 S 打在下方时, 74LS194 工作于右移状态, 输出端 $Q_0Q_1Q_2Q_3$ 将循环依次出现高电平, 点亮相应的发光二极管, 实现了流水灯的控制功能。读者可以自行练习循环左移的情况。

由移位寄存器和全加器构成的串行多位加法器的示意图如图 13-23 所示。图中, 移位寄存器(1)和(2)分别为 n 位并入-串出结构, 用以实现对两并行输入数据(X 和 Y)的并-串转换。移位寄存器(3)为串入-并出结构, 为 $n+1$ 位, 用以存放两数之和。D 触发器为进位触发器, 用以存放运算过程中产生的进位信号。

图 13-22 双向移位寄存器 74LS194 应用实例

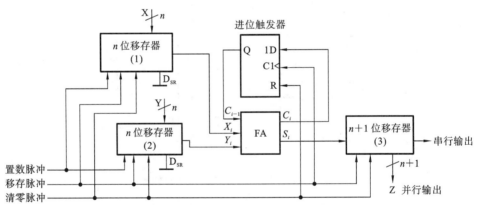

图 13-23 串行多位加法器示意图

串行加法器的工作受清零信号、置数信号和移位脉冲的控制。首先, 清零脉冲使 3 个移位寄存器中的所有触发器和进位触发器清零; 然后, 输入置数脉冲, 分别将 X 和 Y 这两个 n 位并行数据存入移位寄存器(1)和(2)中。这时, 全加器对 X 和 Y 两数的最低位进行相加运算, 产生本位结果和进位信号。接着, 当第一个移位脉冲到达时, 全加器输出的本位结果被存入移位寄存器(3), 而进位信号被存入进位触发器。同时, 移位寄存器(1)和(2)移出 X 和 Y 的次低位, 全加器重新运算, 产生次低位运算结果和进位输出。这样, 随着移位脉冲的输入, 全加器将对 X 和 Y 进行逐位运算, 而运算的结果也被逐位存入移位寄存器(3)中。当输入 $n+1$ 个移位脉冲后, 移位寄存器(3)的输出 Z 即为 X 和 Y 两数之和。

13.4 计数器

计数是一种最基本的运算。计数器就是实现这种运算的逻辑电路, 计数器在数字

系统中主要是对脉冲的个数进行计数,以实现测量、计数和控制的功能,同时兼有分频功能。计数器是由基本的计数单元和一些控制门组成,计数单元则由一系列具有存储信息功能的各类触发器构成,这些触发器有 RS 触发器、T 触发器、D 触发器和 JK 触发器等。按照计数器的计数进制,计数器可以分为二进制计数器、十进制计数器等。

13.4.1　二进制计数器

二进制计数器是结构最简单的计数器,但应用很广,也是构成其他进制计数器的基础,它按二进制加减运算的规律累计输入脉冲的数目。由于双稳态触发器有 1 和 0 两个状态,所以一个双稳态触发器可以表示 1 位二进制数,要表示 n 位二进制数就得用 n 个触发器。

1. 异步二进制计数器

异步二进制计数器必须满足二进制加法原则:逢二进一($0+1=1,1+1=10$,即 Q 由 $1 \rightarrow 0$ 时有进位)。组成二进制加法计数器时,各触发器应当满足:① 每输入一个计数脉冲,触发器应当翻转一次(即用 T' 触发器);② 当低位触发器由 1 变为 0 时,应输出一个进位信号加到相邻高位触发器的计数输入端。表 13-10 所示的为 4 位二进制加法计数器的状态表。

表 13-10　4 位二进制加法计数器的状态表

计数脉冲数	二进制数				十进制数
	Q_3	Q_2	Q_1	Q_0	
0	0	0	0	0	0
1	0	0	0	1	1
2	0	0	1	0	2
3	0	0	1	1	3
4	0	1	0	0	4
5	0	1	0	1	5
6	0	1	1	0	6
7	0	1	1	1	7
8	1	0	0	0	8
9	1	0	0	1	9
10	1	0	1	0	10
11	1	0	1	1	11
12	1	1	0	0	12
13	1	1	0	1	13
14	1	1	1	0	14
15	1	1	1	1	15
16	0	0	0	0	0

现将 n 个 T' 触发器串联起来构成一个 n 位二进制加法计数器,每来一个计数脉冲,触发器 FF_0 就翻转一次;触发器 FF_1 在触发器 FF_0 从 1 变为 0(即 Q_0 下降沿)时翻

转;触发器 FF_2 在触发器 FF_1 从 1 变为 0（即 Q_1 下降沿）时翻转。

之所以称为"异步"加法计数器，是由于计数脉冲不是同时加到各位触发器的 CP 端，而只加到最低位触发器，其他各位触发器则由相邻低位触发器输出的进位脉冲来触发，因此它们状态的变换有先有后，是异步的。

开始计数前，先将计数器清零，使各触发器的 Q 端处于 0 态（低电平）。第一个时钟脉冲（计数脉冲）CP 到来后，最低位触发器 FF_0 的 Q 端即 Q_0 由 0 变 1，Q_0 由 0 变 1 的这一正跳变（上升沿）不会使触发器 FF_1 翻转。所以，第一个计数脉冲到来后，计数器的各触发器状态变为 $Q_2Q_1Q_0 = 001$，即表示计入了一个脉冲。第二个计数脉冲到来后，Q_0 又会翻转，Q_0 由 1 又变为 0，Q_0 由 1 变为 0 的这一负跳变（下降沿）作为主从型 JK 触发器 FF_1 的时钟脉冲使得 FF_1 翻转，Q_1 端由 0 变为 1，FF_1 的翻转并不会引起 FF_2 翻转，因为作为 FF_2 时钟脉冲的 Q_1 产生的不是下降沿而是上升沿。因此，第二个计数脉冲到来之后，计数器的各触发器状态变为 $Q_2Q_1Q_0 = 010$，表示累计输入了两个脉冲。第三个计数脉冲到达时，FF_0 又会翻转，Q_0 由 0 又变为 1，FF_1 不翻转，故计数器状态变为 $Q_2Q_1Q_0 = 011$。随着计数脉冲的不断输入，计数器的各位触发器 Q 端状态按二进制加法计数的规律作相应变化，变化的波形如图 13-24(b)所示。

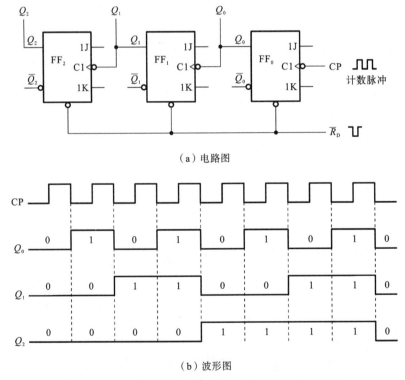

（a）电路图

（b）波形图

图 13-24 JK 触发器构成的 3 位二进制异步加法计数器

【例 13-5】 分析图 13-25(a)所示两个逻辑电路的逻辑功能。

解 该电路是由 3 个上升沿触发的 D 触发器构成的，并且每个触发器都接成计数工作状态，即对应每个有效触发沿（上升沿），触发器的状态都将翻转一次。触发器 FF_0、FF_1、FF_2 的时钟脉冲输入端分别连接到计数脉冲 CP、Q_0、Q_1。由图 13-25(b)所示的工作波形可知，该电路是一个 3 位二进制异步减法计数器。

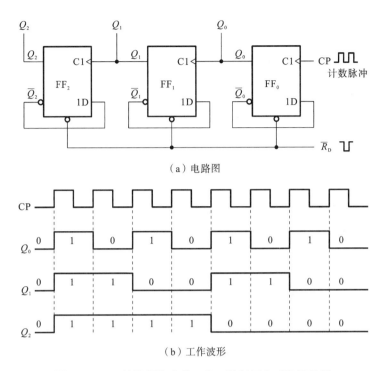

（a）电路图

（b）工作波形

图 13-25　D 触发器构成的 3 位二进制异步减法计数器

用下降沿触发的 JK 触发器也可以构成异步减法计数器,请读者自行分析。

2. 同步二进制计数器

异步二进制计数器线路连接简单,但它的工作速度较慢。若要提高工作速度,可采用同步计数器。同步计数器工作时,计数脉冲同时供给各位触发器,作为每个触发器的时钟脉冲。但是触发器在时钟脉冲作用下能否翻转,取决于该触发器输入控制端的状态。显然,除最低位触发器外,其他各位触发器都不能像异步计数器那样接成 T′ 触发器。因此,同步计数器的逻辑电路要比异步计数器的复杂。

根据 4 位二进制加法计数器的状态表(见表 13-10)可得出各位触发器的 J、K 端的逻辑关系式:

(1) 第一位触发器 FF_0,每来一个计数脉冲就翻转一次,故 $J_0 = K_0 = 1$。

(2) 第二位触发器 FF_1,在 $Q_0 = 1$ 时再来一个脉冲才翻转,故 $J_1 = K_1 = Q_0$。

(3) 第三位触发器 FF_2,在 $Q_1 = Q_0 = 1$ 时再来一个脉冲才翻转,故 $J_2 = K_2 = Q_0 Q_1$。

(4) 第四位触发器 FF_3,在 $Q_2 = Q_1 = Q_0 = 1$ 时再来一个脉冲才翻转,故 $J_3 = K_3 = Q_0 Q_1 Q_3$。

由上述逻辑关系式,可得图 13-26 所示的 4 位二进制同步加法计数器。工作波形如图 13-27 所示。

图中,每个触发器有多个 J 端和 K 端,J 端之间和 K 端之间都是"与"逻辑关系。

在上述的 4 位二进制加法计数器中,当输入第十六个计数脉冲时,又将返回起始状态 0000。如果还有第五位触发器的话,这时应是 10000,即十进制数 16。但是现在只有 4 位,这个数就记录不下来,这称为计数器的溢出。因此,4 位二进制加法计数器,能

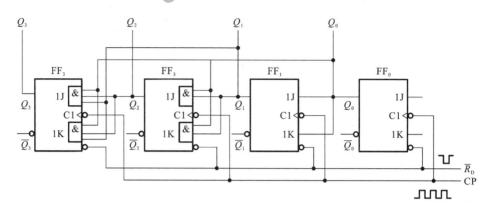

图 13-26　由主从型 JK 触发器组成的 4 位同步二进制加法计数器

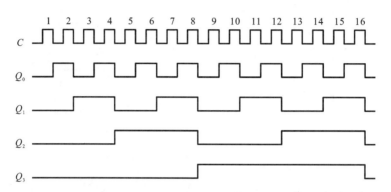

图 13-27　JK 触发器构成的 4 位二进制加法计数器的波形图

计的最大十进制数为 $2^4-1=15$。n 位二进制加法计数器,能计的最大十进制数为 2^n -1。

图 13-28 所示的是 74LS161 型 4 位同步二进制计数器的引脚排列和逻辑符号。各引脚的功能如下:

1 脚为清零端 $\overline{R_D}$,低电平有效。

2 脚为时钟脉冲输入端 CP,上升沿有效(CP↑)。

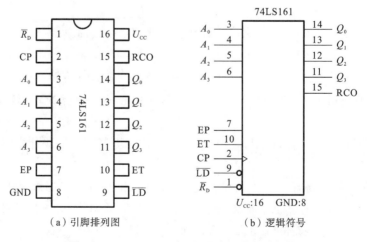

（a）引脚排列图　　　　（b）逻辑符号

图 13-28　74LS161 型 4 位同步二进制计数器

3～6 脚为数据输入端 A_0～A_3，是预置数，可预置任何一个 4 位二进制数。

7 脚和 10 脚为计数控制端 EP、ET，当两者或其中之一为低电平时，计数器保持原态；当两者均为高电平时，计数。

9 脚为同步并行置数控制端 $\overline{\text{LD}}$，低电平有效。

11～14 脚为数据输出端 Q_3～Q_0。

15 脚为进位输出端 RCO，高电平有效。

表 13-11 是 74LS161 型 4 位同步二进制计数器的功能表。

表 13-11　74LS161 型同步二进制计数器的功能表

输　　　入									输　　　出			
$\overline{R}_D$	CP	$\overline{\text{LD}}$	EP	ET	A_3	A_2	A_1	A_0	Q_3	Q_2	Q_1	Q_0
0	×	×	×	×			×		0	0	0	0
1	↑	0	×	×	d_3	d_2	d_1	d_0	d_3	d_2	d_1	d_0
1	↑	1	1	1			×			计数		
1	×	1	0	×			×			保持		
1	×	1	×	0			×			保持		

13.4.2　十进制计数器

二进制计数器结构简单，但是读数不习惯，所以在有些场合采用十进制计数器较为方便。十进制计数器是在二进制计数器的基础上得出的，用 4 位二进制数来代表十进制的每一位数，所以也称为二-十进制计数器。

采用 8421BCD 码的十进制计数器结构上与二进制计数器的基本相同，每一位十进制计数器由 4 个触发器组成。但在十进制加法计数器中，当计数到 9，即 4 个触发器的状态为 1001 时，再来一个计数脉冲，这 4 个触发器不能像二进制加法计数器那样翻转成 1010，而必须翻转成为 0000。这正是十进制加法计数器与 4 位二进制加法计数器功能上的不同之处。十进制加法计数器的状态如表 13-12 所示。

表 13-12　8421BCD 码十进制加法计数器的状态表

计数脉冲数	二　进　制　数				十进制数
	Q_3	Q_2	Q_1	Q_0	
0	0	0	0	0	0
1	0	0	0	1	1
2	0	0	1	0	2
3	0	0	1	1	3
4	0	1	0	0	4
5	0	1	0	1	5
6	0	1	1	0	6
7	0	1	1	1	7
8	1	0	0	0	8
9	1	0	0	1	9
10	0	0	0	0	进位

1. 同步十进制计数器

根据十进制计数器的状态转换表(见表 13-12),可以得出 J、K 端的逻辑关系式:

(1) 第一位触发器 FF_0,每来一个计数脉冲就翻转一次,故 $J_0=1$,$K_0=1$。

(2) 第二位触发器 FF_1,在 $Q_0=1$ 时再来一个脉冲翻转,而在 $Q_3=1$ 时不得翻转,故 $J_1=Q_0\overline{Q_3}$,$K_1=Q_0$。

(3) 第三位触发器 FF_2,在 $Q_1=Q_0=1$ 时再来一个脉冲翻转,故 $J_2=Q_0Q_1$,$K_2=Q_1Q_0$。

(4) 第四位触发器 FF_3,在 $Q_2=Q_1=Q_0=1$ 时,再来一个脉冲翻转,并来第十个脉冲时应由 1 翻转为 0,故 $J_2=Q_0Q_1Q_3$,$K_3=Q_0$。

由上述逻辑关系式可得出图 13-29 所示的同步十进制加法计数器的逻辑图。

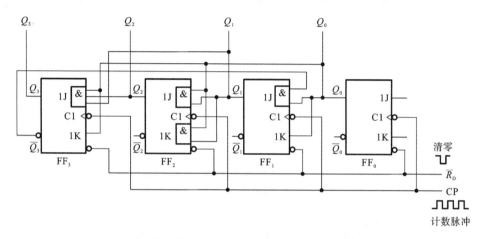

图 13-29 由主从型 JK 触发器组成的同步十进制加法计数器

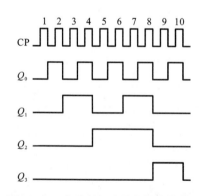

图 13-30 十进制加法计数器的波形图

比较图 13-29 和图 13-26 中各位触发器 J、K 端的连接方式,只是触发器 FF_1 的 J 端和触发器 FF_3 的 K 端不同。

图 13-30 是十进制加法计数器的波形图,读者可结合表 13-12 和图 13-29 自行分析。

74LS160 型同步十进制计数器是常用的计数器,它的引脚排列图和功能表与 74LS161 型同步二进制计数器的完全相同。

2. 异步十进制计数器

图 13-31 所示的是 74LS290 型异步二-五-十进制计数器的逻辑图和引脚排列图。

CP_0、CP_1 均为输入计数脉冲输入端,下降沿有效。由表 13-13 可知,$S_{9(1)}$、$S_{9(2)}$ 为直接置 9(1001)端,$R_{0(1)}$、$R_{0(2)}$ 为直接清零端,它们均不受时钟脉冲的控制,为异步控制端。

当 $R_{0(1)}=R_{0(2)}=1$,$S_{9(1)}=S_{0(2)}=0$ 时,计数器清零;

当 $S_{9(1)}=S_{9(2)}=1$ 时,计数器置数为 1001,即置"9";

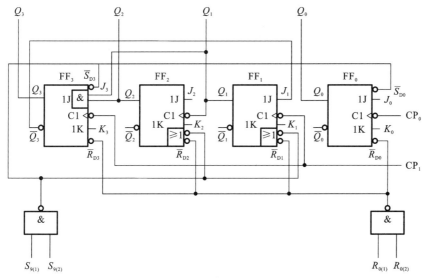

（a）逻辑图

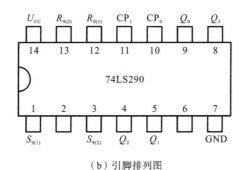

（b）引脚排列图

图 13-31 74LS290 **型计数器**

当只输入计数脉冲 CP_0 时，由 Q_0 输出，FF_1、FF_2、FF_3 不用，则构成 1 位二进制计数器；

当只输入计数脉冲 CP_1 时，由 Q_3、Q_2、Q_1 输出，则构成五进制计数器。

当 CP_1 与 Q_0 连接，计数脉冲加在 CP_0 端构成 8421 码十进制计数器。

表 13-13 74LS290 **型计数器的功能表**

$R_{0(1)}$	$R_{0(2)}$	$S_{9(1)}$	$S_{9(2)}$	Q_3	Q_2	Q_1	Q_0
1	1	0	$\times$	0	0	0	0
		$\times$	0				
$\times$	$\times$	1	1	1	0	0	1
$\times$	0	$\times$	0	计数			
0	$\times$	0	$\times$	计数			
0	$\times$	$\times$	0	计数			
$\times$	0	0	$\times$	计数			

显然,74LS290 可以实现二-五-十进制计数。通过适当连接,该电路可以扩充功能,组成任意进制计数器。下面是五进制计数器的分析。

由图 13-31(a)可得出 FF_1、FF_2、FF_3 三个触发器 J、K 端的逻辑关系式:

$$J_1=\overline{Q_3}, \quad K_1=1$$
$$J_2=1, \quad K_2=1$$
$$J_3=Q_2Q_1, \quad K_3=1$$

先清零使初始状态 $Q_3Q_2Q_1=000$,这时各 J、K 端的电平为

$$J_1=1, \quad K_1=1$$
$$J_2=1, \quad K_2=1$$
$$J_3=0, \quad K_3=1$$

根据 JK 触发器的逻辑状态表得出各触发器的下一状态,即 001。其中 FF_2 只在 Q_1 的状态从 1 变为 0 时才能翻转。而后再以 001 分析下一状态,得出 010。一直逐步分析到恢复 000 为止。在分析过程中列出表 13-14 所示的状态表,可见每经过 5 个脉冲循环一次,故为五进制计数器。

表 13-14　五进制计数器的状态分析

计数脉冲	$J_3=Q_1Q_2$	$K_3=1$	$J_2=1$	$K_2=1$	$J_1=\overline{Q_3}$	$K_1=1$	Q_3	Q_2	Q_1
0	0	1	1	1	1	1	0	0	0
1	0	1	1	1	1	1	0	0	1
2	0	1	1	1	1	1	0	1	0
3	1	1	1	1	1	1	0	1	1
4	0	1	1	1	0	1	1	0	0
5	0	1	1	1	1	1	0	0	0

13.4.3　任意进制计数器

用集成计数器构成任意进制的计数器,常用的方法有:反馈清零法、级联法和反馈置数法。下面以清零法和置数法为主,介绍计数器改接成任意进制计数器的方法。下面介绍两种改接方法。

1. 清零法

利用其清零端进行反馈置 0,将计数器适当改接即可得出小于原进制的多种进制的计数器。

例如,将图 13-31(a)中的 74LS290 型十进制计数器改接成图 13-32 所示的两个电路,即分别为六进制和九进制计数器。以图 13-32(a)为例,它从 0000 开始计数,来五个脉冲 CP_0 后,变为 0101(见表 13-12)。当第六个脉冲来到后,出现 0110 的状态,由于 Q_2 和 Q_1 端分别接到 $R_{0(2)}$ 和 $R_{0(1)}$ 清零端,强迫清零,0110 这一状态转瞬即逝,显示不出,立即回到 0000。它经过六个脉冲循环一次,故为六进制计数器,状态循环如图 13-33 所示,其状态循环中不含 0110、0111、1000、1001 四个状态。

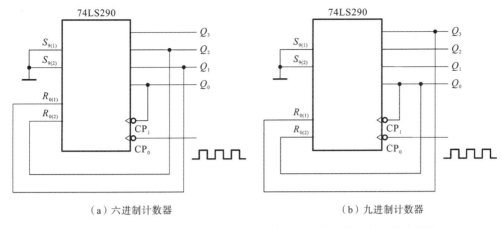

（a）六进制计数器　　　　　　　　（b）九进制计数器

图 13-32　将 74LS290 型十进制数改接成六进制计数器和九进制计数器

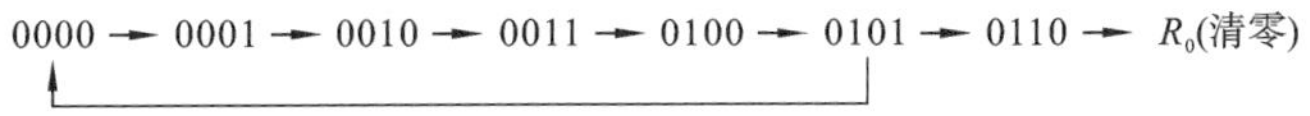

$$0000 \longrightarrow 0001 \longrightarrow 0010 \longrightarrow 0011 \longrightarrow 0100 \longrightarrow 0101 \longrightarrow 0110 \longrightarrow R_0(\text{清零})$$

图13-33　图 13-32(a)所示的六进制计数器的状态循环图($Q_3 Q_2 Q_1 Q_0$)

【**例 13-6**】　数字钟表中的分、秒计数都是六十进制,试用两片 74LS290 型二-五-十进制计数器连成六十进制电路。

解　六十进制计数器由两片 74LS290 组成,分别连成个位(1)十进制,十位(2)六进制。当十位计到 6 时,个位、十位同时清零,个位的最高位 Q 连到十位的 CP_0 端,电路连接如图 13-34 所示。

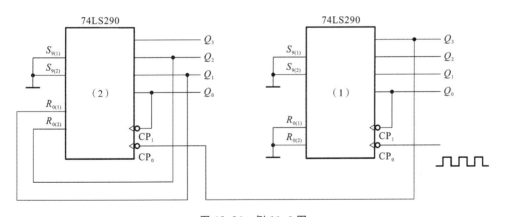

图 13-34　例 13-6 图

计数脉冲由个位的 CP_0 端加入,个位的 Q_3 接十位的 CP_0,十位的 Q_2、Q_1 分别与其 $R_{0(2)}$ 端和 $R_{0(1)}$ 端相接。当个位计数器每计满 10 个计数脉冲时,由 Q_3 输出一个进位脉冲,由 1 变为 0,其下降沿触发十位计数器进行计数。当十位计数器计到 6 时,其状态为 0110,于是将十位计数器清零,即 $Q_3 Q_2 Q_1 Q_0 = 0000$,此时个位计数器也处于 0000 状态,从而实现了六十进制计数。

2. 置数法

此法适用于某些有并行预置数的计数器。图 13-35(a)所示的是七进制计数器,预置数为 0000。当第六个 CP 上升沿来到时,输出状态为 0110,使 $\overline{LD}=0$。此时预置数尚未置入输出端,待第七个 CP 上升沿来到时才置入,输出状态变为 0000。此后,$\overline{LD}$ 又由 0 变为 1,进行下一个计数循环。可见,这点和图 13-32(a)所示的由 74LS290 型改接的六进制计数器不同,在状态循环(见图 13-36(a))中含有 0110,是七进制计数器,在状态循环中不含 0111、1000、1001 三个状态。

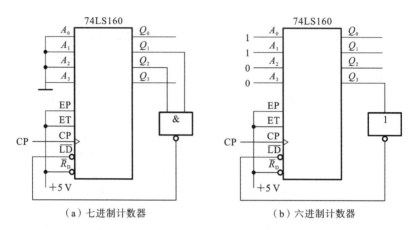

（a）七进制计数器   （b）六进制计数器

图 13-35   计数器

图 13-35(b)所示的是六进制计数器,预置数 0011,其状态循环如图 13-36(b)所示,其中不含 1001、0000、0001、0010 四个状态,是六进制计数器。

$$0000 \longrightarrow 0001 \longrightarrow 0010 \longrightarrow 0011 \longrightarrow 0100 \longrightarrow 0101 \longrightarrow 0110 \longrightarrow \overline{LD}(置数)$$

（a）七进制

$$0000 \longrightarrow 0001 \longrightarrow 0010 \longrightarrow 0011 \longrightarrow 0100 \longrightarrow 0101 \longrightarrow 0110 \longrightarrow 0111 \longrightarrow 1000 \longrightarrow \overline{LD}(置数)$$

（b）六进制

图 13-36   图 13-35 所示计数器的状态循环图($Q_3Q_2Q_1Q_0$)

13.4.4   环形计数器

图 13-37 所示的是一串行输入-串行输出移位寄存器,如将它的最低位输出端 Q_0 与最高位输入端 D 相连,即可组成环形计数器,它能产生循环的顺序脉冲,所以它是顺序脉冲发生器的一种。

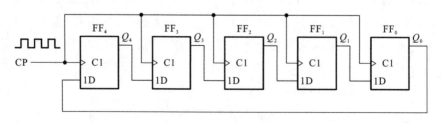

图 13-37   环形计数器

表 13-15 和图 13-38 所示的分别为环形计数器的状态表和波形图。工作时，先将计数器置为 $Q_4Q_3Q_2Q_1 = 10000$ 状态，而后每当一个时钟脉冲 CP 的上升沿来到时，依次右移 1 位，即

$$10000 \rightarrow 01000 \rightarrow 00100 \rightarrow 00010 \rightarrow 00001 \rightarrow 10000$$

当第五个时钟脉冲 CP 的上升沿来到时，恢复为 10000，即可循环一次，依此类推循环的顺序脉冲。

表 13-15 环形计数器的状态表

CP	Q_4	Q_3	Q_2	Q_1	Q_0
0	1	0	0	0	0
1	0	1	0	0	0
2	0	0	1	0	0
3	0	0	0	1	0
4	0	0	0	0	1
5	1	0	0	0	0

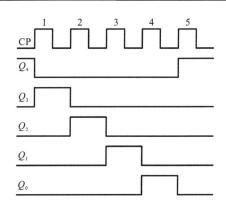

图 13-38 环形计数器的波形图

13.4.5 环形分配器

图 13-39 是环形分配器的逻辑图，各触发器的 J、K 端的逻辑关系式为

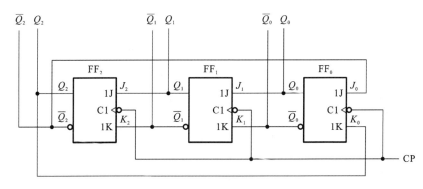

图 13-39 环形分配器

$$J_0 = \overline{Q_2}, K_0 = Q_2$$
$$J_1 = Q_0, K_1 = \overline{Q_1}$$
$$J_2 = Q_1, K_2 = \overline{Q_1}$$

由此可列出它的状态表,如表 13-16 所示。再由状态表画出波形图,如图 13-40 所示。由图 13-40 可见,Q_0、Q_1、Q_2、$\overline{Q_0}$、$\overline{Q_1}$、$\overline{Q_2}$,依次滞后一个角度,并且 Q_0 和 $\overline{Q_0}$、Q_1 和 $\overline{Q_1}$、Q_2 和 $\overline{Q_2}$ 都是互为反量。这六个顺序脉冲可用作三相桥式逆变电路中开关元件(晶闸管、功率晶体管或功率场效应晶体管)的控制电压。

表 13-16 环形分配器的状态表

CP	Q_2	Q_1	Q_0
0	0	0	0
1	0	0	1
2	0	1	1
3	1	1	1
4	1	1	0
5	1	0	0
6	0	0	0

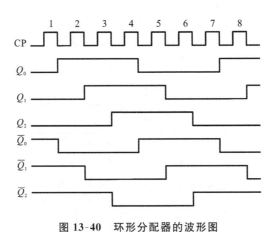

图 13-40 环形分配器的波形图

13.5 555 定时器与应用

555 定时器是一种将模拟功能和逻辑功能集成在一起的中规模集成器件。以这种集成定时器为基础,外部配上少量的电阻、电容元件,可以构成定时、延时、脉冲源等各种电路,也可以构成单稳态触发器、多谐振荡器、施密特触发器等多种多样的实用电路。本节首先介绍 555 集成芯片的内部结构和原理,再介绍由 555 定时器组成的单稳态触发器和多谐振荡器。

13.5.1 555 定时器

常用的 555 定时器有 TTL 定时器 CB555 和 CMOS 定时器 CC7555,两者的引脚编号和功能是一致的。今以 CB555 为例进行分析,其电路和引脚排列如图 13-41 所示。

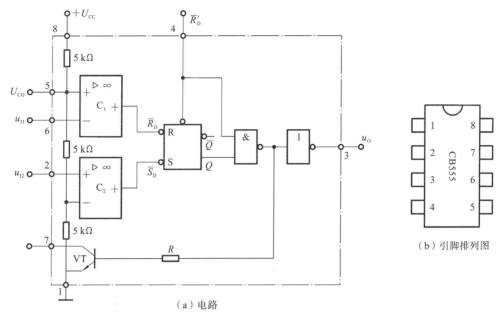

（a）电路

（b）引脚排列图

图 13-41　CB555 定时器

CB555 定时器的基本组成包括:两个电压比较器C_1 和 C_2、一个由与非门组成的基本 RS 触发器、一个与门、一个非门、一个放电晶体管 VT 以及由 3 个 5 kΩ 电阻组成的分压器而组成的放大电路。

比较器 C_1 的参考电压为 $\frac{2}{3}U_{cc}$,加在同相输入端;C_2 的参考电压为 $\frac{1}{3}U_{cc}$,加在反相输入端。两者均由分压器上取得。各引脚的功能如下:

引脚 1 为接"地"端。

引脚 2 为低电平触发端。当 2 端的输入电压 u_{12} 高于 $\frac{1}{3}U_{cc}$ 时,C_2 的输出为 1;当输入电压低于 $\frac{1}{3}U_{cc}$ 时,C_2 的输出为 0,使基本 RS 触发器置 1。

引脚 3 为输出端,输出电流可达 200 mA,由此可直接驱动继电器、发光二极管、扬声器、指示灯等。输出高电压低于电源电压 U_{cc} 1～3 V。

引脚 4 为复位端,由此输入负脉冲(或使其电位低于 0.7 V)而使触发器直接复位(置 0)。

引脚 5 为电压控制端,在此端可外加一电压以改变比较器的参考电压。不用时,经 0.01 μF 的电容接"地",以防止干扰的引入。

引脚 6 为高电平触发端。当输入电压 u_{11} 低于 $\frac{2}{3}U_{cc}$ 时,C_1 的输出为 1;当输入电压高于 $\frac{2}{3}U_{cc}$ 时,C_1 的输出为 0,使触发器置 0。

引脚 7 为放电端,当与门的输出端为 1 时,放电晶体管 VT 导通,外接电容元件通过 VT 放电。

引脚 8 为电源端,可在 5～18 V 范围内使用。

上述 CB555 定时器的工作原理可用表 13-17 来说明。

表 13-17   由 555 定时器组成的单稳态触发器

$\overline{R}'_D$	u_{I1}	u_{I2}	$\overline{R}_D$	$\overline{S}_D$	Q	u_o	VT
0	×	×	×	×	×	低电平电压(0)	导通
1	$>\frac{2}{3}U_{CC}$	$>\frac{1}{3}U_{CC}$	0	1	1	低电平电压(0)	导通
1	$<\frac{2}{3}U_{CC}$	$<\frac{1}{3}U_{CC}$	1	0	1	高电平电压(1)	截止
1	$<\frac{2}{3}U_{CC}$	$>\frac{1}{3}U_{CC}$	1	1	保持	保持	保持

13.5.2   由 555 定时器组成的单稳态触发器

单稳态触发器与双稳态触发器不同,它有下列特点:

(1) 有一个稳定状态和一个暂稳(定)状态。

(2) 在外来触发脉冲的作用下,能够由稳定状态翻转到暂稳状态;但暂稳状态维持一段时间后,将自动返回到稳定状态,而暂稳状态时间的长短仅取决于电路本身的参数,与触发脉冲无关。

单稳态触发器一般用于整形(把不规则的波形转换成宽度、幅度都相等的脉冲)、定时(变换成一定时间宽度的矩形波)和延时(将输入信号延迟一定的时间之后输出)等。

单稳态触发器的电路结构很多。下面仅介绍图 13-42(a)所示的由 CB555 定时器组成的单稳态触发器。R 和 C 是外接元件,负触发脉冲由 2 端输入。下面对照图 13-42(b)所示的波形图进行分析。

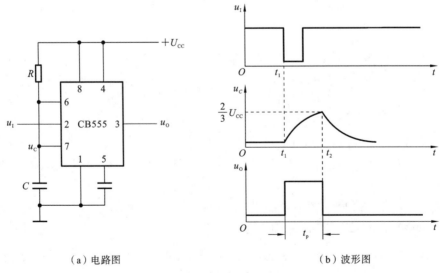

（a）电路图   （b）波形图

图 13-42   单稳态触发器

1. 稳定状态（0～t_1）

在 t_1 以前,触发信号 u_I 是高电平电压,因为 $u_I>\frac{1}{3}U_{CC}$,故比较器 C_2 的输出 $\overline{S}_D$ 为 1,

输出高电平。若触发器的原状态 $Q=0$，因为 $\bar{Q}=1$，所以 $u_o=0$。同时 $\bar{Q}=1$ 加至晶体管 VT 的基极，使晶体管 VT 饱和导通，$u_C \approx 0.3$ V，故 C_1 的输出 $\overline{R_D}$ 也为 1，触发器的状态保持不变。若原状态 $Q=1,\bar{Q}=0$，则 T 截止，U_{CC} 通过 R 对电容 C 充电，当 $u_C \geqslant \frac{2}{3}U_{CC}$ 时，比较器 C_2 的输出 $\overline{R_D}$ 为 0，即输出低电平，使触发器翻转为 $Q=0,\bar{Q}=1$。

可见，在稳定状态时，基本 RS 触发器输出 $Q=0$，即输出电压 u_o 为低电平电压(0)。

2. 暂稳状态($t_1 \sim t_2$)

在 t_1 时刻，输入触发负脉冲，由于电容上的电压不突变，其幅度低于 $\frac{1}{3}U_{CC}$，因此 C_1 的输出仍为 1。因为 $u_I=0$，故 C_2 的输出 $\overline{S_D}$ 为 0，将触发器置 1，即当有负脉冲输入时，u_o 由低电平电压(0)变为高电平电压(1)，电路进入暂稳状态。这时放电管 VT 截止，电源又对电容充电。当 u_C 按指数规律上升到 $u_C \geqslant \frac{2}{3}U_{CC}$ 时(在 t_2 时刻)，C_1 的输出 $\overline{R_D}$ 为 0，从而使触发器再次自动翻转到 $Q=0$ 的稳定状态。此后电容 C 迅速放电，使 $u_C < \frac{2}{3}U_{CC}$，而 $u_I > \frac{2}{3}U_{CC}$，于是 $\overline{R_D}=\overline{S_D}=1$，触发器保持 0 态不变，$u_o$ 也为低电平电压(0)。

暂稳态的维持时间就是电容 C 从零电位充电到 $\frac{2}{3}U_{CC}$ 所需时间 τ_U，经分析可以得出单稳态触发器输出脉冲的宽度为

$$t_p = RC\ln3 = 1.1RC \tag{13-1}$$

(1) 由式(13-1)可知，改变 RC 值，可改变脉冲宽度 t_p，从而可以进行定时控制。例如，在图 13-43 中，单稳态触发器输出的是一宽度为 t_p 的矩形脉冲 u_B，把它作为与门输入信号之一，只有在它存在的 t_p 时间内(如 1 s 内)，信号 u_A 才能通过与门。

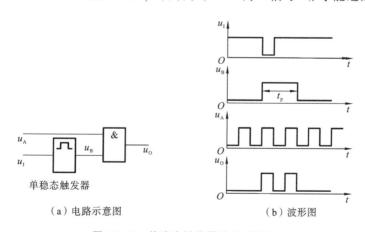

(a) 电路示意图   (b) 波形图

图 13-43 单稳态触发器的定时控制

(2) 输入脉冲的波形往往是不规则的(如由光电管构成的脉冲源)，边沿不陡，幅度不齐，不能直接输入数字装置，需要经单稳态触发器或另外某种触发器整形。因为单稳态触发器的输出只有 1 和 0 两种状态，在 RC 值一定时，就可得到幅度和宽度一定的矩形波输出脉冲，如图 13-44 所示。

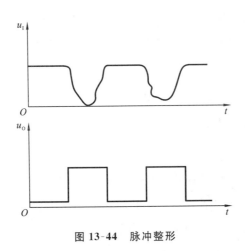

图 13-44　脉冲整形

13.5.3　由 555 定时器组成的多谐振荡器

多谐振荡器也称为无稳态触发器,它没有稳定的状态。在无须触发的情况下,其输出状态在 1 和 0 之间周期性地转换,因而其输出波形为周期性变化的矩形波。因为矩形波中含有大量的谐波成分,所以这种电路叫多谐振荡器。多谐振荡器是常用的一种矩形波发生器。触发器和时序电路中的时钟脉冲一般是由多谐振荡器产生的。

图 13-45(a)所示的是由 CB555 定时器组成的多谐振荡器。R_1、R_2 和 C 是外接元件。

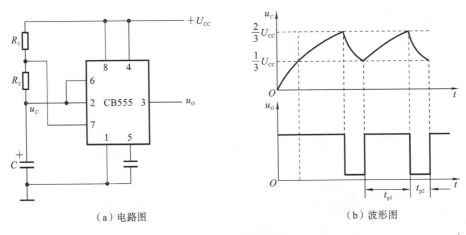

　　　　（a）电路图　　　　　　　　　　　　　　（b）波形图

图 13-45　多谐振荡器

接通电源后,$+U_{CC}$ 通过 R_1 和 R_2 对电容 C 充电,u_C 上升。当 $0 < u_C < \frac{1}{3}U_{CC}$ 时,定时器被 TH 端(第六引脚)"低触发",$\overline{S_D} = 0$,$\overline{R_D} = 1$,将触发器置 1,同时放电管截止,u_o 为高电平电压(1)。当 $\frac{1}{3}U_{CC} < u_C < \frac{2}{3}U_{CC}$ 时,$\overline{S_D} = 1$,$\overline{R_D} = 1$,触发器状态保持不变,u_o 仍为高电平电压(1)。当 $u_C \geqslant \frac{2}{3}U_{CC}$ 时,定时器被 TH 端(第六引脚)"高触发",比较器

C_1 的输出 $\overline{R_D}$ 为 0,将触发器置 0,u_o 为低电平电压(0)。这时放电管 VT 导通,电容 C 通过 R_2 和 VT 放电,u_C 下降。当 $u_C \leqslant \dfrac{1}{3}U_{CC}$ 时,比较器 C_2 的输出 $\overline{S_D}$ 为 0,将触发器置 1,u_o 又由低电平电压(0)变为高电平电压(1)。这时放电管 VT 截止,U_{CC} 又经 R_1 和 R_2 对电容 C 充电,周而复始,u_o 为连续的矩形波,如图 13-45(b)所示。

其中,t_{p1} 取决于 u_C 由 $1/3U_{CC}$ 上升到 $2/3U_{CC}$ 所用的时间,其计算公式为

$$t_{p1} \approx (R_1 + R_2)C\ln 2 = 0.7(R_1 + R_2)C \tag{13-2}$$

t_{p2} 取决于 u_C 由 $2/3U_{CC}$ 下降到 $1/3U_{CC}$ 所用的时间,其计算公式为

$$t_{p2} \approx R_2 C\ln 2 = R_2 C \tag{13-3}$$

故输出波形的周期为

$$T = t_{p1} + t_{p2} \approx 0.7(R_1 + 2R_2)C \tag{13-4}$$

振荡频率

$$f = \frac{1}{T} = \frac{1.43}{(R_1 + 2R_2)C} \tag{13-5}$$

由 555 定时器组成的振荡器,最高工作频率可达 300 kHz。

输出波形的占空比

$$D = \frac{t_{p1}}{t_{p1} + t_{p2}} = \frac{R_1 + R_2}{R_1 + 2R_2} \tag{13-6}$$

图 13-46 所示的是占空比可调的多谐振荡器。图中用 VD_1 和 VD_2 两只二极管将电容 C 的充放电电路分开,并接一电位器 R_P。

充电电路:

$$U_{CC} \rightarrow R_1' \rightarrow VD_1 \rightarrow C \rightarrow \text{“地”}$$

放电电路:

$$C \rightarrow VD_1 \rightarrow R_2' \rightarrow T \rightarrow \text{“地”}$$

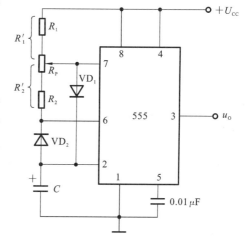

图 13-46 占空比可调的多谐振荡器

充电和放电的时间分别为

$$t_{p1} \approx 0.7R_1'C, \quad t_{p2} \approx 0.7R_2'C$$

占空比为

$$D = \frac{t_{p1}}{t_{p1} + t_{p2}} = \frac{R_1'}{R_1' + R_2'}$$

下面举例进一步说明由 555 定时器组成的多谐振荡器的工作原理。

图 13-47(a)所示的是由两个多谐振荡器构成的警笛模拟声响发生器。调节定时元件 R_{11}、R_{12}、C_1 使第一个振荡器的振荡频率为 1 Hz,调节 R_{21}、R_{22}、C_2 使第二个振荡器的振荡频率为 2 kHz。由于低频振荡器的输出端 3 接到高频振荡器的置 0 输入端 4,因此当振荡器的输出电压 u_{o1} 为高电平电压时,振荡器 1 就会振荡;当振荡器的输出电压 u_{o1} 为低电平电压时,振荡器 2 就停止振荡,从而扬声器便发出"呜……呜……"的间隙声响。u_{o1} 和 u_{o2} 的波形如图 13-47(b)所示。

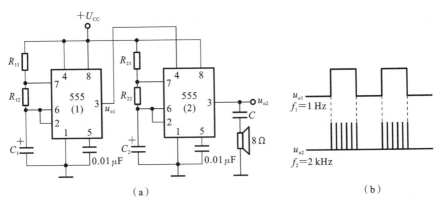

（a）　　　　　　　　　　　　　　（b）

图 13-47　模拟声响电路

13.6　时序逻辑电路的应用

以上介绍了时序逻辑电路的基本组成单元、常用的时序逻辑电路模块以及 555 定时器。这些器件可以组成各种实用的数字系统。下面以智力竞赛抢答器为例介绍时序逻辑电路的应用。

智力竞赛抢答器是为智力竞赛参赛选手答题时进行抢答而设计的一种优先判决电路。接通电源后，主持人将开关拨到"清除"状态，抢答器处于禁止状态，编号显示器灭灯，定时器显示设定时间；主持人将开关置于"开始"状态，宣布"开始"抢答器工作。定时器倒计时，扬声器给出声响提示。选手在定时时间内抢答时，抢答器完成优先判断、编号锁存、编号显示、扬声器提示等功能。当一轮抢答之后，定时器停止，禁止二次抢答，定时器显示剩余时间。如果再次抢答必须由主持人再次操作"清除"和"开始"状态开关。智力竞赛抢答器的示意图如图 13-48 所示。

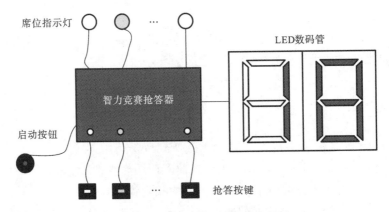

图 13-48　智力竞赛抢答器的示意图

智力竞赛抢答器的原理图如图 13-49 所示。采用 74LS148 来实现抢答器的选号，采用 74LS279 芯片实现对号码的锁存，555 芯片产生单稳态脉冲信号来共同实现倒计时，采用 74LS123/74LS121 单稳态芯片来实现报警信号的输出。

智力竞赛抢答器的结构框图如图 13-50 所示。

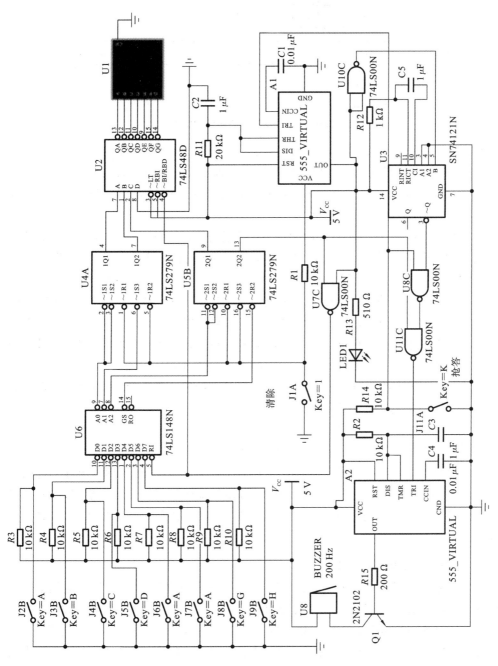

图13-49 智力竞赛抢答器原理图

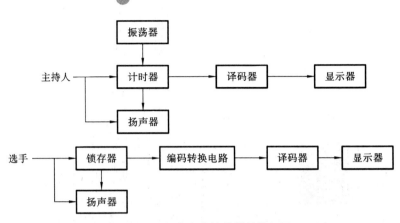

图 13-50　智力竞赛抢答器结构框图

如图 13-50 所示,电路包括主持人控制电路和选手抢答电路两部分。

其中主持人控制电路完成"清除/抢答"功能,即主持人按下"清除"键后,此时抢答器处于禁止状态,选手不能进行抢答;再按下"抢答"键时,蜂鸣器短暂提示,LED 灯亮,抢答开始。

选手抢答电路:当选手在规定时间按下抢答键时,数码管显示选手编号(0～7 号),同时封锁输入电路,其他选手抢答无效;当选手在规定时间内无人抢答,蜂鸣器短暂报警,LED 灯灭;在 30 s 后选手抢答无效。

智力竞赛抢答器的工作过程是:接通电源后,主持人将控制开关置于"清除"处,此时抢答器处于禁止状态,选手不能进行抢答,定时显示器显示设定的时间(30 s),当主持人将控制开关置于"抢答"时,扬声器发出声响,抢答器处于工作状态,同时定时器开始倒计时。当选手在定时时间内按下抢答键时,电路要完成以下功能:

(1) 优先编码电路判断抢答者的编号,并由锁存器进行锁存,然后通过译码显示电路在数码管上显示抢答者的编号;

(2) 扬声器发出短暂声响;

(3) 控制电路对其余输入编码进行封锁,禁止其他选手进行抢答;

(4) 控制电路要使定时器停止工作,数码管上显示剩余的抢答时间,当选手将问题回答完毕,主持人操作控制开关进行系统清零,使系统回复到禁止工作状态,以便进行下一轮抢答。当定时时间到,却没有选手抢答时,系统将报警,并封锁输入电路,禁止选手超时后抢答。

1. 主持人控制电路的设计

主持人控制电路的功能有两个:一是能分辨出选手按键的先后,并锁存优先抢答者的编号,供译码显示电路用;二是要使其他选手的按键操作无效。选用优先编码 74LS148 和 RS 锁存器 74LS279 可以完成上述功能,其电路组成如图 13-51 所示。

其工作原理是:当主持人控制开关处于"清零"位置时,输出端($4Q \sim 1Q$)全部为低电平。74LS248 的 BI=1,显示器显示为"0",74LS148 的选通输入端 ST=1,74LS148 处于工作状态,此时锁存电路不工作,优先编码电路和锁存电路同时处于不工作状态。当主持人将开关拨到"抢答"位置时,优先编码电路和锁存电路同时处于工作状态,即抢答器处于等待工作状态,等待输入端 $I7$、$I6$、$I5$、$I4$、$I3$、$I2$、$I1$、$I0$ 输入信号。

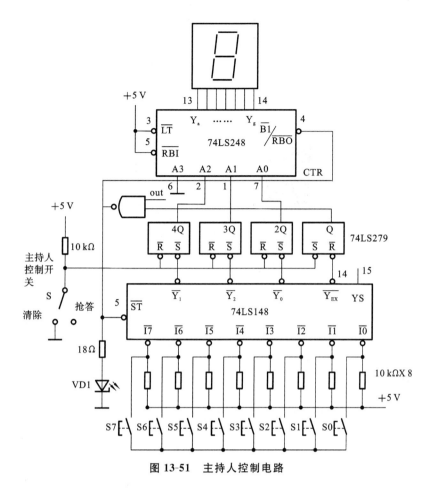

图 13-51　主持人控制电路

2. 计时电路的设计

74LS248 的引脚 7、6、2 接收来自 74LS279 的输出信号并把它译码显示在数码管上。555 芯片产生单稳态脉冲,完成时间设定功能,本设计要求定时 30 s,所以 $R11$ 设为 580 kΩ,$C2$ 为 47 μF。

$$T=1.1RC=1.1\times 580\times 1000\times 47\times 0.000001\ \text{s}=29.986\ \text{s}$$

从而使得初始时间设定为 30 s。

工作过程为:当在 30 s 内有选手将键按下时(如按下 S5),74LS148 的输出 $Y_2Y_1Y_0$ = 010,Y_{EX} = 0,经 RS 锁存器后,CTR = 1,BI = 1,此时 74LS279 处于工作状态,4Q3Q2Q = 101,经 74LS248 译码后,显示器显示出"5"。此外,CTR = 1,使 74LS148 的 ST 端为高电平,74LS148 处于禁止工作状态,封锁了其他按键的输入。当按下的键松开后,74LS148 的 Y_{EX} 为高电平,但由于 CTR 维持高电平不变,所以 74LS148 仍处于禁止工作状态,其他按键的输入信号仍不会被接收。

当在 30 s 内无选手抢答时,30 s 后 74LS148 和 74LS248 都不工作,即当在 30 s 后有人抢答视为无效。

这就保证了抢答者的优先性以及抢答电路的准确性。当优先抢答者回答完问题后,主持人操作控制开关 S,使抢答电路复位,以便进行下一轮抢答。

计时电路如图 5-52 所示。

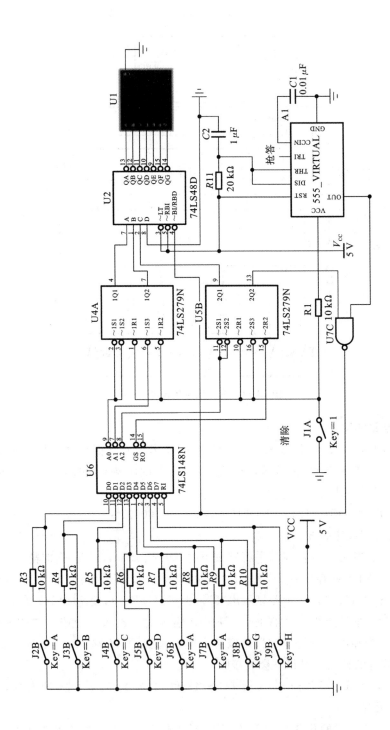

图13-52 计时电路

3. 报警电路的设计

报警器分为两个部分:第一部分实现的功能是主持人按抢答器之后的短暂报警部分;第二部分是由于 30 s 无人抢答后的短暂报警部分。

第一部分是由 555 定时器和三极管等构成的报警电路,如图 13-53 所示。

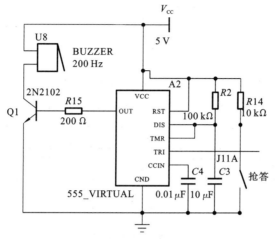

图 13-53　报警电路 1

其中 555 构成单稳态脉冲,脉冲周期为

$$T=1.1RC=1.1\times 100\times 1000\times 10\times 0.000001\ \mathrm{s}=1.1\ \mathrm{s}$$

第二部分是由 74LS123(等同 74LS121)和与非门等构成的报警电路,如图 13-54 所示。

其中 74LS123 构成单稳态脉冲,产生一个开关信号,从而当 30 s 内无人抢答时,30 s 时使图 13-54 中 TRI 产生一低脉冲,从而驱动蜂鸣器报警。

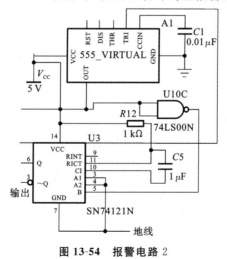

图 13-54　报警电路 2

习　题　13

习题 13 答案

13-1　钟控 RS 触发器输入信号 R 与 S 的波形如图 13-55 所示。画出在时钟脉冲 C 作用下触发器输出端 Q 的波形(设 Q 的初始状态为 0 态)。

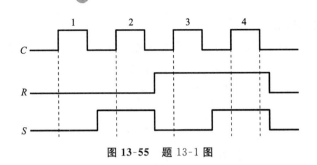

图 13-55 题 13-1 图

13-2 图 13-56 所示波形为主从 JK 触发器输入端的状态波形,($\overline{S_D}$、$\overline{R_D}$不用,保持"1"状态),试画出输出端 Q 的状态波形,已知触发器的初始状态为 $Q_0=1$。

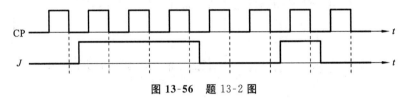

图 13-56 题 13-2 图

13-3 分析图 13-57 所示逻辑电路的逻辑功能。

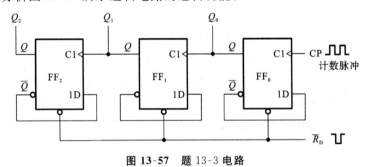

图 13-57 题 13-3 电路

13-4 说明基本 RS 触发器在置 1 或置 0 脉冲消失后,为什么触发器的状态保持不变?

13-5 在图 13-58 中,触发器的原状态 $Q_1Q_0=01$,则在下一个 CP 作用后,Q_1Q_0 为何种状态?

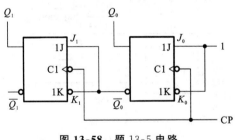

图 13-58 题 13-5 电路

13-6 图 13-59 所示的是两人智力竞赛抢答电路。图中 SB_1 和 SB_2 分别为两个参赛人的动断抢答按钮;SB 为主持人的动合复位按钮。试分析该电路的工作原理。

13-7 数码寄存器和移位寄存器有什么区别?

13-8 列出表 13-18 所示的状态表,说明再经过四个移位脉冲(5~8),则所存的 1011 逐位从 Q_3 端串行输出。

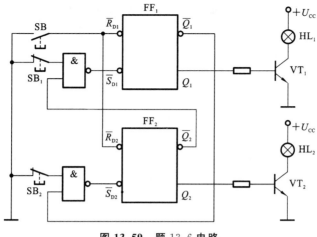

图 13-59 题 13-6 电路

表 13-18 移位寄存器的状态表

移位脉冲 CP 数	寄存器中的数码				移位过程
	Q_3	Q_2	Q_1	Q_0	
0	0	0	0	0	清 零
1	0	0	0	1	左移一位
2	0	0	1	0	左移二位
3	0	1	0	1	左移三位
4	1	0	1	1	左移四位

13-9 试用两片 74LS290 型异步十进制计数器构成百进制计数器。

13-10 74LS192 型同步十进制可逆计数器的功能表和逻辑符号分别如表 13-19 和图 13-60 所示。所谓可逆,就是能进行加法计数和减法计数。

(1)说明表中各项的意义。

(2)试用两片 74LS192 型计数器构成百进制计数器。先将各片接成十进制加法计数工作状态,而后连接两片。图中 $\overline{CO}$ 和 $\overline{BO}$ 分别为进位和借位输出端。

表 13-19 74LS192 型同步十进制可逆计数器的功能表

输　　　　入								输　　　　出			
R_D	$\overline{LD}$	CP_+	CP_-	A_3	A_2	A_1	A_0	Q_3	Q_2	Q_1	Q_0
0	0	×	×	d_3	d_2	d_1	d_0	d_3	d_2	d_1	d_0
0	1	↑	1	×	×	×	×	加法计数			
0	1	1	↑	×	×	×	×	减　　法			
0	1	1	1	×	×	×	×	保　　持			
1	×	×	×	×	×	×	×	0	0	0	0

13-11 根据表 13-20 画出五进制计数器 CP、Q_1、Q_2、Q_3 的波形图。

表 13-20 五进制计数器的状态分析

CP	Q_3	Q_2	Q_1	$J_3 = Q_1 Q_2$	$K_3 = 1$	$J_2 = 1$	$K_2 = 1$	$J_1 = \overline{Q}_3$	$K_1 = 1$
0	0	0	0	0	1	1	1	1	1
1	0	0	0	0	1	1	1	1	1
2	0	0	0	0	1	1	1	1	1
3	0	1	1	1	1	1	1	1	1
4	1	0	0	0	1	1	1	0	1
5	0	0	0	0	1	1	1	1	1

13-12 在图 13-61 所示的多谐振荡器中,若 $R_1 = 15$ kΩ,$R_2 = 68$ kΩ,$C = 10$ μF,则其输出信号的周期为多少?

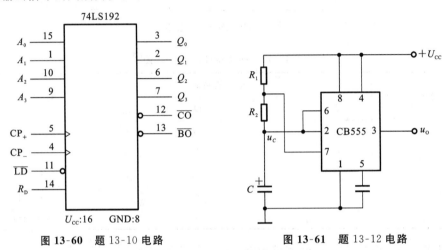

图 13-60 题 13-10 电路   图 13-61 题 13-12 电路

13-13 分析和比较图 13-62(a)和(b)所示逻辑电路的逻辑功能。

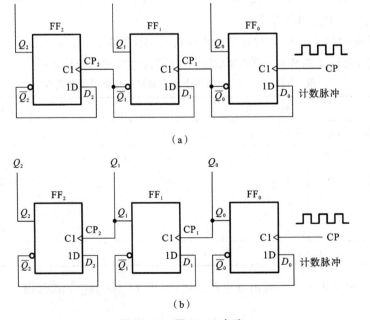

（a）

（b）

图 13-62 题 13-13 电路

13-14　数字钟表中的分、秒计数都是六十进制,试用两片 74LS290 型二-五-十进制计数器连成六十进制电路。

13-15　试用两片 74LS160 型同步十进制计数器连成百进制计数器。

13-16　分析图 13-63 所示电路的逻辑功能,设初始状态为 000。

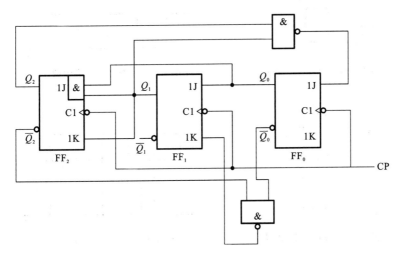

图 13-63　题 13-16 电路

13-17　分析图 13-64 所示电路的逻辑功能,设初始状态为 0000。

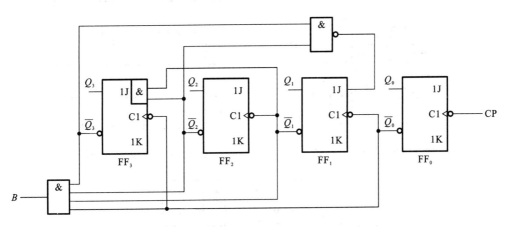

图 13-64　题 13-17 电路

13-18　当由与非门组成的基本 RS 触发器(见图 13-65)的 $\overline{R}_D$ 和 $\overline{S}_D$ 端加上图 13-66 所示的波形时,试画出 Q 端的输出波形。设初始状态为 0 和 1 两种情况。

13-19　当由或非门组成的基本 RS 触发器(见图 13-67)的 S_D 和 R_D 端加上图 13-68 所示的波形时,试画出 Q 端的输出波形。设初始状态为 0。

13-20　当在可控 RS 触发器(见图 13-69)的 CP、S 和 R 端加上图 13-70 所示的波形时,试画出 Q 端的输出波形。设初始状态为 0。

13-21　图 13-71 所示电路是一个可以产生几种脉冲波形的信号发生器。试从所给出的时钟脉冲 CP 画出 Y_1、Y_2、Y_3 三个输出端的波形。设触发器的初始状态为 0。

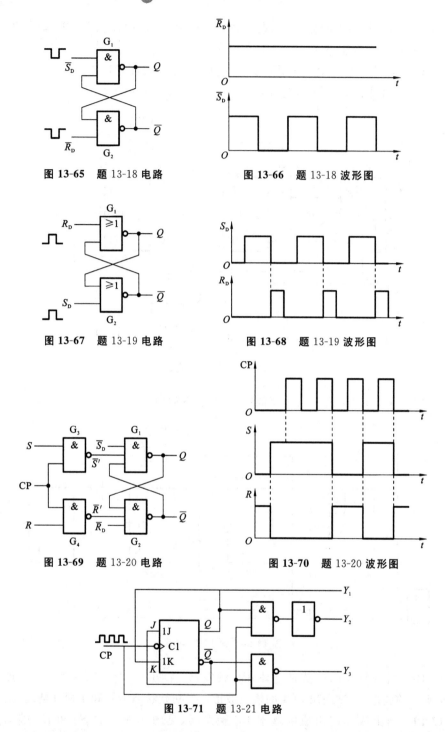

图 13-65　题 13-18 电路　　　　图 13-66　题 13-18 波形图

图 13-67　题 13-19 电路　　　　图 13-68　题 13-19 波形图

图 13-69　题 13-20 电路　　　　图 13-70　题 13-20 波形图

图 13-71　题 13-21 电路

13-22　试分析图 13-72 所示的电路,画出 Y_1 和 Y_2 的波形,并与时钟脉冲 CP 比较,说明电路功能。设初始状态 $Q=0$。

13-23　试用 4 个 D 触发器组成 4 位移位寄存器。

13-24　74LS293 型计数器的引脚排列图及功能表如图 13-73(a)、(b) 和 (c) 所示。它有两个时钟脉冲输入端 CP_0 和 CP_1。试问:

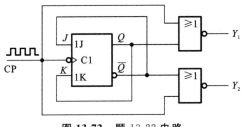

图 13-72 题 13-22 电路

（1）从 CP_0 输入，Q_0 输出时，是几进制计数器？

（2）从 CP_1 输入，Q_3、Q_2、Q_1 输出时，是几进制计数器？

（3）将 Q_0 端接到 CP_1 端，从 CP_0 输入，Q_3、Q_2、Q_1、Q_0 输出时，是几进制计数器？图中 $R_{0(1)}$ 和 $R_{0(2)}$ 是清零输入端，当该两端全为 1 时，将 4 个触发器清零。

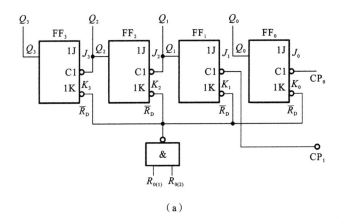

（a）

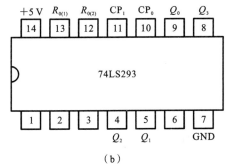

$R_{0(1)}$	$R_{0(2)}$	Q_3	Q_2	Q_1	Q_0
1	1	0	0	0	0
0	×	计		数	
×	0	计		数	

（b）   （c）

图 13-73 题 13-24 图

13-25 试用反馈置"9"法将 74LS290 型计数器改接成七进制计数器。

13-26 逻辑电路如图 13-74 所示。设 $Q_A=1$，红灯亮；$Q_B=1$，绿灯亮；$Q_C=1$，黄灯亮。试分析该电路，说明三组彩灯点亮的顺序。在初始状态，3 个触发器的 Q 端均为 0。此电路可用于晚会对彩灯采光。

13-27 图 13-75 所示的是一个防盗报警电路，a、b 两端被一细铜丝接通，此铜丝置于认为盗窃者必经之处。当盗窃者闯入室内将铜丝碰断后，扬声器即发出报警声（扬声器电压为 1.2 V，电流为 40 mA）。

（1）试问 555 定时器接成何种电路？

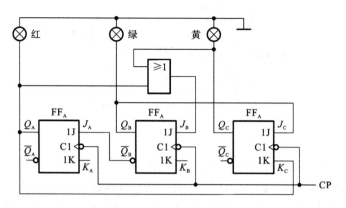

图 13-74 题 13-26 图

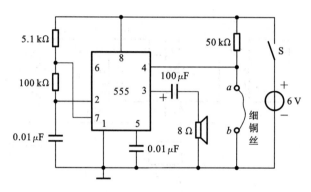

图 13-75 题 13-27 图

（2）说明本报警电路的工作原理。

13-28 图 13-76 所示的是一门铃电路，试说明其工作原理。

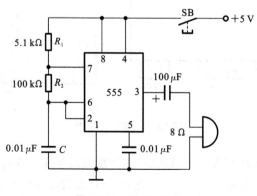

图 13-76 题 13-28 图

14

数／模和模／数转换

在计算机过程控制、数据采集等系统中,被控对象的参数通常是模拟量,如温度、压力、流量,位移量等。首先需将模拟量转换成相应的数字量,才能送到计算机中进行运算和处理;然后将处理后得到的数字量转换成相应的模拟量,才能实现对被控制的模拟量进行控制,如图 14-1 所示。能将模拟量转换为数字量的装置称为模/数转换器(analog/digital converter,ADC),简称 A/D 转换器。能将数字量转换为模拟量的装置称为数/模转换器(digital/analog converter,DAC),简称 D/A 转换器。

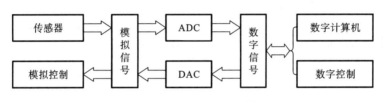

图 14-1 DAC 和 ADC 系统框图

14.1 D/A 转换器

14.1.1 D/A 转换器组成和工作原理

1. D/A 转换器的组成

图 14-2 为倒 T 型电阻网络 D/A 转换器原理图,它是由以下几个部分组成。

(1) 倒 T 型电阻网络。

由若干个电阻组成的电阻网络,要求 R 和 $2R$ 有较高的精度。

(2) 电子模拟开关$S_0 \sim S_3$。

电子模拟开关是用单刀双掷开关表示的,某种实际电路如图 14-3 所示,由两个 N 沟道增强型 MOS 管和一个非门组成。当输入数字电路第 i 位 $d_i = 0$ 时,VT_2 导通,VT_1 截止,则将 $2R$ 电阻接地;当 $d_i = 1$ 时,VT_1 导通,VT_2 截止,将该位的 $2R$ 电阻支路与运算放大器的反相输入端接通。

(3) 运算放大器的组成。

运算放大器接成反相比例运算电路,其输出为模拟电压 U_o。目前生产的 D/A 转

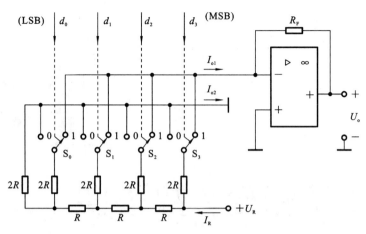

图 14-2 倒 T 型电阻网络 D/A 转换器

换器中大多采用这种结构。d_3、d_2、d_1、d_0 是输入的数字量,即数码寄存器存放的 4 位二进制数,各位的数码分别控制电子开关S_3、S_2、S_1、S_0。当某二进制数码为 $d_i=1$ 时,开关接到 U_R 电源上,为 0 时接"地"。

（4）基准电压 U_R。

U_R 是 D/A 转换器的基准电压,由具有极高稳定的电源供电。

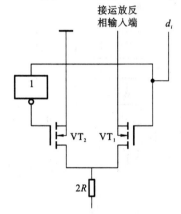

图 14-3 电子模拟开关

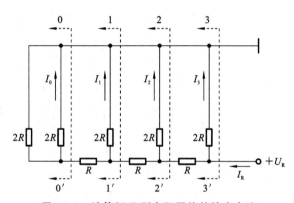

图 14-4 计算倒 T 型电阻网络的输出电流

2. D/A 转换器工作原理

在图 14-4 中,$00'$、$11'$、$22'$、$33'$左边部分电路的等效电阻均为 R,且不论模拟开关接到运算放大器的反相输入端（虚地）或接"地"（也就是不论输入数字信号是 1 或 0）,各支路的电流是不变的。因此,从参考电压端输入的电流为

$$I_R = \frac{U_R}{R}$$

然后根据分流公式得出个支路电流:

$$I_3 = \frac{1}{2}I_R = \frac{U_R}{R \cdot 2^1}$$

$$I_2 = \frac{1}{4}I_R = \frac{U_R}{R \cdot 2^2}$$

$$I_1 = \frac{1}{8}I_R = \frac{U_R}{R \cdot 2^3}$$

$$I_0 = \frac{1}{16}I_R = \frac{U_R}{R \cdot 2^4}$$

由此可得出电阻网络的输出电流为

$$I_{o1} = \frac{U_R}{R \cdot 2^4}(d_3 \cdot 2^3 + d_2 \cdot 2^2 + d_1 \cdot 2^1 + d_0 \cdot 2^0) \tag{14-1}$$

运算放大器输出的模拟电压 U_o 为

$$U_o = -R_F I_{o1} = -\frac{R_F U_R}{R \cdot 2^4}(d_3 \cdot 2^3 + d_2 \cdot 2^2 + d_1 \cdot 2^1 + d_0 \cdot 2^0) \tag{14-2}$$

如果输入的是 n 位二进制数,则

$$U_o = -\frac{R_F U_R}{R \cdot 2^n}(d_{n-1} \cdot 2^{n-1} + d_{n-2} \cdot 2^{n-2} + \cdots + d_0 \cdot 2^0) \tag{14-3}$$

当取 $R_F = R$ 时,式(14-3)为

$$U_o = -\frac{U_R}{2^n}(d_{n-1} \cdot 2^{n-1} + d_{n-2} \cdot 2^{n-2} + \cdots + d_0 \cdot 2^0) \tag{14-4}$$

由式(14-4)可知, U_o 的最小值为 $\frac{U_R}{2^n}$,最大值为 $\frac{(2^n-1)U_R}{2^n}$;D/A 转换器输出的模拟量与输入的数字量成正比。

【**例 14-1**】 用 D/A 转换器将 8 位二进制数 10101010 转换为模拟量,设 $R_R = 8$ V, $R_F = R$,转换结果为多少?

解 其转换结果为

$$U_o = -\frac{8}{2^8}(2^7 + 2^5 + 2^3 + 2^1) \text{ V} = -8\left(\frac{1}{2} + \frac{1}{2^3} + \frac{1}{2^5} + \frac{1}{2^7}\right) \text{ V} = -5.3125 \text{ V}$$

集成 D/A 转换器的芯片种类很多,按输入的二进制数可分为 8 位、10 位、12 位和 16 位。例如,10 位转换器 AD7520,采用倒 T 型电阻网络,其模拟开关为 CMOS 型,集成运算放大器外接。AD7520 的外引线排列及连接电路如图 14-5 所示。

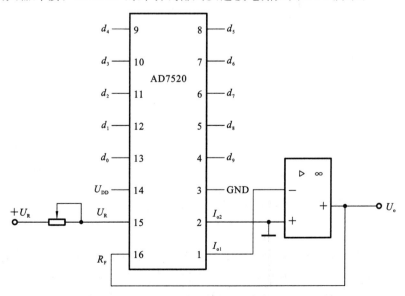

图 14-5 AD7520 的引脚排列及连接电路

AD7520 共有 16 个引脚,各引脚的功能如下:

1 脚为模拟电流 I_{o1} 输出端,接到运算放大器的反相输入端;

2 脚为模拟电流 I_{o2} 输出端,一般接"地";

3 脚为接"地"端;

4~13 脚为 10 位数字量的输入端。

14 脚为 CMOS 模拟开关的 $+U_{DD}$ 电源接线端。

15 脚为参考电压电源接线端,U_R 可为正值或负值。

16 脚为芯片内部一个电阻 R 的引出端,该电阻作为运算放大器的反馈电阻 R_F,它的另一端在芯片内部接 I_{o1} 端。

表 14-1 所示的是由式(14-4)得出的 AD7520 输入数字量与输出模拟量的关系,其中 $2^n = 2^{10} = 1024$。

表 14-1 AD7520 输入数字量与输出模拟量的关系

输入数字量										输出模拟量
d_9	d_8	d_7	d_6	d_5	d_4	d_3	d_2	d_1	d_0	U_o
0	0	0	0	0	0	0	0	0	0	0
0	0	0	0	0	0	0	0	0	1	$-\dfrac{1}{1024}U_R$
				$\vdots$						$\vdots$
0	1	1	1	1	1	1	1	1	1	$-\dfrac{511}{1024}U_R$
1	0	0	0	0	0	0	0	0	0	$-\dfrac{512}{1024}U_R$
1	0	0	0	0	0	0	0	0	1	$-\dfrac{513}{1024}U_R$
				$\vdots$						$\vdots$
1	1	1	1	1	1	1	1	1	0	$-\dfrac{1022}{1024}U_R$
1	1	1	1	1	1	1	1	1	1	$-\dfrac{1023}{1024}U_R$

14.1.2 D/A 转换器的主要技术指标

1. 分辨率

D/A 转换器的分辨率是用其输出的最小模拟电压与最大模拟电压的比来表示的。最小输出模拟电压对应二进制数的 1,最大输出模拟电压对应二进制数的所有位全为 1。由于输出模拟量与输入的数字量成正比,因此也可以用两个数字量的比来表示分辨率。例如,10 位 D/A 转换器的分辨率为

$$\frac{1}{2^{10}-1}=\frac{1}{1023}\approx0.001$$

分辨率用于表示 D/A 转换器对微小输入量变化的敏感程度,因此分辨率还可以被定义为其模拟输出电压可能被分离的等级。输入数字量的位数越多,输出模拟电压的可分离等级越多,所以也可以用输入二进制数的位数来表示分辨率。二进制数的位数越多,分辨率越高。

2. 转换精度

D/A 转换器的转换精度是指其输出的模拟电压的实际值与理想值之间的差。D/A 转换器中各元件的参数值存在误差,基准电压的不稳定、运算放大器的零点漂移等因素都会影响其转换精度。显然,要想获得高精度的 D/A 转换,不仅要选择位数较多、高分辨率的 D/A 转换器及高稳定度的基准电压,还要选择低零点漂移的运算放大器。

3. 线性度

通常用非线性误差的大小表示 D/A 转换器的线性度,产生非线性误差有两种原因:一是各位模拟开关的电压降不一定相等,而且接 U_R 和接"地"时的电压降也未必相等;二是各个电阻阻值的偏差不可能做到完全相等,而且不同位置上的电阻阻值的偏差对输出模拟电压的影响又不一样。

4. 输出电压(或电流)的建立时间

从输入数字信号起,到输出模拟电压或电流达到稳定值所用的时间,称为建立时间。当 D/A 转换器输入的数字量发生变化时,输出的模拟量并不能立即达到该数字量所对应的值,它需要一段时间。单片 D/A 转换器的建立时间最短可在 0.1 s 以内。

5. 电源抑制比

在高质量的 D/A 转换器中,要求模拟开关电路和运算放大器的电源电压发生变化时,对输出电压的影响非常小。输出电压的变化与相对应的电源电压变化之比,称为电源抑制比。

此外,还有功率消耗、温度系数以及输入高、低逻辑电平的数值等技术指标,在此不再一一介绍。

14.2 A/D 转换器

14.2.1 逐次逼近型 A/D 转换器

ADC 转换过程分两步:用传感器将物理量转换为连续变化的模拟信号;由 ADC 将模拟信号转换为数字信号。按转换方式,ADC 可分为逐次逼近型、并联比较型和双积分型三种。下面仅介绍目前用得较多的逐次逼近型转换器。

逐次逼近型 ADC 的转换过程与用天平称物体重量的过程相似,假设砝码重量依次有:16 g、8 g、4 g、2 g、1 g,并假设物体重 30 g,称重过程如下:

(1) 先在天平上加 16 g 砝码,经天平比较结果,16 g<30 g,16 g 砝码保留;

（2）再加上 8 g，8 g+16 g<30 g，8 g 砝码保留；

（3）再加上 4 g，8 g+4 g+16 g<30 g，4 g 砝码保留；

（4）再加上 2 g，8 g+4 g+16 g+2 g=30 g，称重完成。

逐次逼近型 ADC 被转换的电压相当于天平所称的物体重量，而所转换的数字量相当于在天平上逐次添加砝码所保留下来的砝码重量。

逐次逼近型 ADC 主要由顺序脉冲发生器、逐次逼近寄存器、DAC 和电压比较器等组成，原理框图如图 14-6 所示。

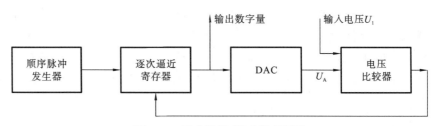

图 14-6　逐次逼近 ADC 原理框图

结合图 14-7 所示的具体电路图来说明逐次逼近的过程。电路由逐次逼近寄存器、顺序脉冲发生器、DAC、比较器、控制逻辑门和读出与门组成。

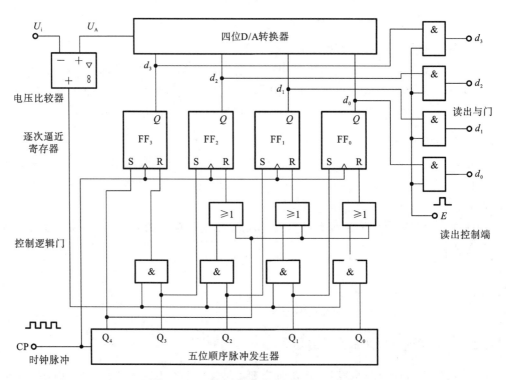

图 14-7　四位逐次逼近型 ADC 原理电路

（1）逐次逼近寄存器。

它由四个可控 RS 触发器 FF_3、FF_2、FF_1、FF_0 组成，其输出是 4 位二进制数 $d_3 d_2 d_1 d_0$。

（2）顺序脉冲发生器。

输出的是 Q_4、Q_3、Q_2、Q_1、Q_0 五个在时间上有一定先后顺序的顺序脉冲，依次右移位,Q_4 端接 FF_3 的 S 端及三个或门的输入端;Q_3、Q_2、Q_1、Q_0 分别接四个控制与门的输入端,其中 Q_3、Q_2、Q_1 还分别接 FF_2、FF_1、FF_0 的 S 端。

（3）D/A 转换器。

D/A 转换器的输入来自逐次逼近寄存器,输出电压 U_A 是正值,送到电压比较器的同相输入端。

（4）电压比较器。

用它比较输入电压 U_i(加在反相输入端)与 U_A 的大小以确定输出端电位的高低,若 $U_i < U_A$,则输出端为 1,若 $U_i \geqslant U_A$,则输出端为 0,输出端接到四个控制与门的输入端。

（5）控制逻辑门。

四个与门和三个或门用来控制逐次逼近寄存器的输出。

（6）读出与门。

当读出控制端 $E=0$ 时,与门封闭,当 $E=1$ 时,四个与门打开,输出 $d_3 d_2 d_1 d_0$ 为转换后的二进制数。

现分析输入模拟电压 $U_i = 5.52$ V,D/A 转换器的参考电压 $U_R = +8$ V 的转化过程。

（1）转换开始前,先将 FF_3、FF_2、FF_1、FF_0 清零,并使顺序脉冲为 $Q_4 Q_3 Q_2 Q_1 Q_0 = 10000$ 的状态。

（2）当第一个时钟脉冲 CP 的上升沿来到时,使逐次逼近寄存器的输出 $d_3 d_2 d_1 d_0 = 1000$,加在 D/A 转换器上。此时 D/A 转换器的输出电压为

$$U_A = -\frac{U_R}{2^4}(d_3 \cdot 2^3 + d_2 \cdot 2^2 + d_1 \cdot 2^1 + d_0 \cdot 2^0) = \frac{8}{16} \times 8 \text{ V} = 4 \text{ V}$$

因 $U_A < U_i$,故比较器的输出为 0。同时,顺序脉冲右移一位,变为 $Q_4 Q_3 Q_2 Q_1 Q_0 = 01000$ 的状态。

（3）当第二个转换时钟脉冲 CP 的上升沿来到时,使 $d_3 d_2 d_1 d_0 = 1100$。此时 $U_A = \frac{8}{16} \times 12$ V $= 6$ V,$U_A > U_i$,故比较器的输出为 1。同时,顺序脉冲右移一位,变为 $Q_4 Q_3 Q_2 Q_1 Q_0 = 00100$ 状态。

（4）当第三个时钟脉冲 CP 的上升沿来到时,使逐次逼近寄存器的输出 $d_3 d_2 d_1 d_0 = 1010$。此时,$U_A = \frac{8}{16} \times 10$ V $= 5$ V,$U_A < U_i$,比较器的输出为 0。同时,$Q_4 Q_3 Q_2 Q_1 Q_0 = 00010$。

（5）当第四个时钟脉冲 CP 的上升沿来到时,使逐次逼近寄存器的输出 $d_3 d_2 d_1 d_0 = 1011$。此时,$U_A = \frac{8}{16} \times 11$ V $= 5.5$ V,因 $U_A \approx U_i$,故比较器的输出为 0。同时 $Q_4 Q_3 Q_2 Q_1 Q_0 = 00001$。

（6）当第五个时钟脉冲 CP 的上升沿来到时,使逐次逼近寄存器的输出 $d_3 d_2 d_1 d_0 = 1011$,保持不变,此即为转换结果。此时,若在 E 端输入一个 E 脉冲,即 $E=1$,则四个读出与门同时打开,$d_3 d_2 d_1 d_0$ 得以输出,同时,$Q_4 Q_3 Q_2 Q_1 Q_0 = 10000$,返回原始状态。

这样就完成了一次转换。转换过程如表 14-2 和图 14-8 所示。

表 14-2　四位逐次逼近型 ADC 的转换过程

逼近次数	$d_3 d_2 d_1 d_0$	U_A/V	比较结果	该位数码"1"是否保留或除去
1	1000	4	$U_A < U_i$	保留
2	1100	6	$U_A > U_i$	除去
3	1010	5	$U_A < U_i$	保留
4	1011	5.5	$U_A \approx U_i$	保留

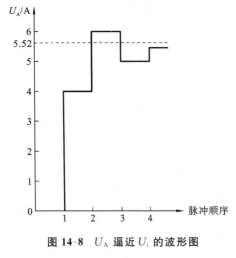

图 14-8　U_A 逼近 U_i 的波形图

常用的集成逐次逼近型 A/D 转换器有 ADC0808/0809 系列（8 位输出）、AD575（10 位输出）、AD574A（12 位输出）等。例如，CMOS 型的集成逐次逼近型 A/D 转换器 ADC0809，它除了具有逐次逼近型 A/D 转换器的基本组成之外，其内部还有 8 路模拟量输入通道及地址译码器。其输出控制电路具有三态缓冲能力，能与计算机的接口电路直接进行连接。

【例 14-2】 结合表 14-2 说明 A/D 转换器输出的数字量与输入模拟电压 U_A 的关系。本例中，$U_i = 5.52$ V，$U_R = -8$ V。

解　$U_i = U_A$，而 U_o 是 D/A 转换器的输出电压。

A/D 转换器输出的数字量为 $\dfrac{U_1}{\frac{1}{2^n} U_R} = \dfrac{5.52}{\frac{1}{16} \times 8}$ V $\approx (11)_{10}$ V $= (1011)_2$ V，如表 14-2 所示。

14.2.2　双积分型 A/D 转换器

图 14-9 所示的是双积分型 A/D 转换器的电路，它由积分电路 A、电压比较器 C、CP 控制门 G、n 位二进制计数器、定时控制触发器 FF_S、电子开关 S_1 和 S_2 以及它们的逻辑控制电路等组成，其转换过程如下。

（1）转换开始前。

A/D 转换器的转换信号 $u_L = 0$，对各触发器清零，并使 S_2 闭合，使积分电路的电容 C 完全放电。

（2）对输入模拟电压 u_1 积分。

使 $u_L = 1$，由控制电路将 S_2 断开，并将 S_1 接到输入电压端，积分电路开始对 u_1 积分。积分输出 u_A 为负值，比较器输出 u_C 为高电平电压（1），开通 CP 控制门 G，计数器开始计数。当计到 2^n 个脉冲时，计数器输出全为 0，同时输出一进位信号，使 FF_S 置 1。对 u_1 的积分结束，积分时间 $T_1 = 2^n T_{CP}$，T_{CP} 为 CP 的周期，即一个脉冲的时间。T_1 是一定的（定时），不因 u_1 而变。双积分型 A/D 转换器的波形如图 14-10 所示。

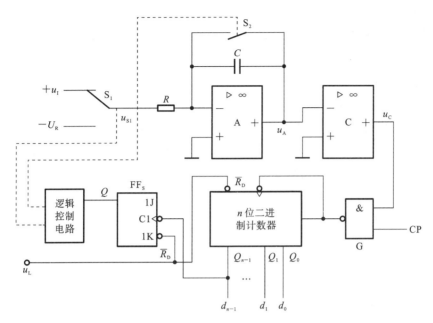

图 14-9 双积分型 A/D 转换器的电路

（3）对参考电压（$-U_R$）积分。

当FF_S置 1 时，S_1 接到参考电压端，开始对 $-U_R$ 积分。由于u_I和$-U_R$极性相反，可使u_A以斜率相反的线性斜坡恢复为 0，随即结束对 $-U_R$ 的积分。比较器的输出u_C为低电平电压（0），关断控制门 G，CP 不能输入，计数器停止计数。此时 $d_{n-1} \sim d_0$ 为转换后的数字量。这段积分时间 $T_2 = NT_{CP}$，N 为脉冲的个数，它与u_I成正比（定压）。可由两阶段积分式子推算出

$$u_I = \frac{|U_R|}{2^n} \cdot N \qquad (14\text{-}5)$$

设 $|U_R| = 2 \text{ V}$，$2^n = 2^{10} = 1024$，$N = 600$，则被测模拟电压$u_I = 1.172 \text{ V}$。

在此 A/D 转换器的基础上，再添加标准时钟脉冲发生器（或标准时间发生器），控制进入计数器中的被测脉冲个数的门电路、译码器和显示器等部分，就成为一个简单的直流数字电压表。

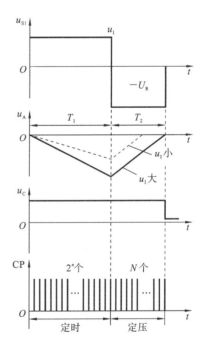

图 14-10 双积分型 A/D 转换器的波形图

14.2.3 A/D 转换器的主要技术指标

1. 分辨率

A/D 转换器的分辨率用其输出的二进制数的位数来表示。它反映了转换器对输入的模拟信号的分辨能力，n 位二进制数能区分 2^n 个不同等级的输入模拟电压，所以在最大输入电压一定时，输出数字量位数越多，量化单位越小，分辨率越高。

2. 相对精度

A/D 转换器的相对精度是指实际的各个转换点偏离理想特性的误差。在理想的情况下,所有的转换点应当在一条直线上。

3. 转换速度

转换速度是指完成一次转换所用的时间。转换时间是指从接到转换控制信号开始,到输出端得到稳定的数字输出信号所需要的时间。采用不同的转换电路,其转换速度是不同的。并行型 A/D 转换器比逐次逼近型的转换速度要快得多。低速 A/D 转换器的转换速度为 1~30 ms,中速 A/D 转换器的约为 50 μs,高速 A/D 转换器的为 50 ns 以内。例如,逐次逼近型 A/D 转换器 ADC0809 的转换速度为 100 μs。

4. 电源抑制

在输入模拟电压不变的前提下,当转换电路的供电电源电压发生变化时,对输出也会产生影响。这种影响可用输出数字量的绝对变化量来表示。A/D 转换器中基准电压的变化会直接影响转换结果,必须保证该电压的稳定。

除上述几项外,A/D 转换器还有功率消耗、温度系数、输入模拟电压范围和输出数字信号的逻辑电平等技术指标,在此不再一一介绍。

习　题　14

14-1　在图 14-11 中,当 $d_3d_2d_1d_0 = 1010$ 时,试计算输出电压 U_O。习题 14 答案
设 $U_R = 10$ V,$R_F = R$。

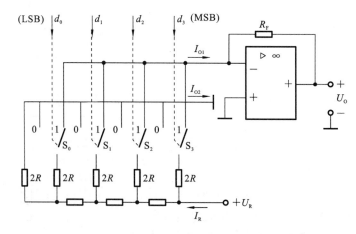

图 14-11　题 14-1 电路

14-2　在图 14-11 中,设 $U_R = 10$ V,$R = R_F = 10$ kΩ,当 $d_3d_2d_1d_0 = 1011$ 时,试求此时的 I_R、I_{O1}、U_O 以及各支路电流 I_3、I_2、I_1、I_0。

14-3　结合表 14-3 说明 A/D 转换器输出的数字量与输入模拟电压 U_I 的关系。本题中,$U_I = 5.52$ V,$U_R = -8$ V。

14-4　在逐次逼近型 A/D 转换器中,如果 8 位 D/A 转换器的最大输出电压 U_O 为 9.945 V,试分析当输入电压 U_I 为 6.435 V 时,该 A/D 转换器输出的数字量为多少?

表 14-3　4 位逐次逼近型 ADC 的转换过程

顺　　序	d_3	d_2	d_1	d_0	U_O/V	比较判别	该位数码 1 是否保留或除去
1	1	0	0	0	4	$U_O < U_1$	留
2	1	1	0	0	6	$U_O > U_1$	去
3	1	0	1	0	5	$U_O < U_1$	留
4	1	0	1	1	5.5	$U_O \approx U_1$	留

14-5　在图 14-12 所示电路中,设计计数器输出的高电平为 3.5 V,低电平为 0 V。当 $Q_3 Q_2 Q_1 Q_0 = 1010$ 时,试求输出电压 u_o。

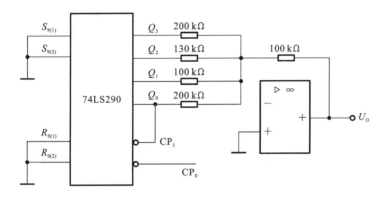

图 14-12　题 14-5 电路

14-6　在图 14-13 中,计数器初态 $Q_3 Q_2 Q_1 Q_0 = 0000$,试画出在 CP 作用下 u_o 的波形图。

14-7　8 位 D/A 转换器输入数字量为 0000001 时,输出电压为 -0.04 V,试求输入数字量为 10000000 和 01101000 时的输出电压。

14-8　在 4 位逐次逼近型 A/D 转换器中,设 $U_R = -10$ V,$U_1 = 8.2$ V,试说明逐次逼近的过程和转换的结果。

14-9　某 D/A 转换器的最小输出电压为 0.04 V,最大输出电压为 10.2 V,试求该转换器的分辨率及位数。

14-10　在图 14-14 所示倒 T 型电阻网络 D/A 转换器中,设 $U_R = -10$ V,$R_F = R$,则输出模拟电压 U_O 的最小值为多少,U_O 的最大值为多少?

14-11　在图 14-14 中,输出模拟电压的最小值为 0.313 V 时,则当输入数字量为 1010 时的输出模拟电压为多少?

14-12　在倒 T 型电阻网络 D/A 转换器中,当输入数字量为 1 时,输出模拟电压为 4.885 mV,而最大输出电压为 10 V。试问该 D/A 转换器是多少位的?

14-13　已知 8 位 A/D 转换器的参考电压 $U_R = -5$ V,输入模拟电压 $U_I = 3.91$ V,则输出数字量为多少?

14-14　某 D/A 转换器,若取 $U_{REF} = 5$ V,试求当输入数字量 $d_3 d_2 d_1 d_0 = 0101$ 时输出电压的大小。

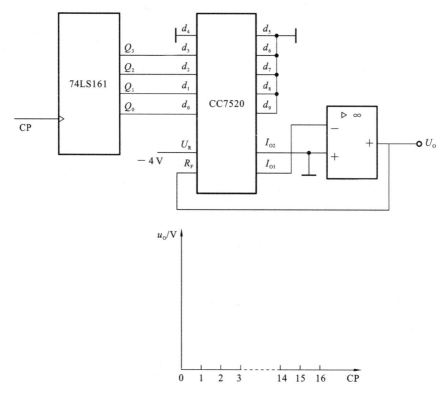

图 14-13　题 14-6 电路

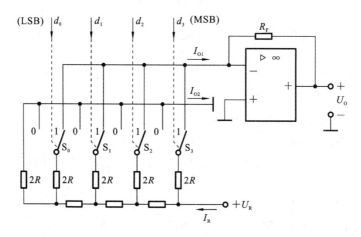

图 14-14　倒 T 型电阻网络 D/A 转换器

14-15　图 14-15 所示的 T 型 D/A 转换器中,若 $U_R = +10$ V,$R = 10R_F$。试求当 $d_3d_2d_1d_0 = 1010$ 时,输出电压 U_O 为多少伏?

14-16　倒 T 型电阻网络 D/A 转换器,如图 14-14 所示,已知 $U_R = 10$ V,$R = 10$ kΩ 时,试求

(1) 当输入数字信号 $d_3d_2d_1d_0 = 1111$ 时,各电子开关中的电流分别是多少?

(2) 输出电压 U_O 是多少?

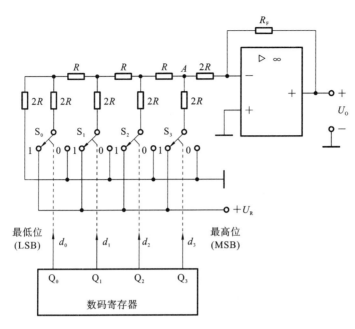

图 14-15 题 14-5 电路

14-17 串联型和反馈型 S/H 电路主要区别在什么地方？分别适用于什么场合？

14-18 数据采集系统有哪几种结构形式？主要有何区别？

附 录

附录 A 半导体分立器件型号命名方法

(国家标准 GB/T 249—2017)

第一部分		第二部分		第三部分		第四部分	第五部分
用阿拉伯数字表示器件的电极数目		用汉语拼音字母表示器件的材料和极性		用汉语拼音字母表示器件的类别		用阿拉伯数字表示序号	用汉语拼音字母表示规格号
符号	意义	符号	意义	符号	意义		
2	二极管	A	N 型,锗材料	P	小信号管		
		B	P 型,锗材料	H	混频管		
		C	N 型,硅材料	V	检波管		
		D	P 型,硅材料	W	电压调整管和电压基管		
		E	化合物或合金材料	C	变容管		
				Z	整流管		
				L	整流堆		
				S	隧道管		
				K	开关管		
				N	噪声管		
3	三极管	A	PNP 型,锗材料	F	限幅管		
		B	NPN 型,锗材料	X	低频小功率管(截止频率<3 MHz,耗散功率<1 W)		
		C	PNP 型,硅材料				
		D	NPN 型,硅材料	G	高频小功率管(截止频率≥3 MHz,耗散功率<1 W)		
		E	化合物材料或合金材料				
				D	低频大功率管(截止频率<3 MHz,耗散功率≥1W)		
				A	高频大功率管(截止频率≥3 MHz,耗散功率≥1 W)		
				T	闸流管		
				Y	体效应管		
				B	雪崩管		
				J	阶跃恢复管		

示例

3 AG 1 B

- 规格号
- 序号
- 高频小功率管
- PNP型,锗材料
- 三极管

附录 B 常用半导体分立器件的型号和参数

一、二极管

型号 \ 参数	最大整流电流 I_{OM}/mA	最大整流电流时的正向压降 U_F/V	反向工作峰值电压 U_{RWM}/V
2AP1	16		20
2AP2	16		30
2AP3	25	$\leqslant 1.2$	30
2AP4	16	$\leqslant 1.2$	50
2AP5	16		75
2AP6	12		100
2AP7	12		100
2CZ52A			25
2CZ52B			50
2CZ52C			100
2CZ52D	100	$\leqslant 1$	200
2CZ52E			300
2CZ52F			400
2CZ52G			500
2CZ52H			600
2CZ55A			25
2CZ55B			50
2CZ55C			100
2CZ55D	1000	$\leqslant 1$	200
2CZ55E			300
2CZ55F			400
2CZ55G			500
2CZ55H			600
2CZ56A			25
2CZ56B			50
2CZ56C			100
2CZ56D	3000	$\leqslant 0.8$	200
2CZ56E			300
2CZ56F			400
2CZ56G			500
2CZ56H			600

二、稳压二极管

参数	稳定电压 U_Z/V	稳定电流 I_Z/mA	耗散功率 P_Z/mW	最大稳定电流 I_{ZM}/mA	动态电阻 R_Z/Ω
测试条件	工作电流等于稳定电流	工作电压等于稳定电压	$-60\sim+50$ ℃	$-60\sim+50$ ℃	工作电流等于稳定电流
2CW52	3.2～4.5	10	250	55	≤70
2CW53	4～5.8	10	250	41	≤50
2CW54	5.5～6.5	10	250	38	≤30
2CW55	6.2～7.5	10	250	33	≤15
2CW56	7～8.8	10	250	27	≤15
2CW57	8.5～9.5	5	250	26	≤20
2CW58	9.2～10.5	5	250	23	≤25
2CW59	10～11.8	5	250	20	≤30
2CW60	11.5～12.5	5	250	19	≤40
2CW61	12.2～14	3	250	16	≤50
2CW62	13.5～17	3	250	14	≤60
2DW230	5.8～6.6	10	200	30	≤25
2DW231	5.8～6.6	10	200	30	≤15
2DW232	6～6.5	10	200	30	≤10

(型号)

三、晶体管

参数 型号	电流放大系数 $\beta(h_{fe})$	穿透电流 I_{CEO}/mA	集电极最大允许电流 I_{CM}/mA	集电极最大允许耗散功率 P_{CM}/mW	集-射极反向击穿电压 $U_{(BR)CEO}/V$
3AX31A	30～200	≤1000	125	125	≥12
3AX31B	50～150	≤750	125	125	≥18
3AX31C	50～150	≤500	125	125	≥25
3DG100A	25～270	≤0.1	20	100	15
3DG100B	25～270	≤0.1	20	100	20
3DG100C	25～270	≤0.1	20	100	20
3DG100D	25～270	≤0.1	20	100	30

四、晶闸管

参数 型号	KP5	KP20	KP50	KP200	KP500
正向重复峰值电压 U_{FRM}/V	100～3000	100～3000	100～3000	100～3000	100～3000
反向重复峰值电压 U_{RRM}/V	100～3000	100～3000	100～3 000	100～3000	100～3000
导通时平均电压 U_F/V	1.2	1.2	1.2	0.8	0.8
正向平均电流 I_F/A	5	20	50	200	500
维持电流 I_H/mA	40	60	60	100	100
控制极触发电压 U_G/V	≤3.5	≤3.5	≤3.5	≤4	≤5
控制极触发电流 I_G/mA	5～70	5～100	8～150	10～250	20～300

附录C 半导体集成器件型号命名方法

（国家标准 GB/T 3430—1989）

第零部分		第一部分		第二部分	第三部分		第四部分	
用字母表示器件 符合国家标准		用字母表示器件 的类型		用阿拉伯数字表示器件的系列和品种代号	用字母表示器件 的工作温度范围		用字母表示器件 的封装	
符号	意义	符号	意义		符号	意义	符号	意义
C	符合国家标准	T	TTL		C	0～70 ℃	F	多层陶瓷扁平
		H	HTL		G	−25～70 ℃	B	塑料扁平
		E	ECL		L	−25～85 ℃	H	黑瓷扁平
		C	CMOS		E	−40～85 ℃	D	多层陶瓷 双列直插
		M	存储器		R	−55～85 ℃		
		F	线性放大器		M	−55～125 ℃	J	黑瓷双列直插
		W	稳压器				S	塑料双列直插
		B	非线性电路					塑料单列直插
		J	接口电路				K	金属菱形
		AD	A/D 转换器				T	金属圆形
		DA	D/A 转换器				C	陶瓷片状载体
							E	塑料片状载体
							G	网格阵列

示例

C F 741 C T
— 金属圆形封装
— 工作温度为0～70 ℃
— 通用型运算放大器
— 线性放大器
— 符合国家标准

附录 D　常用半导体集成电路的型号和参数

一、运算放大器

类型 型号 参数	通用型 CF741 (F007)	高精度型 CF7650	高阻型 CF3140	高速型 CF715	低功耗型 CF3078C
电源电压 $\pm U_{CC}(U_{DD})$/V	± 15	± 5	± 15	± 15	± 6
开环差模电压增益 A_{uo}/dB	106	134	100	90	92
输入失调电压 U_{IO}/mV	1	$\pm 7 \times 10^{-4}$	5	2	1.3
输入失调电流 I_{IO}/nA	20	5×10^{-4}	5×10^{-4}	70	6
输入偏置电流 I_{IB}/nA	80	1.5×10^{-3}	10^{-2}	400	60
最大共模输入电压 U_{ICM}/V	± 15	$+2.6$ -5.2	$+12.5$ -15.5	± 12	$+5.8$ -5.5
最大差模输入电压 U_{IDM}/V	± 30		± 8	± 15	± 6
共模抑制比 K_{CMR}/dB	90	130	90	92	110
输入电阻 r_i/MΩ	2	10^6	1.5×10^6	1	

二、三端集成稳压器

型号 参数	W7805	W7815	W78L05	W78L15	W7915	W79L15
输出电压 U_O/V	4.8～5.2	14.4～15.6	4.8～5.2	14.4～15.6	$-14.4～-15.6$	
最大输入电压 U_{Imax}/V	35	35	30	35	-35	
最大输出电流 I_{Omax}/A	1.5	1.5	0.1	0.1	1.5	0.1
输出电压变化量 ΔU_O/mV (典型值, U_I 变化引起)	3 $U_I=$ 7～25 V	11 $U_I=$ 17.5～30 V	55 $U_I=$ 17.5～20 V	130 $U_I=$ 17.5～30 V	11 $U_I=$ $-17.5～-30$ V	200
输出电压变化量 ΔU_O/mV (典型值, I_O 变化引起)	15 $I_O=5$ mA～1.5 A	12	11 $I_O=1～100$ mA	25	12 $I_O=5$ mA ～1.5 A	25 $I_O=$ 1～100 mA
输出电压变化量 ΔU_O/mV (典型值, 温度变化引起)	± 0.6 $I_O=5$ mA,0～125 ℃	± 1.8	-0.65	-1.3	1.0	-0.9

附录 E　数字集成电路各系列型号分类表

系列	子系列	名称	国标型号	国际型号	速度/ns-功耗/mW
TTL	TTL	标准 TTL 系列	CT1000	54/74xxx	10-10
	HTTL	高速 TTL 系列	CT2000	54/74Hxxx	6-22
	STTL	肖特基 TTL 系列	CT3000	54/74Sxxx	3-19
	LSTTL	低功耗肖特基 TTL 系列	CT4000	54/74LSxxx	9.5-2
	ALSTTL	先进低功耗肖特基 TTL 系列		54/74ALSxxx	4-1
MOS	PMOS	P 沟道场效应晶体管系列	CC4000	CC4xxx	125-1.25
	NMOS	N 沟道场效应晶体管系列			
	CMOS	互补场效应晶体管系列		CC54HC/74HCxxx	8-2.5
	HCMOS	高速 CMOS 系列		CC54HCT/74HCT xxx	8-2.5
	HCT	与 TTL 兼容的 HC 系列			

附录 F　TTL 门电路、触发器和计数器的部分品种型号

类型	型号	名称
门电路	CT4000(74LS00)	四 2 输入与非门
	CT4004(74LS04)	六反相器
	CT4008(74LS08)	四 2 输入与门
	CT4011(74LS11)	三 3 输入与门
	CT4020(74LS20)	双 4 输入与非门
	CT4027(74LS27)	三 3 输入或非门
	CT4032(74LS32)	四 2 输入或门
	CT4086(74LS86)	四 2 输入异或门
触发器	CT4074(74LS74)	双上升沿 D 触发器
	CT4112(74LS112)	双下降沿 JK 触发器
	CT4175(74LS175)	四上升沿 D 触发器
计数器	CT4160(74LS160)	十进制同步计数器
	CT4161(74LS161)	二进制同步计数器
	CT4162(74LS162)	十进制同步计数器
	CT4192(74LS192)	十进制同步可逆计数器
	CT4290(74LS290)	二-五-十进制计数器
	CT4293(74LS293)	二-八-十六进制计数器

附录 G　基本逻辑单元的逻辑符号

名　　称	图 标 符 号	其他常见符号
与门		
或门		
非门		
与非门		
或非门		
异或门		
同或门		
OD/OC 与非门		
三态输出非门		
CMOS 传输门		
半加器		

续表

名 称	图 标 符 号	其他常见符号
全加器		
基本 RS 触发器		
可控 RS 触发器		
JK 触发器 （上升沿触发）		
JK 触发器 （下降沿触发）		

附录 H　电阻器标称阻值系列

E24 系列	E12 系列	E6 系列
允许偏差±5%	允许偏差±10%	允许偏差±20%
1.0	1.0	
1.1		1.0
1.2	1.2	
1.3		
1.5	1.5	
1.6		1.5
1.8	1.8	
2.0		
2.2	2.2	
2.4		2.2
2.7	2.7	
3.0		
3.3	3.3	
3.6		3.3
3.9	3.9	
4.3		
4.7	4.7	
5.1		4.7
5.6	5.6	
6.2		
6.8	6.8	
7.5		6.8
8.2	8.2	
9.1		

电阻器的标称阻值应符合上表所列数值之一,或表列数值再乘以 10^n, n 为整数。